わたしは哺乳類です

母乳から知能まで、進化の鍵はなにか

リアム・ドリュー　梅田智世 訳

インターシフト

マリアナ、イザベラ、クリスティーナ、
そしてクリフに

わたしは哺乳類です

母乳から知能まで、進化の鍵はなにか

【目次】

はじめに　哺乳類らしさってなに？……6

第1章　なぜ精巣は体外に出たのか……28
ぶらぶら揺れる陰嚢の起源／冷却仮説に問題あり／トレーニング仮説、ギャロッピング仮説など

第2章　カモノハシに学ぶ……47
哺乳類誕生の情報源／まとまりのない細い枝／全体は部分の総和に勝る／凄い感覚システム

第3章　性を決める新たな発明……73
性の根源へ／哺乳類だけの発明品／ホルモンと染色体／日本のツチガエルを見よ／ＳＲＹ遺伝子／ヒトＹ染色体は消滅する？

第4章 風変わりな生殖器 …… 99
独自の性交スタイル／こうして陰茎が生まれた／陸生へのアップデートとともに／肢と陰茎のつながり／陰茎の特殊性・多様性／ヒトのメスは異例の存在

第5章 受胎と発生——細胞進化のイノベーション …… 128
発生のすべての段階で／有胎盤類の妊娠に欠かせない細胞型／始原生殖細胞の力／哺乳類の生殖のかなめ／胎盤と袋／有袋類は中途半端？

第6章 胎内で対立する父母の遺伝子 …… 151
胎生と胎盤／激しく変化してきた胎盤／胎児成長のアクセルとブレーキ／胎盤のない生は厳しい

第7章 ミルキーウェイ …… 180
乳腺は驚くべきもの／いろいろな授乳スタイル／乳腺の起源と進化／汗が母乳に変化したわけ／哺乳の大きな利点とは？／なぜオスは哺乳しないのか

第8章 夫婦が先か、子育てが先か ……… 211
交尾未経験のメスは子を嫌う／親の経済学／ホルモンからの解放／模倣と社会的集団／遊びの意味

第9章 歯と骨と恐竜 ……… 238
生命の樹／哺乳類の定義／歯の分業／顎と聴覚の密接なかかわり／エアコンのような鼻甲介／加速と方向転換／複数の要素が同時進化する／ジュラ紀の爆発的な変化／引っくり返った系統樹／三つ巴の論争

第10章 高速で燃える生命 ……… 278
割にあわない特性／熱損失に注目！／劇的に高まった基礎代謝率／体毛のもと／内温性の起源／ひとつはすべてのために、すべてはひとつのために

第11章 夜につちかわれた感覚 ……… 309

第12章 悩ましきは多層の脳……337
哺乳類の多くは夜行性／人間中心主義から離れて／縮小した視覚／中耳の骨はどこから来たか／地位の高い嗅覚／触覚と体毛／別の世界
高次の脳の中枢とは？／ジュラシック・スパーク／神経系と環境への適応／新皮質はどう進化したか／爬虫類の皮質と比べる／よく似た鳥類の脳／ホヤと知能／ヒトの知能の謎を解く鍵

第13章 絡みあいループする進化……376
哺乳類は特別？／マトリョーシカのような存在／相関的な前進／恒常性（ホメオスタシス）を維持する能力／ダーウィンの歩いた森で

系統樹 400
謝辞 404
注・参考文献 (1)
解説 426

文中、〔　〕は訳者の注記です

はじめに　哺乳類らしさってなに？

わたしが哺乳類に目覚めたとき

現代の標準的な流儀にのっとり、クリスティーナはバスルームへ行き、わたしはリビングルームを行ったり来たりした。わたしたちが妊娠に挑戦したのはその月が五回目だったが、そのときはじめて、クリスティーナの規則正しい身体が、プラスチック製の棒を箱から出してもいいのではないかと告げていた。形成途中の胎盤が早くも母親の血中にホルモンを続々と放出していることを教えてくれる、あの検査用の棒だ。

七か月後、予定よりも八週間早く、イザベラが誕生した。翌朝、クリスティーナのベッド脇に座ったわたしは、ショックを受け、疲れ切っていた。イザベラは乳を吸うにはあまりにも未成熟だったし、母親の身体に母乳を分泌する準備ができているかどうかもわからなかった。わたしは二〇分のあいだ、クリスティーナがプラスチックのハンドヘルドポンプを押しては放すのを眺めていた。苦労のすえ、クリスティーナは小さなプラスチックのスポイトを使い、乳首のまわりから数滴の初乳を回収するのに成功した。イザベラが眠る病棟では、担当の看護師――術衣の下には天使の翼が隠されているのではないかとわたしたちは疑っていた――がそのスポイトを高々と掲げ、クリスティーナが家畜品評会で一等賞になった乳牛であるかのような反応を見せた。看護師は用意していた調合乳にその数滴の初乳を混ぜると、イザベラの口から胃までつながっているプラスチックチューブにそっと流し込んだ。

ほどなくして、ハンドヘルドポンプは重い電気式の珍妙な装置に取って代わられた。イザベラは病院にいたので、その最初の数週間に我が家の夜の静寂を破るのは、新生児の泣き声ではなく、クリスティーナが決然と鳴らす機械音だった。イザベラが生後一か月になってはじめて、ジョーイという名の看護師が、そろそろ哺乳瓶を試してみようといきなり言い出した。わたしたちは期待で緊張しながら、チューブのなくなったイザベラの口にジョーイがゴムの乳首を近づけていくのを見守った。そして、イザベラがはじめて乳を吸っているあいだ、わたしたちは息を飲み、満面の笑みを浮かべ、不安の瘤がほぐれていくのを感じていた。

クリスティーナはイザベラの前で乳首をぐるぐるまわしてみせるようになっていた。そしてさらに一週間を経て、ついにイザベラがしっかり吸いついた。それは純然たる歓喜の瞬間だった。わたしは畏怖の念と幸福感、そして安堵に押し流され、娘の頬でリズミカルにできては緩むくぼみをうっとり眺めていた。その時点では、「やあ、わたしのパートナーと娘が、哺乳類特有の活動に従事しているな」と考えていたわけではない。もちろんそれがそうだとは知っていたが、あの最初の数週間は、どんな種類のものであれ、連続的あるいは知的な意味でのまとまった思考をめぐらせていたとは思えない。当時のわたしは、ただ反応し、対応しているだけだった。そして、感じていた。感覚はひどく鋭敏になっていた。なじみのない脳の領域が活動していた。それまでに経験したことのない何かが、わたしを動かしていた。

イザベラは二か月間入院していた。最初の一か月は、クリスティーナにとってもわたしにとっても、人生でもっとも過酷な一か月だった。だが同時に、喜びに満ちた一か月でもあった。新生児集中治療室は、わたしたちを絶えず揺り動かした。親としての至福の満足感に満たされる瞬間があったかと思えば、すぐに「もしも……?」というどうにもならない黒い井戸の底へと引き戻される。それはまったく新しい次元の恐怖——幸福を踏みつぶし、そのエネルギーを餌にしているかのような恐怖だった。

わたしたちは温度制御されたベビーベッドからできるだけイザベラを出し、胸に抱くようにしていた。たいていはクリスティーナの胸だ。それは「カンガルーケア」と呼ばれていた。だがわたしは、そこにいるほとんどの時間を娘の眠るベビーベッドのそばで静かに座ってすごした。ときどき話しかけ、殺菌した手をビニールの入口から差し入れ、わたしがそこにいることを娘に伝えた。そして——あらん限りの力で——娘がよくなるように祈った。

わたしが必死で願っていたのは、イザベラの身体が子宮のなかでするはずだった諸々を——いまいる場所で——してくれることだった。わたしの意識は、その日その日に医師たちがいちばん気にしていることに向けられていた。あるときは消化管、また別の日は呼吸や栄養摂取……わたしは頭のなかで、たとえば娘の肺やそれを制御するはずの神経を思い描き、その組織がしかるべき発達を遂げてくれますように、神経が手を伸ばして本来の標的をしっかりつかんでくれますようにと願った。

イザベラの出産予定日だった日の前日、わたしたちは病院を出た。三人で乗ったエレベーターのシャフトは、第二の産道さながらに、わたしたちをまとめて世界へ押し出した。イザベラはまだかよわかったが、健康だった。わたしたちは幸運だった。

わたしは以前よりも感謝に満ちた人間になった。だが、副産物はそれよりも大きかった。妊娠と出産、授乳に伴う身体的な犠牲もまのあたりにした。わたしたちふたり、とりわけクリスティーナは、未知の睡眠不足と疲労を乗り切った。クリスティーナが精神的にも身体的にも母親になるのを眺めながら、わたしもまた、自分の精神が父性に乗っとられていくのを実感していた。わたしは変わった。それまでは、自分とは何かと考えたときにまず思い浮かべることと言えば、自由に動きまわる大脳とか、精神とか、認知の流れとか、そんなたぐいのものだった。我思う、ゆえに我あり、というわけだ。だが、いまは違う。二〇年にわたって生物学を研究してきたわたしは、いまになってようやく、自分もまた生物学の一部だと理解したのだ。

この本の第1章は、大多数の哺乳類のオスが精巣を安全な腹部から外に出し、しわくちゃのキャリーケースに入れて持ち歩いている理由を探るもので、クリスティーナとわたしが人の親になるという仕事に乗り出す前に単発の記事として書かれていた（じつを言えば、親になる試みに失敗するたびに、第1章の物語を生むきっかけとなった、あらぬ方向に飛んで痛ましい衝撃をもたらしたサッカーボールに疑いを抱いていた）。イザベラ誕生後、その記事はウェブマガジンの『スレート』に掲載され、わたしはそれで終わりだと思っていた。ところが――イザベラの食事の世話に熱中した数か月を経て――ふと気づくと、進化生物学の観点から見た哺乳の起源についても同じような調査をしてみようかと、あれこれ構想を練っていた。

母乳は陰嚢と同じく生物学的には珍しいもので、哺乳類でしか見られない。哺乳類のように子に給餌する動物は、ほかに例がない。乳腺《ママリーグランド》が、哺乳類《ママル》という名の由来になっているくらいだ。この親しみを感じさせる領域から、ひとつのテーマが浮かび上がりつつあった。わたしは太古の哺乳類の歴史をさかのぼり、気が遠くなるほどの大昔に、きわめて特殊な動物たちがきわめて特殊な新しい形質を進化させた経緯に思いをめぐらせた。その形質こそ、いまのわたしの生のかたちをつくったものだ。そして、父親になって以来、ずっとわたしの心を占めてきたあれこれをもっと広い視野で眺めてみたら、その多くがまさに哺乳類ならではのものであることに思い至った。わたしたちの娘は子宮で発達し、胎盤をつうじて栄養をとっていた。病院にいるあいだ、娘の体温は注意深く監視され、周囲の温度よりも高く保たれていた。さらに言えば、親になるための感情の大変動も、いかにも哺乳類らしい出来事ではないか？　もちろんそうだろう。この変化——愛情や不安とをとっくみあいながら、すべてを現実の体験として理解すること——を導いた脳は、折り重なった薄い灰白質で覆われている。それは哺乳類にしか存在しないものだ。

それまで、進化がわたしにもたらした恩恵に思いを馳せるときには、興味の対象はもっぱら大脳にあった。おもに脳が定める敷居をサルがいかにしてまたいでヒトになったのか、そればかりを考えていた。だがいまは、親としての動物的な衝動に背中を押されるように、もっと昔にまでさかのぼりたくなっていた。諸々のピースをひとつにつなぎあわせ、いったい何がわたしを哺乳類たらしめているのか、それを理解する努力をしてみたくなったのだ。

世界の哺乳類たち

ツチブタ（aardvark）、アードウルフ（aardwolf）、アルパカ（alpaca）。ビーバー（beaver）、ヌート

リア (coypus)、ディクディク (dik-dik)。ゾウ (elephant)、キツネ (fox)、キリン (giraff)、ハイエナ (hyena)、インパラ (impala)、ジャッカル (jackal)、カンガルー (kangaroo)、ヒョウ (leopard)、マナティ (manatee)、イッカク (narwhal)、オラウータン (orangutan)。オポッサム (opossum) とクスクス (possum)。クオッカ (quokka) とサイ (rhinoceros)。リス (squirrel) とバク (tapir)。ウガンダコーブ (Uganda kob)、ハタネズミ (vole)、ヌー (wildebeest)。異節上目《じょうもく》 (Xenarthra。これは哺乳類の一グループで、のちほど登場する。わたしに見つけられた限りでは、いちばん妥当なXだ)。ヤク (yak) にシマウマ (zebra)[1]。

哺乳類という語は、一五〇トンのシロナガスクジラと二グラムのコビトジャコウネズミを、三センチ足らずのマルハナバチコウモリと六トンのアフリカゾウを結びつけている。トラの身のこなしとモグラの穴掘りとカンガルーの跳躍をつなぎ、珍奇なアルマジロとおなじみのネコをひとつにまとめる言葉だ。

哺乳類は、この地球のあらゆる生息環境で生きている。走り、跳びはね、歩き、穴を掘り、滑空し、泳ぎ、羽ばたいている。その手広い繁栄ぶりは、生物学者がしばしば恐竜絶滅後の時代を「哺乳類の時代」と呼ぶほどだ。

『世界の哺乳類：分類学的および地理学的目録 (*Mammal Species of the World: A Taxonomic and Geographic Reference*)』は、ドン・ウィルソンとディーアン・リーダーがまとめた二巻組の参考書で、二〇〇五年に第三版が刊行された。それによれば、現在のところ、五四一六種の哺乳類がいるという。

来たる『世界の哺乳類』第四版には、さらに多くの種が記載されるだろう。第三版の刊行後、動物学者たちはコンゴ民主共和国で新種のサルを、パプアニューギニアで新種のフルーツコウモリを、オーストラリアで新種のイルカを、キプロスで新種のマウスを、インドネシアで歯のないラットを、中国で『スター・ウォーズ』にちなんで命名されたテナガザルを発見している。マレーシアでも、これまでに知られているものとは異なる種のヒョウが見つかっている。[2]

わたしが参考にしている『世界の哺乳類』二巻組は、本棚にどっしり鎮座している。表紙に貼られたラベルには、「図書館外への持ち出しを禁ず」と書かれている。重量と権威のある代物だ。ウェブサイトをクリックしてまわるのではなく、実際にこの手で扱えるのは喜ばしいことだ。一四〇〇ページある第二巻を置くと、テーブルがおののき震える。

この大著は、基本的には単なる長く壮大な目録にすぎない。標準的な形式の各項目には、学名と一般名に続き、その哺乳類を最初に記載した人または命名した人、記載年または命名年が書かれている。そのあとには、五行から二〇行くらいで、その種の存在に関する厳然たる分類上の事実が述べられている。写真はなし、その動物の具体的な説明もなし。この本の巨大さは、生物の多様性を体現するものであると同時に、それを解明しようと試みる人類の努力の証《あかし》でもある。とはいえ、どちらもこれ見よがしなものではない。読者に全幅の信頼が置かれ、そこに書かれた事実を正しく評価するだけの想像力を持っているものと想定されているのだ。

もっとも高次の分類では、大きさに偏りはあるものの、哺乳類は三つのグループに分けられる。単孔類、有袋類、有胎盤類だ。『世界の哺乳類』は単孔類ではじまっている。オーストラレーシア〔オーストラリア、ニュージーランド、ニューギニアを含む南太平洋地域の総称〕に生息するカモノハシと、四種の近縁関係にあるハリモグラ（またの名を「トゲのあるアリクイ」）だ。次に来るのが有袋類で、『世界の哺乳類』には三三一種が記載されている。ほとんどは単孔類と一緒にオーストラレーシアで暮らしているが、南アメリカに生息する種もそれなりにいて、ひとつの種（キタオポッサム）は北アメリカをすみかとしている。

残りの五〇八〇種は有胎盤類で、世界全域に広がっている。うち一一一六種は哺乳類界の飛行家たるコウモリ、二二七七種は齧歯《げっし》類だ。もっと言えば、齧歯類は『世界の哺乳類』の二巻をまるまる独占している。ネズミ、ハツカネズミ、ハタネズミ、リス、シマリス、アレチネズミ、テンジクネズミとその仲間たちは、全哺乳類の四〇パーセント以上を占めている。

齧歯類でもコウモリでもない哺乳類は、わずか一六八七種だ。そのなかには、セレンゲティ国立公園の訪問者に息を飲ませる動物たちもいる。大群で絶えず移動するヌー、彼らとともに雨を求めてさまようガゼルやシマウマ。地面の草を食むそうした動物たちを横目に、木のてっぺんの葉を食べるキリン。追跡できそうな獲物を物色するチーター。腐肉を探して放浪するハイエナ。そして、まどろみながら昨日の獲物を消化するライオンの群れ。別のどこかには、群れをなすアフリカゾウ、でっぷりとしたカバ、突進するサイなどの、毛皮を持たない灰色の巨獣たちもいる。

サイとゾウはアジアにも生息している。サイの大昔の祖先はアジアで生まれたが、ゾウの起源はアフリカにある。

哺乳類は陸で進化した――これは重要な点だ――が、二度にわたって別々の系統が水中生活に完全復帰した。クジラ類（イルカとクジラ）と、マナティとジュゴンのそれぞれの祖先たちは、水のなかでしか生きられない動物をつくりだした。アザラシとアシカとセイウチもその方向に進んだ。彼らは陸でも生きられるが、泳いでいるときのほうが比べものにならないほど優美だ。シロナガスクジラは史上最大の動物だが――舌だけでもゾウと同じ重さがある――小さなエビのようなオキアミを食べて命をつないでいる。二〇代はじめにメキシコ沖の太平洋を訪れたとき、わたしの乗った船と並んで泳ぐクジラを見たことがある。どの種だったのかはいまだにわからないが、その大きさに圧倒されたことは忘れられない。海牛とも呼ばれるマナティは、フロリダやカリブ海の沿岸に出没する。人魚伝説が生まれるきっかけになった愛らしくも穏やかな動物で、腸内ガスを調節して浮力を制御している。ホッキョクグマも水に鍛え上げられた哺乳類だ。そのおもな餌たるアザラシも、北極圏の海をすみかにしている。

アメリカグマは、いずれ北アメリカじゅうのごみ箱を漁るようになるだろう。彼らもまた、直接的にせよ間接的にせよ、人類の影響を受けている多くの哺乳類の一例だ。オオカミやネコ科の猛獣の末裔たちは、人間の住居で暮らしている。ヒツジ、ウシ、ブタ、ヤギは人間の手で繁殖し、食べごろになるまで餌を与えられる。ウシやヤギやヒツジの乳は一大ビジネスになっている。

どの大陸、どの国にも、その地に適応した固有の哺乳類が暮らしている。娘のイザベラが生まれたアメリカは、五〇〇〇前後の種のすみかになっているが、わたしの生まれ故郷であり、また家族で戻ってきた島国イギリスは、それに比べると動物相が限定的で、およそ一〇〇種の哺乳類が生息している。キツネが駆けまわり、アナグマやハリネズミがのんびり歩いている。シカや多産のウサギがいて、カワウソもときどき見かける。キタリスを目にする機会はめっきり減ったが、ヴィクトリア朝時代に北アメリカから来たハイイロリスはあちらこちらにいる。沿岸部では、アザラシとイルカは去っているが、いずれ一部のクジラが訪れるようになるだろう。イギリスには、人間に害をなす種はほとんどいないが、やさしく魅了する種がたくさんいる。

世界にはもっと風変わりな哺乳類たちもいる。その一例が、アフリカのコンゴ盆地に暮らすヨロイジネズミだ。ひとつに融合した鎖かたびらのような背骨を持ち、あるヨロイジネズミの個体は、その背中で片足立ちする成人男性ひとりの体重を支えたあと、目撃者の言葉を借りれば「この狂気じみた実験にもかかわらず、けろりとしたようす」で走り去ったという。アフリカの中部や南部に暮らすツチブタは、長い口吻で一晩に五万匹もの昆虫を吸い上げているが、年に一回だけ、「ツチブタのキュウリ(アードバーク・キューカンバー)」と呼ばれる特別なごちそうを楽しむ。これは地下で育つ果実で、繁殖をもっぱらツチブタに頼っている。リスの足首は一八〇度回転する。ハダカデバネズミは何十年も生きるが、ほとんど老化せず、がんには絶対にならない。社会性昆虫を思わせる地下コミューンで暮らし、頂点に君臨する女王は一腹で三〇匹を超える子を産む。

『世界の哺乳類』の一八二ページに登場するのが、ホモ・サピエンスだ。われわれの分布域は「全世界」、保護状況は「絶滅のおそれはまったくなし」となっている。すべての種に「タイプ」――ほかの動物の比較対象となるオリジナルの標本――があり、ホモ・サピエンスという名は一七五八年に分類学者のカール・リンネから賜ったものであることから、ヒトのタイプ標本は、リンネの生まれ故郷であるスウェーデンのウプサラの個体と記載されている。人類は一九行でまとめられている。特別扱いはいっさいなし。ホモ・サピエンスは、霊長類の最後のほうに出てくる単なる一項目以上のものではない。

哺乳類は無数の方向に広がっている。われわれヒトは、その巨大な生命の枝を構成するひとつの小枝にすぎない。たしかに、樹の全貌を描く手が突き出たのは、われわれの小枝だけだったかもしれない。

この樹の成り立ちをめぐるアイデアを練る知性が生まれたのも、ここだけだ。それでもやはり、われわれはこの特殊な枝のひとつの小枝にすぎないのだ。自然の創造性と多様性——キリンやヨロイジネズミやシロナガスクジラを生み出したという事実——が讃えられることは多いが、自然は突きつめれば保守的だ。いいものが生まれれば、それにしがみつく。われわれの祖先がヒトを固有の種たらしめる形質を手に入れたときも、われわれを哺乳類たらしめている形質を手放すことはなかった。

この本では、そうした形質を——ヒトを含む哺乳類の生のかたちを決めているさまざまな特徴を探っていく。それはいわば、『世界の哺乳類』のページをつなぎあわせている接着剤だ。

とはいえ、排他的な優越主義を振りかざすつもりはない。哺乳類が、ひいては人類が進化の頂点に君臨すると証明しようとするような、ヴィクトリア朝時代じみた試みは意図するところではない。五四一六種を多いと思うなら、鳥類は一万種を超えているし、鳥類の親戚である爬虫類も同じくらいいることも知っておいてほしい。両生類と魚類も加えると、脊椎動物はおよそ六万六〇〇〇種にのぼる。さらに、わかっているだけでも一三〇万種ほどの無脊椎動物が存在する——その大半は昆虫だ。脊椎動物は、およそ三三種類ある動物の基本的なタイプのひとつにすぎない。つまり、われわれ哺乳類は、この地球上に存在するひとつの生物様式以上のものではないということだ。そして、その特殊なありようを生んでいる特性こそが、わたしがもう少しよく理解したいと願っているものなのだ。

哺乳類の生態の核心

認識されたひとつのグループとして哺乳類が存在するようになったのは、一七五八年のことだ（実際にはおよそ二億一〇〇〇万年前から存在しているが、これについてはまたのちほど）。この年、カール・リンネが『自然の体系（*Systema Naturae*）』第一〇版を編纂し、そのなかで人類をホモ・サピエンスと命名した。

『自然の体系』は一一ページの大判本として一七三五年に誕生した。そのなかで、野心あふれる若きスウェーデンの植物学者で分類学者でもあったリンネは、地球上のあらゆる植物、動物、鉱物――「われらが地球のすべての生産物と居住者」を記載しようと試みた。その後、リンネは生涯をつうじて『自然の体系』を改訂し、世を去るまでに一二の版をまとめた。一七六八年に完成した最後の版は、二四〇〇ページに膨らんでいた。

だが、もっとも注目すべきは第一〇版だ。リンネはこの版から、自身が使っていた植物の命名法と同じ規則で動物も命名するようになった。「二名法」と呼ばれる、現在でも使われているシステムだ。一番目の名前（たとえばホモ）は属にあたり、その種が属するグループを指す。二番目の名前（たとえばサピエンス）は、種を説明するものだ。ホモ・サピエンスは、ラテン語で「賢い人間」を意味する。この新しい名前が必要とされたのは、リンネが大胆にも、人類を単なる動物の一種として分類したからだ。[3]

さらに、リンネはこの第一〇版で、動物界の分類をそれまでとは違うものにした。哺乳類に関して言えば、第九版までは魚類とされていたクジラとイルカを、ネズミやウマ、さらにはみずからホモ・サピエンスと改名した種の仲間に入れるという決定的な変更を加えた。そうするのになぜこれほど時間がかかったのかは、よくわからない。アリストテレス以降、クジラとイルカが毛皮を持つ温血の陸生動物とよく似ていることは、多くの人が気づいていた。体内の解剖学的構造は驚くほどそっくりだし、空気を吸い、卵ではなく子を産み、産んだ子の世話をする。じつを言えば、リンネ以前にもっとも大きな影響力を持っていた分類学者のジョン・レイも、一六九二年にクジラとイルカを哺乳類の仲間に加えることを主張したのだが、そのアイデアは流行《はや》らなかった。だが、リンネの再分類は定着した。こうして、どう見てもたがいによく似ていて、ほかのどのタイプの動物とも明らかに違う総勢一八四種の動物たちが、めでたく統一され、分類されたのだった。[4]

だが、この新しいグループには名前が必要だった。それまで、水生ではない哺乳類は「四足獣類」、つまり「四本の足を持つ者」と呼ばれていた。コウモリやヒト、アザラシに四本の足はないし、サルは四本の手を持つと見なされていたことを考えると、この名前にはすでに問題があった。そのうえ、クジラとイルカが新入りとして華々しく加わったことで、四本の足に重きを置くのはまったくの的外れになってしまった。

リンネがほかの五つのグループにつけた名前は、特定のルールにしたがったものではない。鳥と魚は魚綱《ピスケス》と鳥綱《アウエス》で、これは古いラテン語の名前だ。両生綱《アンフィビアン》（現在は爬虫類と呼ばれているものも含まれていた）は、この種の動物たちの水陸両生のライフスタイルを指す「アンフィビアス」が由来だ。昆虫綱《インセクト》は、節に分かれていることを意味する「イン・セクション」から来ている。そして、蠕虫や軟体動物をはじめとする種々雑多な無脊椎動物からなる蠕虫綱《ウェルメス》には、虫を意味するラテン語の名が与えられている。

ジョン・レイはみずからが分類したグループを、胎生動物類という、それほど悪くない名前で呼んでいた。このグループの動物が、どれも卵ではなく子を産む動物だったからだ。だが、リンネには別のアイデアがあった。リンネは新しくつくったグループのために、そのメンバーを定義するもうひとつの特徴にちなんだ名前をこしらえた。リンネ自身はその理由を説明しておらず、なんの弁明もしていない。ただ「哺乳綱」と記しただけだ。「この動物たちは乳房《にゅうぼう》を持ち、ほかの動物は持たない」[5]

『自然の体系』では、動物、植物、鉱物の各分類の前に、そのグループ固有の特徴のリストが付されている。哺乳綱のリストは、こんな感じだ――四室からなる心臓、肺、ひとつの骨で覆われた顎、乳頭、五つの感覚器官、体を覆う毛（「温暖な気候ではまばらで、水生動物ではほとんど見られない」）、四本の足（「水生動物を除く」）。さらに、「ほとんどは尾を持つ。地上を歩き、声を発する」とも書かれている。

　それを思えば、哺乳類の特性を探るためにわたしがとったアプローチには、どこかリンネ的なところがあるかもしれない。陰嚢の自然史を書き上げたあと、哺乳についても同じような調査をしてみようかと考えていたときに、わたしもリンネを真似て、哺乳類固有の特徴のリストをつくりはじめた。毛で覆われた温血動物のような、よく知られている特徴がある一方で、意外なものもある。たとえば、われわれ哺乳類には鼻腔と口とを隔てる骨口蓋《こっこうがい》があり、そのおかげで、食べると同時に呼吸をするという稀有な能力を獲得している。

　わたしのリストにある項目のうち、いくつかは独立した章になり、それ以外はまとまって別の章になった。そしてようやく、この本の背骨ができあがった――陰嚢、哺乳類のX染色体とY染色体、生殖器、胎盤、乳腺、子育て、骨と歯、体毛による温血性、感覚能力、そして最後が、大脳皮質で覆われた大きな脳だ。すべての哺乳類がこの特徴を残らず持っているわけではない。それについては、おいおい話していくことにしよう。とはいえ全体としては、ここに挙げた特徴で哺乳類の生態の核心をとらえられるものと期待している。

はじめのうちは、この特徴を進化した順に見ていくのがわかりやすいだろうと考えていた。だが――これもあとで説明するが――その考えは単純すぎた。哺乳類出現のプロセスは、哺乳類以前の祖先に新しい形質が次々に加わっていったというようなものではないのだ。そこで、この試みがオスの揺れる生殖腺の探求からはじまり、長女の誕生で固まったことを踏まえ、哺乳類の個体が歩む生涯の軌跡――体外での精子産生から、長く微妙な哺乳類の生殖にまつわる生態、成体の身体と脳の性質まで――におおよそ沿う並びにした。

それぞれの形質に関しては、イザベラとマリアナ（イザベラの妹）が世界に接するときのやり方とそれほど変わらない戦術をとっている。「どうして？」あまりにも多くの基本的なことについて、娘たちはそう尋ねる。「どうしてウシは牛乳をつくるの？」「どうして、あたしたちには脚があるの？」。おとなになるにつれ、かならずしもそうした質問に対する絶対的な答えがあるわけではないことを――そして、それほどおもしろみのない「どうやって？」「何が？」「いつ？」という質問をしたほうがいいことを――学んでいくのかもしれない。それでも、「どうして？」がわたしたちのお気に入りの問いであることに変わりはない。

哺乳類の歴史

どうやらリンネは、「神が創造し、リンネが整理した」という言いまわしを気に入っていたようだ。自信にはこと欠かない人だったのだ。『自然の体系』がまとめられたのは、自然が高次の存在の創造物と見なされていた時代のことだ。だが、リンネがその生涯を送るあいだに、生物の形態が時を経て進化してきた可能性が議論にのぼることが増えていった。リンネ自身も晩年には、神の創造のおよぶ範囲をよくよく考えたすえに、属や科などの大きなグループ（たとえばゾウ）は神の創造物だが、新しい種（たとえばアフリカゾウとアジアゾウ）は自然に生まれたのではないかと疑念を抱くようになった。

やがて、科学が急速に発展し、地球の生物多様性を示す証拠が欧州の探検家たちにより旧世界に続々ともたらされた結果、種の順応性をめぐる議論が激しく飛び交うようになった。その論争が最高潮を迎えるのが、哺乳類がはじめて分類されてから一〇一年後、『種の起源』が出版されたときのことだ。この本は大槌さながらに科学界を打ち壊し、生物学をダーウィン前とダーウィン後の新時代とに決定的に分かつことになった。

このチャールズ・ダーウィンの偉大な書は、ふたつの面で影響を与えた。ひとつは、生物が地質学的な時を経てたしかに進化したのだと、ダーウィンが——先人たちの誰にも増して——世界を納得させたことだ。この推測を裏づけるためにダーウィンが集めた証拠は、圧倒的な力を持っていた。そして、ふたつめの影響は、進化が起きる理由について、説得力のある説明を提示した点にある。ダーウィンの自然選択説では、与えられた環境において個体の生存や繁殖の能力を高める遺伝可能な形質は、それほど環境に適応していない個体の形質よりも子孫に受け継がれやすいとされている。それにより、役に立つ形質が適応の足りない形質の代わりに増えていき、数えきれないほどの世代を経るうちに、生物の形態が大きく変わっていくというわけだ。

さらに、ダーウィンはのちに性選択にも言及し、オスにしろメスにしろ、繁殖相手に好ましいと思わせる形質も、世代をつうじて受け継がれる特徴をかたちづくっていると説明した。『種の起源』の登場により、世界はもはや、いまも昔も同じように暮らす、時を超越した植物と動物がひしめく場所ではなくなった。世界にあるのは、語るべき物語なのだ。古い家族アルバムをぱらぱらとさかのぼっていくところを想像してみてほしい。そこにいるのは、はるか昔のはじまりに至るまで延々と登場する、わずかに違う姿をしたヒトではない。ヒトがそのかたちを変え、類人猿の特徴が、次いでサルに似たところがどんどん増えていき、それを繰り返しながら無数の大昔の哺乳類を経て、やがて両生類、そのあとは魚類、さらにはその祖先たちが現れては消えていくのを目にすることになるはずだ。そんなアルバムが実在したら、どれほど巨大なものになるのだろう。そして、どれほど急いでページをめくらなければならないのだろう。それは想像するよりほかにない。アルバムの置かれたテーブルは、おののき震えるどころではない。崩れ落ちるにちがいない。

実際にそんな本が存在していたとして、哺乳類が誕生した経緯をあまさずたどろうと思ったら、三七億年前の生命誕生まではるばるさかのぼらなければならないだろう。そこから二五億年は、単細胞生物のみで構成される生態が続く。その単細胞時代の中期から後期のどこかで、のちに植物や動物の身体をかたちづくることになる細胞に似た複雑な細胞が生まれる。哺乳類へと至る道の途中で、その複雑な細胞の一部が寄り集まるようになり、おそらく八億年から六億年前ごろに、最初の多細胞動物ができあがる。そして、五億二五〇〇万年前ごろまでに、最初の脊椎動物が登場する。脊椎動物は背骨を持つ無数の魚に進化し、三億五〇〇〇万年前ごろに、そうした魚の子孫のなかの少数派——哺乳類の歴史上とりわけ重要な動物たち——が最初の四足動物となり、乾燥した陸の上を歩きまわる能力を手に入れる。

その歴史のすべてが、哺乳類という存在の基礎になっている。だが、ここでは――第４章で魚が水を離れた経緯を簡単に考察するのを除き――そのほとんどを当然の前提と見なし、特に扱わないことにする。この本の主眼は、哺乳類とその前段階の祖先に固有の生物史だ。したがって、対象になるのはだいたい三億一〇〇〇万年ほどだ。

それほどの時間を、いったいどう扱えばいいのだろうか。さっぱり見当がつかない。それどころか、その数字が意味するところを、人類的見地から正しく理解する方法がそもそもあるのかどうかもわからない。仮にその三億一〇〇〇万年を映画にするとしたら、三〇億倍速――一世紀がわずか一秒で過ぎ去る速さ――で再生しても、五週間におよぶ長さの大長編を見るはめになるだろう。

あなたやわたしとワニとの最後の共通祖先は、三億一〇〇〇万年前に生きていた。つまり、その時代に哺乳類の系統が、われわれにもっとも近い親戚である爬虫類へと至る系統から分岐したということだ。この三億一〇〇〇万年前の分岐から先は、爬虫類は彼らの思うがままに、トカゲ、ヘビ、カメ、ワニ、恐竜、そしてその生きた末裔である鳥類へと進化した。[6] 哺乳類の系統もひたすら我が道を邁進し、そうして生まれたのが――そう、哺乳類だけだった（四〇二ページの系統樹（２）を見てほしい）。

この哺乳類の歴史は、三つの区分に分けるとわかりやすいだろう。最初の区分は、三億一〇〇〇万年前から二億一〇〇〇万年前までの哺乳類前夜の時代だ。この一億年の進化は、われわれ哺乳類とワニとの最後の共通祖先（哺乳類よりも明らかに爬虫類に似た、トカゲのような動物）にはじまり、まぎれもなくわれらの仲間である動物で終わる。

哺乳類へと至る分岐を歩んだ初期の旅人たちは、まったく哺乳類らしくなかった。彼らの化石と爬虫類の祖先の化石との違いは、頭骨にあいたある特定の穴ひとつだけだ。もっとも有名なのは、おそらくディメトロドンだろう。イラストや模型を見たことがある人もいるかもしれない。大きなトカゲのような姿をしていて、背中に巨大な帆がついている。わたしは子どものころ、オレンジ色のゴム製のディメトロドンを持っていたが、おもちゃの恐竜たちと一緒の箱に入れていた。当時はまったく気づいていなかったが、腹立たしいほどよくあるまちがいをわたしもまた犯していたわけだ――誰であれ、哺乳類の祖先と恐竜を混同してはならないのだ。ディメトロドンは恐竜とは異なる脊椎動物の系統樹の枝にいるだけでなく、生息していた時代も恐竜が登場するよりもはるかに昔だ。当時は、哺乳類の祖先が爬虫類の祖先よりも優位に立っていた。

最初の哺乳類の登場を二億一〇〇〇万年前とする根拠は、真の哺乳類をそれ以前の祖先と区別する際にもっとも広く用いられている形質にある。特殊な関節で頭骨とつながった、単一の骨からなる下顎だ。あいまいな根拠のように思えるかもしれないが、この特徴が化石に共通して現れるようになる時代は、哺乳類の系統が現在の哺乳類を定義するほかの骨格的特徴を発達させた時期と一致する。一方でこの特徴は、それまで以上に効率のいい顎の恩恵を受け、よりいっそう高エネルギーの温血動物的ライフスタイルを送っていたことをうかがわせるものでもある。

厳密に言えば、ひとたび最初の哺乳類が生まれたら、哺乳類の進化の過程は完了だ。哺乳類を定義する基本的な形質はできあがった。それをそれぞれの動物の子孫たちが受け継いでいけば、現在の哺乳類が持つすべての共通点が確保されるというわけだ。したがって、この最初の一億年の期間が、この本のかなめになっている。そのあとに起きた哺乳類性をめぐる実験の数々は、いわばリフに乗った自然の即興演奏のようなものだ。

第二期は、二億一〇〇〇万年前から六六〇〇〇万年前までだ。最初の哺乳類は、最初の恐竜が現れてからほどなくして進化した。つまり、哺乳類の存在期間のはじめの三分の二は、横暴な爬虫類の隣人たちの横で——あるいは彼らの下か上で、もしくは別の方法で彼らを避けながら——暮らしていた時代ということになる。その生き方は、進化の機会という点で、いくつかの甚大な影響をおよぼした。恐竜がうろついているあいだは、アナグマよりも大きくなった哺乳類はいなかった。だが、過去二〇年で見つかった化石からは、ポケットサイズのわれらが祖先たちが、これまで考えられていたよりもはるかに多様だったことがわかっている。

下顎にもとづく方法のほかにも、哺乳類を分類する手段はある。現在の哺乳類が共有する最後の祖先の流れをくむ動物を、すべて哺乳類と見なす方法だ。単孔類、有袋類、有胎盤類が共有する最後の共通祖先の正確な生息時期については、まったく意見の一致を見ていない。推定年代はさまざまで、一億六一〇〇万年前から、二億一七〇〇万年前にまでさかのぼるものもある。ここから先は便宜上、単孔類が一億六六〇〇万年前に有袋類と有胎盤類に至る系統から分岐したとする最近の推定年代を採用することにする。

第2章でも触れるように、初期の哺乳類の姿を推測しようと試みる生物学者は、しばしば単孔類（カモノハシとハリモグラ）に助けを求める。現存する五種の単孔類は、いまでも卵を産む唯一の哺乳類だ。最初の哺乳類とそのすべての祖先たちも卵を産んでいた。胎生という特性は、哺乳類の出現から五〇〇〇万年ほどあとに進化したものだが、現在では、その五種を除くすべての哺乳類がこのきわめて独特な生殖方式をとっている。その点については、第5章と第6章で詳しく見ていく。

現代の観点から言えば、その後、単孔類以外の哺乳類の系統が有袋類と有胎盤類に分裂した枝分かれこそが、もっとも注目すべき分岐だろう。このふたつのグループが分かれたのは、一億四八〇〇万年前ごろと見られている。[7]

現在、有胎盤類には一九のタイプ（目）が存在する。齧歯目（ネズミの仲間）、翼手目《よくしゅ》（コウモリの仲間）、食肉目（ネコ、イヌ、クマなど）、霊長目、長鼻目（ゾウの仲間）、被甲目《ひこう》（アルマジロ）、海牛目（ジュゴンの仲間）などのグループだ（詳しくは、四〇〇ページの系統樹（1）を見てほしい）。一九世紀なかばに進化分類学が生まれてから一九九〇年代まで、こうしたグループの関係は身体的な類似性から推察されていたが、第9章で述べるように、DNA分析の登場により、哺乳類の系統樹は全面的に描き直されることになった。この新しい系譜は衝撃だったが、これまでのところ、反証できた者はひとりもいない。それに、遺伝学と地理学をなかなかエレガントに結びつけるこの新しい系統樹は、進化の時間の尺度がプレートテクトニクスのそれに等しいことも思い出させてくれる。

哺乳類史の第二期が終わるのは、破滅を呼ぶ小惑星が現在のメキシコ湾付近に衝突し、恐竜の治世が終焉を迎えた六六〇〇万年前だ。恐竜の滅亡により、世界は突如として、哺乳類にとってはるかに生息しやすい場所、進化しやすい場所になった。そして、彼らはそれを最大限に活用した。恐竜と同時代にも、さまざまな哺乳類がいたことはわかっている。だが、あの巨大なトカゲがひとたび消え去るや、哺乳類は爆発的に多様化した。恐竜の絶滅を示す隕石塵の層のすぐ上にあたる岩のなかには、熱狂的なまでの哺乳類の創造性が眠っている。自然が時代時代のリフに乗ってジャムセッションを繰り広げているのだとしたら、その変化はいわば、才能はあるが真面目すぎる素人ミュージシャンがジョン・コルトレーンやセロニアス・モンクに楽器を明け渡したようなものだった。だだーん――さあ、哺乳類の時代のはじまりだ。

第1章　なぜ精巣は体外に出たのか

ぶらぶら揺れる陰嚢の起源

サッカーファンは、それを「勇敢なゴール守備」と言う。いままさにゴールに向かって力いっぱいボールを蹴ろうとしているアタッカーの正面に、星のように手足を伸ばして飛び出す行為だ。わたしの経験から言えば、足を引きずりながら前屈みで涙目になってピッチを出て、股間を襲った耐えがたい激痛がはらわたのよじれる程度の単純な痛みに変わってくれるのを待っているときには、いまいましいゴール守備としか思えなかった。だが、背中を四回叩くお決まりの儀式のあと、あるチームメートにさも嬉しげに「子どもがほしくならないことを祈るよ」と言われてからは、このいまいましい、いまいましい睾丸のことしか考えられなくなった。

自然選択は哺乳類の前肢をあれこれと造形し、ウマの前肢やイルカのひれ、コウモリの翼、そしてサッカーボールをつかむわたしの手を生み出した。それならば、いったいどんな進化の力がはたらいた結果、哺乳類の系統では、オスの重要な生殖器を体外に露出したデリケートな嚢に収めるようになったのだろうか？　これではまるで、銀行が金庫を使わず、路上のテントに金を保管するようなものではないか。答えは簡単、と思う人もいるかもしれない。つまり、温度だ。わたしもそう考えた。科学文献をちょっと調べれば、精子が熱に敏感であることの生物学的根拠がわかり、すぐにあきらめがつくだろうと思っていた。ところが、わたしが発見したのは、陰嚢の存在をめぐる考察に職業人生を費やしている科学者たちのあいだでは、このいわゆる「冷却仮説」をめぐって意見が大きく割れているという事実だった。

ヒトのものも含め、陰嚢の精子工場が深部体温より数℃低い温度でもっともよく機能することは、大量のデータで示されている。そして、現在の陰嚢は、研ぎ澄まされた巧妙な靭帯の仕掛けにより、その積み荷と収縮性のある皮膚を上下させることのできる構造になっている。この仕組みのおかげで、精巣は深部体温より少し低い温度（ヒトの場合、その差は二・七℃）に保たれている。問題は、だからといって、精巣がそもそも下降したのは冷却するためだったとする説の証明にはならないことだ。要は、ニワトリが先か卵が先か、というやつだ。精巣が厨房を離れたのは、熱に耐えられなくなったからなのか？　それとも、体内を出ることを余儀なくされた結果、低い温度でもっともよく機能するようになったのか？

わたしのそのほかの重要な臓器は、すべて三七℃でもっともよく機能する。そのほとんどは、骨に守られている。わたしの脳と心臓は頭蓋骨と肋骨に守られているし、わたしの妻の卵巣は骨盤に守られている。骨格による保護を捨てるのは危険なことだ。オスの生殖腺は、管と索でできた柔軟な撚糸の先にシャンデリアよろしくぶら下がっている。そのせいで毎年、相当な数の男性が精巣の裂傷やねじれで病院に駆け込んでいる。だが、体外に露出した精巣を持つ成人男性のこの状態は、ことわれわれの生殖器のお膳立てに関して言えば、最大の危機でさえないのだ。

陰嚢の発生は、油断のならない危険な旅だ。胎齢八週の発生段階にあるヒトの胎児には、男女の区別のないふたつの構造があり、これがのちに精巣か卵巣になる。女の子なら、この構造は出発地点である腎臓のそばからそれほど離れることはない。だが、男の子の場合、この発生期の生殖腺は、筋肉と靭帯からなる滑車システムに乗り、腹部を渡る七週間の旅に出る。その後、数週間ほどひとところに腰を落ちつけたのち、調和のとれた筋収縮の波により、鼠径管《そけいかん》を通って外に押し出される。

この旅の複雑さゆえに、うまくいかないケースが頻発することになる。男児のおよそ三パーセントは、精巣の下降が途中でとまった状態で生まれてくる。たいていの場合、いずれは自然に修正されるが、一歳の男児の一パーセントで停留状態が続き、通常は不妊につながる。

鼠径管というトンネルも、腹壁の大きな弱点になっている。この管を通って、内臓が滑り落ちてしまうことがあるからだ。アメリカでは、鼠径ヘルニアの治療のために、毎年六〇万件を超える外科手術がおこなわれている。その大多数は、陰嚢のある男性だ。

ヘルニアと不妊という不運なリスクの増大は、「最適な者が生き残る」とする進化の概念とはとうてい相容れないものに思える。この自然選択の謳い文句で強調されているのは、生物の生存に役立つ特徴の重要性だ。生存とはつまり、死を避けながら、主役として繁殖を成功させることを意味する。陰嚢の保有のような数々のハンデを生む形質が、いったいどうしたら、この自然選択の枠組みに収まるのか？

そのストーリーはまちがいなく、チーターの脚筋の進化ほど単純なものではないだろう。研究者のあいだで大勢を占めてきたのは、この珍奇な解剖学的配置の利点が生殖能力の向上にあるとする考え方だ。だが、これはまだ立証されたとはとうてい言えない。

「なぜ陰嚢があるのか」という大きな疑問以外にも、精子と精巣をめぐる生物学には、動物のライフスタイルに適応した、じつに合理的な例があふれている。たとえば、精子競争に臨むオスを見てみよう。そうした種――哺乳類では非常に多い――では、メスは多くのオスと交尾し、どのオスの精子が水泳レースに勝ったかで父親が決まる（勝者がつねにひとりとは限らない。たとえばトガリネズミでは、一回の出産で生まれる子どもの父親がそれぞれ異なることも多い）。チンパンジーはこの方式で交尾するが、ゴリラのシステムでは、リーダー格の力のあるオスだけがメスを手に入れる。その結果、どうなるか？　第一に、チンパンジーの精子は、ゴリラの精子よりもずっと速く泳ぐようになった。第二に、チンパンジーの睾丸は、ゴリラの小ぶりな睾丸の四倍の大きさになった。

だが、チンパンジーとゴリラが現れたのは、最初の陰嚢が登場してからおよそ一億四〇〇〇万年も経ってからのことだ。進化で生まれた特性を検証する際には、まず考えてみるべき問いがいくつかある。いま現在その特性を持っているのは誰か、そして特に重要なのが、最初にそれを手に入れたのは誰か、という問いだ。陰嚢のケースでは、言うまでもなく、ふたつめの問いに対する答えは推測するしかない。肉質の構造物である陰嚢は化石化しないので、現生種の多様性に関する調査と、その動物の歴史についてわかっていることから、すべてを推しはからなければならないからだ。

陰嚢は、精巣の起源とはなんの関係もない。性ははるか昔から生命に欠かせない要素で、その歴史は動物と植物が分かれる以前にまでさかのぼる。動物では例外なく、ヒヒであろうがアオガラであろうが、タラであろうがワニであろうが、カエルであろうがミバエであろうが、その種のオスに精子を産生するふたつの精巣が備わっている。[1] だが、鳥類や爬虫類、魚類、両生類、昆虫では、オスの生殖腺は体内にある――必要不可欠な器官なら当然そうだろうと誰もが考えるはずの場所だ。

陰嚢は、哺乳類特有の珍しい構造だ。したがって、ここで求められるのは、哺乳類の系統樹をじっくり眺めてみることだ。ありがたいことに、二〇一〇年にプラハの研究チームが、哺乳類の系譜をまとめなおした最新の系統樹の上に、「水着で隠れる部分」を研究する解剖学者たちの集めたデータを――木から垂れ下がる果実よろしく――貼りつけてくれた。それにより明らかになったのは、記念すべき精巣の下降が、哺乳類の進化のごく早い段階で起きたということだ。さらに、陰嚢は一度のみならず、二度にわたって進化するほど重要だったこともわかった。

最初期の哺乳類は、およそ二億一〇〇〇万年前に生息していたことがわかっている。卵を産むカモノハシとハリモグラは、およそ一億六六〇〇万年前に哺乳類の本流から分岐した。そのため、卵は別として、カモノハシとハリモグラは温血性、毛皮、哺乳といった哺乳類のおもな特徴の多くを備えているが、そうした特徴のひとつひとつは、少しばかり「ずれて」いる。たとえば、平均体温はいくぶん低いし、きちんとした乳首を持たず、汗のように乳汁を分泌する。この点については、あとでもっと詳しく説明するつもりだ。いまここで重要なのは、カモノハシとハリモグラの精巣が――すべての最初期の哺乳類がほぼ確実にそうであったように――個体としての生命がはじまったときと同じ場所にとどまっているという事実だ。つまり、腎臓のそばに安全にしまい込まれているのだ。

その後、カモノハシとハリモグラの祖先が我が道を歩みはじめてから二〇〇〇万年ほど経ったころ、哺乳類はふたたび枝分かれし、おもにふたつの陣営に分かれた——有胎盤類と有袋類だ。そして、哺乳類の系統樹で最初の陰嚢の所有者が見つかるのが、有袋類の枝だ。その動物の親たちがそれをどう思ったかは、われわれにはけっしてわからないが。

現存するほぼすべての有袋類は、陰嚢を持っている。したがって、論理的に考えれば、最初の所有者はカンガルーとコアラ、タスマニアデビルの共通の祖先ということになる。有袋類は、ヒトを含めた有胎盤類とは個別に陰嚢を進化させた。それがわかっているのはいくつかの専門的な根拠のおかげだが、もっとも説得力のある証拠は、前後の位置関係が逆だという点だ。有袋類の睾丸は、陰茎の前に垂れ下がっているのだ。

有袋類の分岐からおよそ五〇〇〇万年後に、有胎盤類の系統樹で——陰嚢という点から言えば——もっとも興味深い枝分かれが生じた。その分岐を左に曲がると、ゾウ、マンモス、ツチブタ、マナティ、ハイラックス、そしてアフリカトガリネズミ（ハリネズミのようでも、モグラのようでもある動物）のグループに行きあたる。だが、陰嚢を目にすることはない。この動物たちはいずれも、カモノハシと同じように、精巣を腎臓のそばにとどめている。また、南米に生息し、やはり早い段階で分岐したナマケモノ、アリクイ、アルマジロにも、陰嚢は見あたらない。

だが、この一億年前の分岐点を右に曲がり、ヒトのいるほうへ向かうと、いたるところで下降した精巣を目にすることになる。その目的がなんであれ、ネコやイヌ、ウマ、クマ、ラクダ、ヒツジ、ブタの後肢のあいだでは、陰嚢がひょこひょこと揺れている。そしてもちろん、われわれヒトや霊長類の同胞たちも陰嚢を持っている。つまり、この分岐の起点に、独自に陰嚢をこしらえた第二の哺乳類がいるということだ。その哺乳類こそ、あのぶらぶら揺れる部位が陰茎の後ろに（絶対にこちらのほうが正しいはずだ）あることについて、われわれが感謝しなければならない相手なのだ。[2]

だが、話がおもしろくなってくるのは、哺乳類の系統樹のこの部分にある、さらに細い枝に分け入ったときだ。というのも、精巣が下降して腎臓から離れてはいるものの、腹の外には出ていないグループ――下降はしているが陰嚢はないわれらが従兄弟たち――が少なからず存在しているのだ。彼らはほぼまちがいなく、精巣が体外にある祖先から進化した動物たちだ。つまり、ある時点で陰嚢へと至る道を逆戻りし、改めて腹のなかで生殖腺を進化させたということだ。このグループは寄せ集めで、まとまりがない。たとえば、ハリネズミ、モグラ、サイ、バク、カバ、イルカ、クジラ、一部のアザラシとセイウチ、センザンコウなどが含まれる。

水に戻った哺乳類にすれば、すべての器官をふたたび体内にしまい込むのは、賢明以外のなにものでもないだろう。ぶら下がった陰嚢は、流体力学にかなっているとは言えないし、下から攻撃する魚の格好のおやつになるのはまちがいない。「おやつ」とは言ったものの、世界記録保持者のセミクジラの精巣は、ひとつあたり五〇〇キロを超える重さがあるのだが。[3] だがここで、さらにややこしい疑問が生まれる――陸生のハリネズミやサイやセンザンコウでは、いったいなぜ陰嚢が魅力を失ってしまったのか？　この疑問こそが、陰嚢の機能を理解する鍵を握っているのかもしれない。

冷却仮説に問題あり

陰嚢の存在理由を解明するための科学研究は、一八九〇年代にイギリスのケンブリッジ大学ではじまった。ジョセフ・グリフィスは、不運なテリア犬を実験台に、精巣を腹のなかに押し戻して縫合する実験をおこなった。その結果、わずか一週間で精巣が変性することがわかった。精子を産生する細管が収縮し、精子がほぼ完全になくなっていたのだ。グリフィスはこれを、腹部の体温の高さによるものと考えた。冷却仮説は、そこから生まれたものだ。

この仮説が直面した最初の問題は、悪いのは腹部の熱ではない可能性があるという点だ。もしかしたら、ほかの原因があるのかもしれない。たとえば、周辺に存在する化学物質が組織損傷を引き起こしたとも考えられる。こうした問題は、精巣研究の黄金時代とも言える一九二〇年代にきれいに解決された。日本の福井信立博士が、腹壁の縫合部の上に小型冷却装置を設置したうえでグリフィスの実験を再現し、冷却により変性を防げることを実証したのだ。

同じく一九二〇年代にシカゴでカール・ムーアが指揮した研究では、急速に発展していた細胞生物学分野の技法により、高温が精子産生を妨げるおもな仕組みが明らかになった。当時は、ダーウィンの自然選択説が生物学を席巻していた。この研究から得た知見で武装したムーアは、はじめてまぎれもない進化の観点から冷却仮説を説明してみせた。ムーアの主張は、こうだ。哺乳類が冷血動物から温血動物に移行し、体温をつねに高く保つようになったために、ある時点で精子産生に深刻な障害が生じた。その結果、陰嚢という冷却手段を手にした最初の哺乳類が、ほかの種よりも高確率で生殖に成功するようになったというわけだ。

熱は精子産生をきわめて効果的に阻害する。そのため、生物学の教科書でも医学解説書でも、陰嚢の存在理由は冷却であるとされている。だが問題は、動物の進化を本気で考察している生物学者の多くが、それに納得していないことだ。そうした反対派に言わせれば、精巣が低めの温度でもっともよく機能するのは、この形質が体外脱出のあとに進化したためだという。

哺乳類が温血動物になったのが二億一〇〇〇万年以上前だとすると、一億年以上にわたって精巣を体内にとどめたあとで陰嚢を体外に出したことになる。そのふたつの出来事が密接に結びついていたとは、とうてい考えられない。

だが、冷却仮説の最大の問題は、陰嚢を持たない動物たちの枝が系統樹にいくつも存在していることにある。精巣の配置に関係なく、哺乳類の深部体温は例外なく高い。陰嚢のない哺乳類が多数存在するなら、高温と精子産生は根本的に相容れないものではないはずだ。たとえば、陰嚢のないゾウの深部体温は、ゴリラやほとんどの有袋類よりも高い。哺乳類以外に目を向ければ、情勢はさらに厳しくなる。哺乳類以外で唯一の温血動物である鳥類では、深部体温が一部の種で四二℃になるほど高いにもかかわらず、精巣は体内にある。冷却がそれほど重要なら、なぜこれほど多くの動物たちが体内の精巣でうまくやっていけるのだろうか？　この鳥類問題に対する冷却支持者たちの反撃は心もとなく、鳥類は哺乳類とはまったく違う、進化的にも遠く隔たっているのだから鳥から学べることなど何もない、もしかしたら鳥の体内にある気囊が精巣の冷却を助けているのかもしれない……程度のことしか言い返していない。論戦をさらにおもしろくしたのは、イルカや一部のアザラシにも、体内に戻った精巣を冷やす特殊な内部冷却システムがありそうだと判明したことだ。尾や背びれから戻ってきた低温の血液を運ぶ腹部静脈と精巣動脈が混ざりあい、精巣に流れ込む血液に冷たい血液が注ぎ足されていることがわかったのだ。とはいえ、アザラシとイルカの系統は、いずれも陰囊を持つ祖先から進化した。その祖先の時点で、すでに精巣が低温に適応していたとも考えられる。

長年にわたり、生物学者は陰嚢型の精巣を温め、その機能が低下することをたしかめてきたが、腎臓のそばにあるゾウの精巣（あるいは、もう少し扱いやすいキンモグラの精巣でもいい）を取り出し、温度を低くすると機能が向上すると実証してみせた者はまだ現れていないようだ。たぶん、そうはならないだろう。精子産生に必要なタンパク質の多くは、全身にあるほかの細胞型にも必要なものだ。一般的には、肝臓でも腎臓でも脚でも、すべての組織が同じ遺伝子を使ってそのタンパク質をつくっている。だが、タンパク質の機能は温度に大きく左右される。さらに、精巣で機能するタンパク質の遺伝子をマッピングする複数の研究では、そのうちの多くのゲノムにふたつの型があることがわかっている。ひとつは身体で使われる遺伝子で、これは三七℃で最適に機能するタンパク質を産生する。そしてもうひとつが、陰嚢の低温環境での機能に特化したタンパク質をつくる、修正の施された遺伝子だ。この事実は、初期の陰嚢が切れ味の悪い刃物――深部体温で機能するように設計されたタンパク質――に頼らざるをえなかったことを強く示唆している。精巣に特化したタンパク質が進化の過程で徐々につくられていったのなら、それは体外に出た精巣が温度の低い環境への適応を余儀なくされたことを示す証拠になる。

とはいえ、哺乳類の精巣の位置と精密な体温を分析した最近の研究は、冷却仮説を裏づける過去最強の証拠になるかもしれない。南アフリカ・ダーバンのバリー・ラヴグローヴが二〇一四年に発表した説によれば、哺乳類の進化に伴う決定的な深部体温の急上昇が起きたのは恐竜絶滅後のことで、それにより陰嚢の進化が必要になった可能性があるという。このシナリオにしたがえば、哺乳類は一億五〇〇〇万年のあいだ温血動物だったものの、体温は現在よりもやや低く（三四℃前後）、その体温では問題なく機能していた精巣が、体温がさらに上昇した時点ではじめて体外に出た、ということになる。すべてのデータが一致しているわけではないが（とうてい一致しそうにない）、多くはこのシナリオにあてはまる――精巣が下降していない哺乳類のほとんどは、陰嚢を持ったいていの哺乳類に比べ、わずかながら体温が低いのだ。

だが、冷却仮説には、もうひとつ大きな問題がある。陰嚢は多角的な発生プロセスにより構築される複雑なユニットであり、そうした器官の進化は突如として起きるものではないという点だ。どこかのマナティがいきなり陰嚢を持つ息子を産み落とす、なんてことはありえない。変化は徐々に起きるものだ。ダーウィンの論敵たちは、しばしばこんな主張をしていた。いったいどうしたら進化により眼ができるというのか？　半分だけの眼がなんの役に立つ？　生物学者がこの手の主張に反論するには――ダーウィンもそう試みたように――あらゆる中間段階に存在価値があったことを説明する必要がある。

眼の進化については、眼の仕組みがよく知られるようになったいまでは、説得力のある説明ができるようになっている。光に反応する皮膚の一部が徐々に進化し、現在のわれわれが頭の正面につけている驚くべき装置ができあがった。その中間にあたるすべての型は、誰であれその所有者の役に立つものだった。精巣が下降して陰嚢に収まる過程の説明にも、同じような枠組みが求められる。少なくとも現時点でわかっているのは、陰嚢のある哺乳類の祖先が、下降はしているが陰嚢には入っていない精巣を持っていたにちがいないということだ。では、現存するこのタイプの動物たちがそうであるように、その位置にある精巣を冷やすシステムがなかったとしたら、その精巣の所有者にはどんな利点があったのだろうか？　冷却は、腎臓から離れる最初の一歩の説明にはなりえない。あるひとつの要素がこの最初の移動を誘発し、そのあとで冷却の必要性から陰嚢ができた可能性がないとまでは言わないが、ひとつの要素が両方のステップを誘発したと考えるほうが、おそらくしっくりくるだろう。

さらに、冷やしたほうが精子にいいと主張するなら、その理由を正確に説明しなければならない。これまでに提示されてきた説は、低めの温度だと精子のDNAが変異しにくくなる可能性があるというものだ。最近では、精子の温度が低く保たれていると、膣内の温かさが活性化のシグナルとしてはたらくという仮説も出ている。だが、そうした説はまだ、冷却仮説に対するおもな反論を打破するには至っていない。

ワイル・コーネル・メディカル・カレッジのマイケル・ベッドフォードは、精巣に関しては冷却仮説の支持者ではないが、精巣上体（生まれ故郷である精巣を出た精子がとどまる管状の器官）の冷却が重要ではないかと考えている（精巣を出た時点では、精子に生殖能力はなく、精巣上体で若干の最終的な変化を経る必要がある）。ベッドフォードが目を留めたのは、精巣が体内にある一部の動物で、精巣上体が皮膚のすぐ下にまで広がっている点だ。さらに、毛皮で覆われた陰嚢のなかには、熱を逃がす無毛の領域を持つものがあり、その領域が精巣上体の真上にあたることにも注目した。だが、精巣上体の冷却がおもな目的なら、なぜわざわざ精巣まで一緒に追い出したのだろうか？

トレーニング仮説、ギャロッピング仮説など

哺乳類の生殖に欠かせない器官を冷やすことが陰嚢の目的ではないのなら、いったい何が目的なのだろうか？　このテーマの文献を猛然と読み漁ってみても、こてんぱんにされた冷却仮説のようなわかり

やすい魅力を持つ説は見つからないかもしれない。そしておそらく、問題のまったくない説も存在しないだろう。とはいえ、興味をそそる仮説はいくつかある。

陰嚢が精子産生に役立っているとする説の代案のひとつが、陰嚢がその壊れやすさにもかかわらず、じつは所有者のためになっているとする仮説だ。この見方は、スイスの動物学者アドルフ・ポルトマンにより、一九五二年に最初に提唱された。ポルトマンは冷却仮説に対してはじめて大がかりな攻撃を仕掛け、冷却仮説に代わるものとして「ディスプレイ仮説」を打ち出した。ポルトマンが唱えたのは、精巣を体外に配置することで、オスが自分の「生殖のためのポール」をはっきり見せられるようになったとする説だ。そうしたディスプレイは、雌雄のコミュニケーションでは重要な性的シグナルになる。そのもっとも有力な証拠が、あざやかな色の陰嚢を持つ一部の旧世界ザルだ。

この仮説は広く受け入れられているわけではない。というのも、それほど目立つディスプレイはごくまれで（たいていの陰嚢はかろうじて見える程度だ）、あざやかな色は最初の陰嚢よりもずっとあとになって進化したものだからだ。一億年にわたる陰嚢の歴史のなかで、それを性的魅力として勝手に借用するひと握りのグループが現れたとしてもとりたてて驚くことではない、という意見もある。

だが、わたしがこのディスプレイ仮説を完全に切って捨てようとしていたときに、ふたつのことが起きた。ひとつめの出来事は、タンザニアへの新婚旅行から戻ってきた同僚の女性が、見たがる相手には誰彼かまわず、興奮ぎみに陰嚢の写真を見せてまわったことだ。その陰嚢の持ち主は――心配ご無用――ポルトマンが有力な証拠として挙げた旧世界ザルの一種、サバンナモンキーだった。その陰嚢は、けばけばしいが目を奪われずにはいられない、あざやかな青色をしていた。

気にするな、たかがサル一匹じゃないか、とわたしは思った。だがそのあと、リチャード・ドーキンスとの出会いがあった。ある本のサイン会で三分ほど、この名高い進化生物学者と話をする機会があったのだ。そこでわたしは、陰嚢に関する意見を訊いてみた。ドーキンスは冷却仮説に大きな疑念を示してから、進化生物学のハンディキャップ理論となんらかの関係があるのではないかと話した。

ハンディキャップ理論とは、メスが繁殖相手を決める際、ほかの競争相手をすべて退けた二匹の求婚者のどちらかを選ばなければいけない場合、一方がたとえば手を背中で縛られた状態で競争に勝ったのなら、そのほうが明らかに強いオスであるため、そちらのオスを選ぶという仮説だ。この仮説には異論もあるが、捕食者を引き寄せるにちがいないオスの鳥の色あざやかな羽毛や歌などの、解釈に苦しむ生物学的現象の多くを説明できる。ハンディキャップ理論が正しいとするなら、陰嚢が存在するのは、その所有者が「ぼくは自分の身を守るのがすごくうまいから、こんなものが体の外にあったって平気だよ！」とアピールするため、ということになる。

こと陰嚢に関しては、この理論の支持者はあまりいないが、考え方自体は死んでいない。たとえば、プレーリーハタネズミを対象とした最近の研究では、メスのハタネズミが実際に精巣の大きいオスを好むことがわかっている。しかも、このプレーリーハタネズミは、まったく飾り気のない陰嚢を持つ種だ。

しかし、これもまた興味深い話だが、ハンディキャップ理論の最初の提唱者本人（イスラエルの生物学者アモツ・ザハヴィ）は、陰嚢に関しては自説を採用しなかった。その代わりにザハヴィが考え出したのが、「トレーニング仮説」だ。もっともこの仮説は、ザハヴィがスコット・フリーマンという名の同僚にオフレコで話したものにすぎない。フリーマンが一九九〇年にこの説をまとめ、『ジャーナル・

オブ・セオレティカル・バイオロジー』で発表したことで、結果的に世に知られるようになった。

この仮説のポイントは、血液供給量の少ない陰嚢では、精巣が酸素の不足した環境に置かれ、それが精子を鍛えることになるという発想にある。必要不可欠な気体である酸素が不足すると、精子はさまざまなかたちで反応し、強靭になる。そのおかげで、膣から子宮頸部、子宮、卵管までをさかのぼるというヘラクレスばりの大仕事に向けた準備が整うというわけだ。

フリーマンが無数の種の大事なモノのサイズをごくごく詳細に調べた結果、サイズと射精一回あたりの精子数に見事な相関性があることが明らかになった。さらに意外なことに、全体的に見ると、体内の精巣のほうが下降した精巣よりも大きいこともわかった。そこから引き出されたのが、精子を鍛える「トレーニング」により、量と引き換えに質が向上したという主張だ。つまり、陰嚢を持つ動物は、より上質な精子をつくれるようになったおかげで、少ない数の精子でもやっていけるようになったというわけだ。

この興味深い相関性を明らかにしたことについては、フリーマンの功績を評価しなければならないだろう。だが、トレーニング仮説の問題は、俎上にのぼっているのが血液供給量の少なさであり、精巣の体外追放ではないというところにある。精巣を体内に保ったまま、血液供給量の少ない脈管構造を進化させるほうが簡単だったのではないか、と考えずにはいられない。

数年後の一九九〇年代なかば、バーミンガム大学動物行動学教授のマイケル・チャンスは、オックスフォード大学とケンブリッジ大学のボートレースをめぐるある新聞記事に出くわし、精巣に対する興味をかきたてられた。その記事で報じられていたのは、レース後のボート選手たちの尿に、前立腺由来の液体が含まれていたという事実だ。

ボート選手たちの肉体の酷使——周期的な腹部の緊張——の結果、前立腺液が尿道に蓄積されていたのだ。原因は、この生殖器官に括約筋がないことにある。そうした環状筋のバルブがないせいで、この器官系を構成する嚢や管を圧迫すると、内容物の配置転換が起こりがちだ。チャンスは一九九六年、のちに「ギャロッピング（全力疾走）仮説」として知られるようになる学説のなかで、精巣を体外に出す必要が生じたのは、哺乳類が腹圧を急激に高める動きをするようになったためだと主張した。

哺乳類の動きについては、かなりの多様性があることが研究でわかっている。さらに、チャンスが体内に精巣を持つ動物をリストアップしたところ、ギャロップ的な全力疾走をするものはあまり見あたらなかった。ゾウやツチブタなど、哺乳類の系統樹のうち、下降していない精巣の枝にいる仲間たちは、飛んだり跳ねたりしてまわるようなタイプではない。一方、モグラやハリネズミなどの、いったん外に出た性的な積み荷を体内にまた取り込んだ動物たちは、身体の内部を乱すたぐいの動きから離れる方向に進化しているように見える。海に戻った哺乳類のなかには、陰嚢を維持しているものがわずかながらいるが、それは陸上で繁殖する種に限られる。たとえばゾウアザラシは、発情期にはテリトリーを守るために激しい闘いを繰り広げる。

それほどの重大事なら、ひとつかふたつの括約筋か、でなければ体内遮蔽物のようなものが進化の過程で生まれていてもよかったはずではないか。そう考える人もいるかもしれないが、そうした構造があると、射精のメカニズムに支障をきたす可能性がある。さらに、チャンスの説を後押しする別の説も存在する。ドイツのアルベルト・ルートヴィヒ大学フライブルクのローランド・フレイも、一九九一年に書いた論文（どうやらチャンスは読んでいなかったようだ）で、精巣の体外化は腹圧の上昇がきっかけだったと主張した。フレイはそのなかで、陰嚢型精巣の血管には圧力を一定に保つための構造が多数存在すると述べ、その目的がギャロップ時の異常な血液流出を避けることにある可能性を示唆している。具体的な構造は有袋類とそれ以外の哺乳類で異なるが、その狙いはどうやら同じところにあるようだ。

ギャロッピング仮説が正しいのなら、それは進化上の妥協の一例と言えるだろう――陰嚢を持つ危険と引き換えに、新しいタイプの貴重な動きという、より大きな利点を獲得したわけだ。また、曲がったり伸び縮みしたりする脊柱から離れることで、ある程度の圧力緩衝効果が得られるのなら、下降してはいるが陰嚢に収まっていない精巣配置の利点としても説得力がある。その利点を説明できる唯一の仮説という点で、ギャロッピング仮説は魅力的だ。

進化生物学には多くの学説がある。手に入る不完全な証拠をつなぎあわせ、筋の通ったストーリーに仕立て上げる探偵のようなプロセスはすこぶる楽しいが、そのアイデアを実際に試すとなると、この科学分野では大きな困難がつきまとう。最近になって、陰嚢の起源に関するデータを得られそうな進展が見られた。精巣が腎臓周辺から下部構造へと至る、初期段階の下降を制御するシグナル物質が特定されたのだ。

未成熟の精巣と卵巣は、いわゆる頭側懸垂靭帯で固定され、導帯と呼ばれる第二の小さな靭帯に緩やかにつかまっている。下降ジェットコースターに乗車する際、精巣はあるシグナル物質を分泌する。これにより、頭側懸垂靭帯が退化し、導帯が精巣を下腹部へ導けるようになる。

おもしろいことに、ふたつのグループ——ひとつはドイツ、ひとつはアメリカ・テキサス州——が同時に、この精巣の「ぼくを迎えに来て」シグナルを特定した。その正体は、インスリンに関係する分子で、(あまり想像力豊かな名前ではないが) インスリン様ペプチド (INSL3) と呼ばれるものだった。このシグナル物質の遺伝子を人工的に欠損させると、精巣は卵巣と同じように、腎臓のそばにとどまった。

卵巣がその場にとどまるのは、卵巣ではINSL3遺伝子が作動しないからなのだろうか? それをたしかめるために、いくぶん残虐な追跡実験がおこなわれた。数匹のメスのマウスに遺伝子操作を施し、卵巣のINSL3濃度を高くしたところ、驚いたことに、それだけで卵巣が下腹部に引き下げられたのだ。

精巣を下降させるINSL3に関連する遺伝子は、哺乳という哺乳類独自の特徴にも一役買っている。その役割に魅了されたスタンフォード大学のテディ・スーらは、カモノハシに着目した研究をおこなった。その結果、カモノハシの持つあるひとつの遺伝子により、このシグナル物質の原型版がつくられることが突き止められた。そして、そのあとに登場した哺乳類でこの遺伝子の重複が起き、一方の型が精巣の下降に関する機能を、もう一方の型が乳首の発達に関する機能を進化させるに至ったことがわかったのだ。これはまさに、哺乳類の特殊性の創造に貢献した、生物史に残る美しい遺伝的大事件の一例だ。ところが、じつはゾウやその仲間の精巣が下降していない種も、この重複した遺伝子を持っている。つまり、物語はまだ完結していないというわけだ。次なる重要なステップは、鼠径管と陰嚢の形成に必要な遺伝子を特定することだ。おそらく、まず調べるべきは、体外脱出の道を逆戻りした哺乳類たちだろう。そうした種では、この遺伝子が変化しているはずだ。

われわれの身体の基本をなすこの構造要素は、いまだ謎に包まれている。それを認めるのは、いくぶん屈辱的かもしれない。だが、これほどおかしな付属物が二度にわたって進化したという事実からすれば、われわれはかならずやそれをうまく扱えるはずなのだ。さらに多くの知見が積み重なっていけば、いずれはそうした諸々の研究から、よほどの勇者でなければ反論できない、すべてを制する精巣体外化理論——「陰嚢統一理論」なんてどうだろう？——が産み落とされる日が来るだろう。

学説として合格点を取るには、陰嚢の存在理由だけでなく、哺乳類の精巣位置の多様性も説明しなければならない。個人的には、チャンスとフレイのギャロッピング仮説を気に入っている。だが、陰嚢は本当に、揺れ動く腹圧に対処する唯一の方法なのだろうか？　また、ラヴグローヴの最近の研究では、温度感受性に関する陰嚢の役割を裏づける結果が得られている。メスへのアピール説はまだ大穴だが、陰嚢が本当に性選択されたものなら、クジャクに相当する哺乳類はどこにいるのだろうか？　サッカーボール大のものを携えた種がいるはずではないか？

ついでなので言っておくと、陰嚢統一理論の到来を待つあいだ、われわれゴールキーパーは、クリケットや野球をする友人たちを見習い、進化の賜物である大きな脳と対向性の親指を使って保護用カップを着用するべきではないだろうか。

第2章 カモノハシに学ぶ

哺乳類誕生の情報源

カモノハシはあまり旅をしない。わたしがいちばんよく知っているカモノハシは、剥製になって大英博物館にいる。オスだ。それがわかるのは、後ろ肢に毒を出す突起がついているからだ。生きたカモノハシにもっとも近いものがイギリスに来たのは、一九四三年、戦時の士気を高めるためにロンドンに一匹送ってほしいとウィンストン・チャーチルが要請したときのことだ。オーストラリア政府は成体のオスを大急ぎで送ったが、リヴァプールの港まであと四日というところで、乗っていたポート・フィリップ号が潜水艦の攻撃に応戦して爆雷を発射した衝撃により、船上の水槽のなかで死んでしまった。

最初にイギリスにたどりついたカモノハシの死体も、噂によれば、蒸留酒の樽に入れられてニューカッスルの波止場から運ばれているときに、運び手の女性の頭上で樽が破裂して地面に投げ出されたらしい。時は一七九九年、オーストラリアが未開の新天地だったころのことだ。その樽は、できたての囚人流刑地シドニーの第二代総督ジョン・ハンターが送ったもので、そのなかにはオーストラリアをはじめて離れたウォンバットも入っていた。ハンターは完全なカモノハシを送るつもりだったが、ニューサウスウェールズ〔オーストラリアで英国が最初に入植した地域〕が季節はずれの陽気に包まれたせいで、標本がほのかなにおいを漂わせはじめた。そのため、はらわたを捨てざるをえず、皮だけを旧世界に送ることになった。ハンターは生きているときの姿を描いたスケッチと、「水陸両生の、小型のモグラのような動物」と書いたメモをたくし込んだ。そしてそれとともに、この風変わりな動物の解明に向けた長い道のりがはじまったのだった。

その後、ほぼ一世紀にわたって続いた論争を経て、哺乳類の厳密な定義がかたちづくられることになった。そして、カモノハシはいまに至るまで、哺乳類誕生までの進化の旅路を垣間見せてくれる貴重な情報源として活躍している。

はるか彼方の地の新種が欧州に到着するのは、一七九九年にはとりたてて珍しいことではなかった。何世紀も前から、探検家たちがはじめて見る珍奇な生きものたちを故郷に送っていたからだ。だが、一七七〇年にクック船長がオーストラリアの東海岸を発見したことで、それまでとはまったく違う斬新な品々が輸入されるようになった。ロンドンっ子は、はじめて見るカンガルーを熱愛した。新種の植物や動物を記載したい自然学者も、あっと驚くものに飢えた一般大衆も、オーストラリアの珍品を貪欲に求めるようになっていた。

とはいえ、水かきのついた足、ビーバーの尾、カモのくちばしを持ち、外耳を持たない小さな目をした水生のモグラは、いくらなんでも過剰だった。そのうえ、このカモノハシは、漁師がサルの胴体に魚の尾びれを縫いつけ、その制作物を人魚として売り歩いていることで知られるシナ海経由でイギリスに来ていた。カモノハシの最初の学術的な記述が、捏造を疑うものだったことは有名な話だ。「当然のことながら、人工的な手段による詐欺的な標本作成という疑念が喚起される」とジョージ・ショーは記し、「きわめて詳細かつ厳密な検証を経なければ、これが四足獣に備わった本物のくちばしであり、本物の鼻づらであるとは納得できない」と結論づけた。[1]

だが、さらなる標本により正真正銘の本物であることが裏づけられると、当時を代表する自然学者たちは、ようやく重い腰を上げて解明に乗り出した。カモノハシはいわば、リンネが長い年月を費やして確立した、整然たる分類に対する真っ向からの攻撃だった。人気を博した『四足獣の歴史（*A General History of Quadrupeds*）』のなかでカモノハシを描いたトーマス・ベウィックは、カモノハシについて、「魚、鳥、四足獣という三重の性質を持っており、われわれがこれまでに目にしたどのようなものとも類縁関係にない」と述べている。

事態がさらに複雑になったのは、その後、内臓のある完全な標本が到着したときのことだ。外科医で王立協会員のエヴァラード・ホームは一八〇二年、オスとメスのカモノハシの詳細な記述をはじめて発表し、一部の特徴は完全に哺乳類のものだが、ほかの多くの点でカモノハシは鳥類もしくは爬虫類に似ていると述べた。

とりわけ悩みの種になったのが、メスの生殖器の構造だ。これは重要なポイントだった。というのも、分類学者は分類にあたり、その植物や動物の生殖方法を重視していたからだ。クジラとイルカが肢と毛皮を持たないにもかかわらず哺乳類の仲間に迎え入れられたのは、卵ではなく子を産み、哺乳をするからだ。植物や動物の特徴で定義された体系に沿ってカモノハシを分類するには、その出産の様式と、乳腺があるかどうかを知ることが肝要だった。

そんなことは簡単だろうと思うかもしれないが、この論争が起きていたのは、カモノハシが淡水の生息環境でひっそりと暮らすオーストラリア東部から一万五〇〇〇キロ以上はなれた場所だ。しかも、カモノハシは年に一回しか交尾せず、その後、メスは川岸の巣穴の奥深くに閉じ込もり、ごくごく密やかに出産する。この論争の中心人物たちのなかには、カモノハシの出産はおろか、生きたカモノハシを見たことのある者さえひとりもいなかった。

哺乳に関しては、疑いの余地はないように見えた。ホームは自分の調べたメスには乳頭はなかったと断言した。それならば、乳腺もないはずだ。毛皮があることからすると意外だが、ホームはその点に疑いを持っていなかった。だが、身体をさらに下まで調べたホームは、心底途方に暮れた。そのメスの生殖器が、過去に見たどんなものにも似ていなかったからだ。ホームが出くわした管の配置からは、卵を産むのか子を産むのかを判断するのは不可能だった。

とにかく肝心なのは生殖だ。そこでホームは、まだあまり調べられていなかったほかの動物を大量に集め、よく似たものを探した。そしてすぐに、カモノハシの生殖器の構造がハリモグラのそれに似ていることに気づいた。ハリモグラはその一〇年ほど前にオーストラリアからやって来た棘だらけのアリクイだが、風変わりなカモノハシのような華々しい歓迎はいっさい受けなかった。その解剖学的構造の類似性から、この二種は「動物の新たな族」にあたるとホームは主張した。

とはいえ、それでこの生殖器の仕組みがわかったわけではない。ホームはさらに調査の範囲を広げ、最終的に、この新しい族にもっとも近いのは、ある種のヘビとトカゲであるとの結論に至った。その種のヘビやトカゲでは、子は卵のなかで発達するが、卵は母親の体内にとどまり、そこで孵化する。卵胎生と呼ばれる生殖様式だ。カモノハシもこの方式を取り、哺乳類と同じように殻のない状態で生まれてくる――それがホームの結論だった。

数々の鋭い観察で得た知見から、ホームはカモノハシをめぐる多くの結論を導き出した。だが、哺乳についても出産についても、その結論は完全にまちがっていた。

ほどなくしてこの議論に参戦したのが、フランスの著名な自然学者、エティエンヌ・ジョフロワ・サン＝ティレールだ。ジョフロワは、この「新たな族」の名づけ親として知られている。風変わりな生殖器の構造にちなみ、カモノハシとハリモグラを単孔類《モノトレマタ》と命名したのだ。モノはギリシャ語で一を、トレマ（トレマタの単数形）は孔を意味する。この名前の由来になっているのは、カモノハシとハリモグラが――鳥類や爬虫類と同じように――排尿、排便、生殖を単一の後部開口部をつうじておこなうという事実だ。ホームの混乱の一因は、そこにあった（正直に告白すれば、この事実を知ったときにわたしは忍び笑いを漏らし、つかのまの優越感を抱いた。とはいえ、たかが二孔の哺乳類に、そんな偉そうな態度をとられたくはないだろう。三つのニーズそれぞれに専用の配管系統があるメスの構造は、メスの身体の精巧さを示す一例だ。わたしがパブを経営する機会があれば、トイレのドアに「二孔類」と「三孔類」と掲げるつもりだ）。

ジョフロワは、ふたつの点で確信を持っていた。カモノハシが哺乳しないことについてはホームと同意見だったが、カモノハシは卵を産むにちがいないとも考えていたのだ。生殖様式は二種類しか存在しない、とジョフロワは言い切った――胎生かつ哺乳をおこなう哺乳類的な様式と、乳製品のいっさい絡まない卵生の様式だ。カモノハシが後者のルートで繁殖しているのなら、単孔類は哺乳類ではないはずだ。ジョフロワはそう考えた。

ジャン＝バティスト・ラマルクも、カモノハシが乳腺を持たない以上、哺乳類の一員ではありえないと考えていた。ラマルクは、獲得した形質の遺伝により進化が起きるとする説を唱えた博物学者だ。その説が反証されたため、現在では悪く言われることも多いが、これほど早くに進化による変化を主張した点は称賛されてしかるべきだろう。そうした進化の観点から、ラマルクは喜び勇んで、カモノハシを爬虫類と哺乳類の中間にあたる存在と見なした。これには先見の明があったと言える。

ジョフロワやラマルクに反対するほかの著名な科学者たちは、カモノハシはまちがいなく哺乳類だと主張した。単孔類は哺乳類の上昇スケールの最下段に位置し、そのすぐ上に有袋類、そのさらに上に有胎盤類が来ると唱える者もいた。そして、有胎盤類の頂点に立つのが、霊長類というわけだ。

この論争に決着をつけ、カモノハシの生殖様式を断定するまでの探求の道のりは、ことのほか険悪なものになり、人類の最悪の部分を引き出すことになった。はじめはためらいがちに提案されていた説が、何度も繰り返されるうちに事実の表明に変わった。たとえば、ホームは一八一九年、最初の報告書に見られた疑いとは無縁の揺るぎなさで、単孔類は卵胎生だと断言している。だが、それよりも問題だったのは、実際に新たな観察所見が得られたときに、有力な科学者たちが——しばしば突飛な論法で——自分のそれまでの説を裏づけるように解釈したことだ。

たとえば一八二四年、ドイツの解剖学者ヨハン・メッケルがカモノハシの乳腺を見たとする文献を発表したが、それに対してジョフロワは、それはおそらくにおいの信号伝達物質か、毛皮の調子を整える物質を分泌する腺だろうと主張した。

その二年後、メッケルがくだんの乳腺に関する詳細な記述を発表すると、ジョフロワは改めて、動物は「哺乳類、単孔類、鳥類、爬虫類、魚類」のいずれかだという主張を展開した。ホームは自身とジョフロワの正しさを証明すべく、オーストラリアから新たな標本を調達した。そして、乳腺がないことを助手にたしかめさせ、あげくの果てにはメッケルに矛先を向け、カモノハシが哺乳すると信じるあまり、存在しない乳腺をあると思い込んだのだと非難するに至った。

公正を期すために言っておくと、こうした意見の相違が生じたのは、少なくともひとつには、カモノハシの乳腺が季節や使用状況に応じて著しく膨らんだり縮んだりするせいかもしれない。観察のタイミングがすべてを決めてしまうこともあるだろう。

ゆえに一八三一年、イギリス陸軍第三九連隊がニューサウスウェールズに駐屯した時期がカモノハシの繁殖期だったことは、まさに幸運だったと言える。

おそらく軍務が暇だったのだろう、ローダーデール・モール中尉は、巣穴にいた母カモノハシと二匹の子を捕獲し、虫やパンや牛乳を与えて飼育しようと試みた。だが二週間後、詳細は定かではないが、なんらかの不慮の災難で母カモノハシが死んでしまった。死後、モールはすぐにその皮を剥いだ。そしてそのとき、乳首のない胴からにじみでる乳を目撃したのだ。カモノハシが哺乳をするというまぎれもない証拠だ。

モールはすぐにロンドンに手紙を書き、その観察所見を報告した。陸軍中尉の言葉には、故国の自然学者たちを信じさせるに足る威力があった。長年にわたる推測と論争のすえに、ペットの飼育が下手な陸軍将校により、ついに哺乳をする哺乳類としてのカモノハシの地位がたしかなものになったのだった。

乳腺により単孔類の哺乳類としての地位が確立されると、関心の的は、哺乳類が卵を産むか否かに移った。モールの観察所見をわめき声――「それが乳だと言うのなら、バターを見せてみろ！」――で迎えたジョフロワは、一八四四年に没するまで、カモノハシはまちがいなく卵を産むと確信していた。だが、当然と言えば当然だが、カモノハシの乳腺が発見されたことで、それなら胎生にちがいないと多くの人が結論づけるに至った。

そのうちのひとりが、若き英国人リチャード・オーウェンだ。優秀な解剖学者だったオーウェンは、単孔類の乳腺の実在を裏づけるのに貢献した。また、「恐竜《ダイナソー》」という用語を生み出し、ロンドン自然史博物館を創設した人物でもある。さらに、進化など起きていないとダーウィンを説き伏せようと試みたこともある。じつに興味深い人生だ。そして、カモノハシは卵を産まないと確信していたオーウェンは、他者の直々の観察に対してありえない解釈をひねり出すという、かつてジョフロワが演じた役まわりを自信たっぷりに引き受けた。

たとえば、カモノハシの巣穴で卵の殻の破片を見たとモール中尉が主張したときには、あてにならない証言だと攻撃した。別の懐疑論者も、その破片はおそらく糞だったのだろうと解釈した。そして一八六四年、捕獲された妊娠中のメスがふたつの卵を産んだことを伝える手紙がオーストラリアから舞い込んだときも、オーウェンはなお、それは自然な現象ではなく、そのメスは恐怖のあまり流産したにちがいないと言い募った。

一八八四年になってようやく、八〇歳を迎えていたオーウェンはしぶしぶながら考えを改めた。オーウェンに誤りを認めさせたのは、オーストラリアで調査をしていたケンブリッジ大学の若き動物学者、ウィリアム・コールドウェルの所見だった。

コールドウェルは一世紀近くにおよぶ論争に終止符を打ったわけだが、彼を好きになるのは難しい。コールドウェルの成果は、大勢の先住民に金を払ってカモノハシとハリモグラを狩らせて得たもので、この戦法は「途方もない虐殺」につながった。しかも、先住民が続々と動物を持ってくるようになると、コールドウェルは先住民相手に商っていた食料品の値段を引き上げたのだ。「そうすれば、ちょうど（メス一匹あたりの報酬にあたる）半クラウン銀貨で買える食料が、怠惰な黒人たちをいつも空腹にしておける量になるというわけです」と、コールドウェルは書いている。

一四〇〇匹を超える単孔類の犠牲を経て、とうとうコールドウェル本人が、いままさに産卵していたメスのカモノハシを撃ち殺した。ふたつの卵のうち、ひとつはその死体のかたわらに転がり、もうひとつは広がった子宮のなかに残されていた。

コールドウェルは意気揚々と、カナダのモントリオールで開催される英国学術協会の会合に送る電報の文案を練った――「単孔類は卵生、卵は部分割」。簡単に言えば、カモノハシは卵を産み、卵内の細胞の分裂様式は鳥類と同じで、哺乳類のそれとは異なる、という意味だ。

偶然にも、コールドウェルの電報がカナダで読み上げられたまさにその日に、オーストラリアのアデレードにある自然史博物館のウィルヘルム・ハーケ館長が、ハリモグラの袋状部で見つかった卵の殻の断片を南オーストラリア王立協会に提示していた。こうして、一八八四年九月二日、一部の哺乳類がたしかに卵を産むことが二重に確証されたのだった。

まとまりのない細い枝

この延々と続く年代記のまっただなかの一八三六年一月一九日、チャールズ・ダーウィンは目を覚ますとカンガルー狩りに向かった。ガラパゴス諸島から太平洋を横断してきたビーグル号はシドニー入江に錨をおろし、二六歳のダーウィンはブルー・マウンテンズへの小旅行の途中、ニューサウスウェールズのウォレラワンにある小さな農場に立ち寄っていた。ダーウィンはシドニーに興味を引かれていたものの、そこを離れられるのを喜んでいた。彼の日誌に登場するオーストラリアの大自然の描写は、せわしない植民地の首府の描写よりもはるかに熱がこもっている。

ダーウィンはその日、カンガルーには一頭も出会えなかった。だが、乗馬の早駆けを楽しみ、グレーハウンドたちが木のうろに追いつめたカンガルーネズミを観察したと書き残している。さらに、旧世界から持ち込まれたその犬たちが在来の動物たちを脅かすにちがいないと心を悩ませたりもした。

ダーウィンの日誌には、その日の夕方、陽の降り注ぐ土手に寝ころがりながら、「この国の動物たちが、ほかの世界のものに比べて風変わりな特徴を持っていることに思いをめぐらせていた」と書かれている。自然選択による進化というアイデアは、しばしば言われているようにガラパゴス諸島で生まれたものではない――ガラパゴス諸島のあとに立ち寄ったオーストラリアでも、まだその思索のすべてが不安定に揺れ動いていた。

その土手で、若き動物学者はオーストラリアの動物たちが身につけた固有の形態について思案していたが、その一方で、別の場所の生きものたちとの類似点にも目を留めていた。いったいどのような創造プロセスが、これほど多様な形態を生み出しうるのだろうか。そんな考えをめぐらせたダーウィンは、周知のとおり、神による創造に疑問を抱いた。[2]

その後、「夕暮れどきの薄暗がりのなか」を「鎖のように連なる池」に沿ってそぞろ歩き、この地の「名高い」カモノハシたちを観察した。彼らが「水面で遊んでは潜水する」ようすは、イギリスにいる水生ネズミを思い起こさせた。この場面はきわめてのどかだが、それもカンガルー狩りの案内人が調査のためにと一匹を銃でしとめるまでのことだった。

二三年後、その陽のあたる土手で自問した問いに対する答えが、『種の起源』で提示された。『種の起源』では、ダーウィンがその夕暮れどきに眺めた動物もところどころに登場する。

植物と動物を類似性にもとづいて分類する、それ以前の厳密な分類法は――カモノハシをうまく収めるのに四苦八苦はしたが――ダーウィンの大きな助けになった。というのも、そうした分類法により、さまざまな種が特定の特徴を共有することや、種によって少しずつ異なることが明らかになっていたからだ。だが、ダーウィンは感傷的にはならなかった。自説を提示するにあたり、先行する分類法を支える原理に大鉈を振るい、「真の分類はかならず系統にもとづくものである。由来の共通性は、自然学者が無意識のうちに探し求めてきた隠れたつながりであり、創造主の知られざる設計図ではない」と書いている。

それを強調していたのが、『種の起源』に唯一掲載された図表だ。この本の折り込みページには、現在のわれわれが系統樹と呼ぶものが収録されていた。地質学的な時の流れのなかで、種がどのように死に絶え、生き延び、分岐していったのかを示す、生物の系譜の略図だ。この図に記載された種は仮説にもとづくものだったが、それが伝えるメッセージは明白だった——すべての生物にはなんらかの類縁関係があり、この図こそが、以後のあらゆる分類の基礎となるべきである、というメッセージだ。

種の関係性は、それぞれが共有する特徴と共有していない特徴を観察すれば推測できるとダーウィンは主張した。共有されている特徴は、共通の祖先からともに受け継いだものだ。そして、そうした特徴がふたつの種のあいだで異なるのなら、そのふたつの種に至る系統が過去に分岐したということだ。種のあいだの違いの大きさは、ふたつの種が分かれてからの経過時間と、分岐後のそれぞれの環境に左右されるのだろうとダーウィンは考えた。

ダーウィンが特に強調したのが、特定の中核的形質——ライフスタイルにより変わることの少ない特徴——の有用性だ。すべての哺乳類の近縁性がもっともはっきり表れるのは、顎の角度、生殖様式、毛皮だとダーウィンは主張した。こうした特徴は、ある哺乳類が表面的に変化し、たとえば川底をさらって餌を選り分ける鳥のようなくちばしを進化させたとしても（わたしが考えた例だ）、変わらずに存続するはずだ。

カモノハシの鳥類や爬虫類との類似性は、最初にこの動物を描写した人の多くをぞっとさせたかもしれないが、ダーウィンは大興奮したにちがいない。生物は徐々に進化しているとダーウィンは主張していた。だが、そうした緩やかな変化は、ひとつの問題を提起していた。生物界は不鮮明なグラデーションのように変化する形態で構成されているのではなく、種やそれよりも高次の生物グループが、明確に区別できる別個の集団として存在している。それはいったいどういうわけなのか？　ダーウィンはその理由を説明しなければならなかった。たとえば、哺乳類と爬虫類は、どう見てもまったく異なっている。そのふたつを区別する特徴はたくさんあるが、そのあいだをつなぐ中間的な形態はほとんど見られない。

ダーウィンはその答えとして、進化の過程で最終的にある形態が別の形態に完全に置き換えられたのだと説明した。地質学的な時間で見れば、ひとつながりの形態がたしかに存在していたはずだ。中間的な形態は存在していたが、おおむね絶滅してしまったというわけだ。

したがって、中間的な形態を探すべき場所は、はるか昔にできた堆積岩に埋もれた化石のなかということになる。だが、化石記録の完全性に疑いを持っていたダーウィンは、代わりとなるいくつかの方法を考えた。そのひとつとして、カモノハシと肺魚は「こんにちの世界で知られている、ひときわ変則的な形態」であり、「生きた化石という空想めいた呼び方をしてもさしつかえないし、太古の生物形態を思い描く助けになるだろう」と書いている。

ダーウィンに言わせれば、このふたつの動物は、太古から生き延びてきた思いがけない生存者だった。肺魚は魚類と両生類の中間形態であり、カモノハシは爬虫類と哺乳類のつながりを示すものだ。ダーウィンにとって、このふたつは完璧だった。その希少性は、ほとんどの中間形態が絶滅したとする主張を裏づけている。その一方で、たしかに存在するという事実は、中間形態の生きた証拠になる。ダーウィンは、種の由来を枝で示した全生物の系統樹の意義を改めて主張した際に、次のように述べている。

そこかしこに、樹の下方の分岐から伸びる、まとまりのない細い枝が見られるはずだ。ごくまれに、そうした枝が幸運に恵まれ、枝の先端で種が生き延びていることもある。そのため、われわれは（カモノハシや肺魚のような）動物をときおり目にすることになる。そうした動物は、小さいつながりではあるものの、その類似点により、さらに大きな二本の枝を結びつけているのだ。

そのまとまりのない細い単孔類の枝の性質にこそ、カモノハシがこの本の屋台骨として活躍している理由がある――彼らはほぼすべての章に登場する。[3] 単孔類が生き延びるのを可能にした幸運は、哺乳類の歴史に興味を持つ者にとっても思いがけない授かりものだ。哺乳類の形質の自然史を解明したいのなら、単孔類でその形質を調べれば、たいていは進化の過程に関する手がかりを得られると言っても過言ではない。

有袋類と有胎盤類は、一億四八〇〇万年前ごろに生息していた共通の祖先から進化した。一方、単孔類――現存する哺乳類のうち、有袋類と有胎盤類以外の五種――は、それよりも二〇〇〇万年ほど早く哺乳類の主流派から飛び出した系統の唯一の生き残りだ。したがって、カモノハシとハリモグラは、それ以外のすべての現生哺乳類の受け継いだ形態ができるよりも二〇〇〇万年ほど前に、哺乳類がどのような特徴を持っていたのかを示す証拠になる。

カモノハシをめぐるダーウィンの記述に難癖をつけるところがあるとすれば、「生きた化石」という表現だろう。この言葉からは、現存する種がきわめて長いあいだ変化していないような印象を受けるが、そんなことはほとんど起こらない。「場合によっては、少数の古い中間的な親形態が、ほとんど修正されずに現在の子孫に伝えられることもある」というダーウィンの主張が現実にあてはまることはめったにない。どんなものも進化しているのだ。カモノハシは泳ぎ、潜り、穴を掘り、生殖しながら、彼ら独自の曲がりくねった道を歩んできた。そのなかで、独自の特徴を進化させてきた。カモノハシが――身体の後ろのほうの解剖学的構造が共通しているにもかかわらず――ハリモグラとどれほど違っているかを調べるだけでも、この哺乳類の細い枝の生きた「先端」たちが、それぞれ独自の環境に適応してきたことがわかるはずだ。どの哺乳類も、カモのくちばしを持つ水生モグラの子孫ではないのだ。

とはいえ、カモノハシとハリモグラのさまざまな面からは、哺乳類の形質がどのように現在の姿に至ったのかをうかがい知ることができる。このあとに用意している単孔類をめぐるサプライズを台無しにしたくないので、ここでは一九世紀の自然学者たちをとりこにした卵と乳首のない乳腺を例にとることにしよう。

世界に存在する動物がカモノハシとウサギだけだと想像してみてほしい。その共通の祖先が卵生だったのか胎生だったのかを知るには、どうすればいいだろうか。それを知る方法はほとんどない。祖先が卵を産んでいて、ウサギが胎生を進化させたのかもしれないし、祖先が胎生で子を産んでいて、カモノハシが卵生を進化させたとも考えられる。このふたつのシナリオが起きる可能性は等しく、それぞれにひとつの進化的変遷がかかわっている。

しかし、この仮説上の世界にカメが存在したらどうだろうか。卵を産むカメの系統が、数々の相違点からウサギやカモノハシの分岐よりも前に枝分かれしたことがわかっていれば、ヒントがひとつ増えることになる。この場合、考えられるシナリオはふたつだ。三つの種すべてが共有する最後の共通祖先が

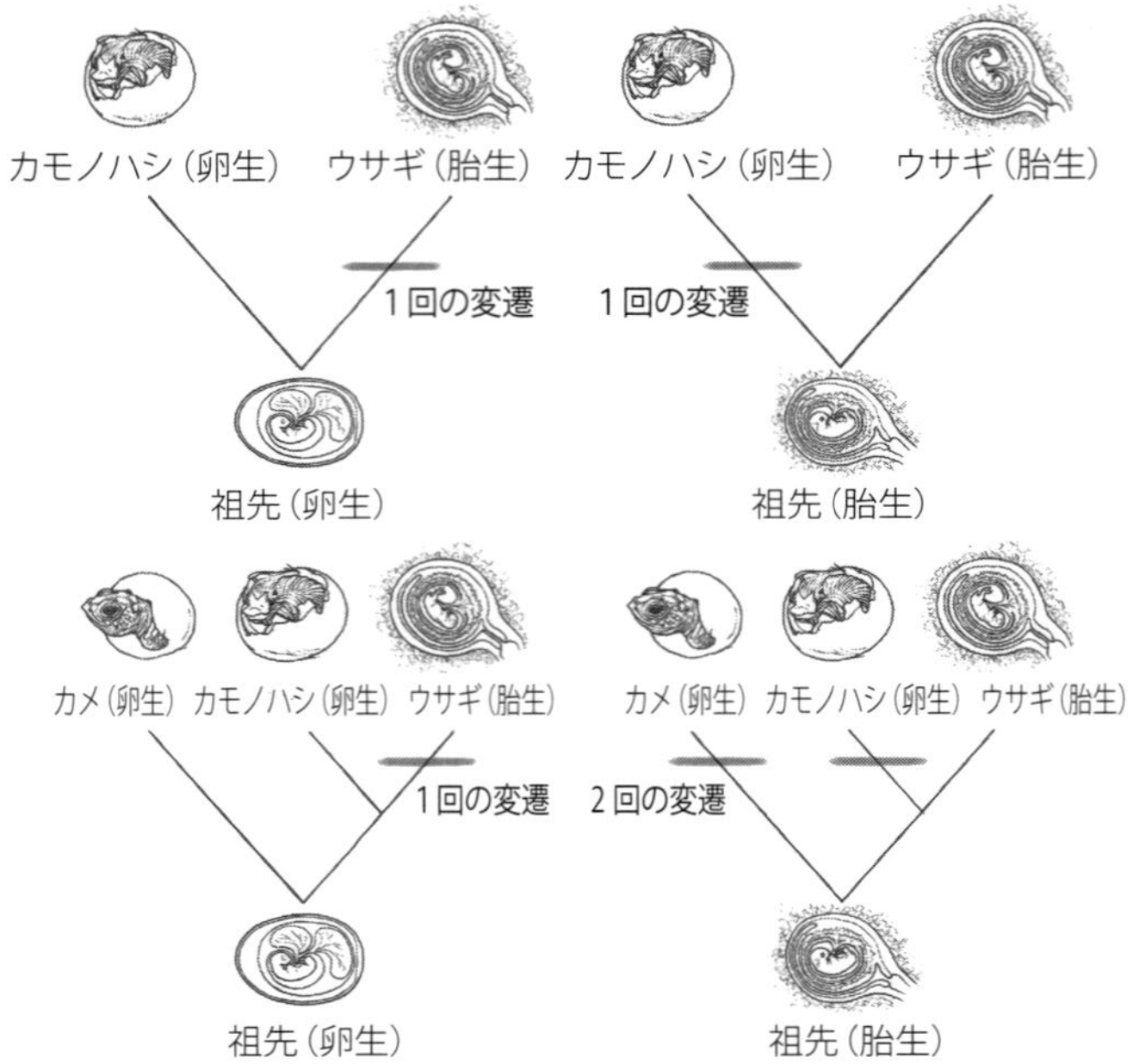

図 2–1 「最節約法」では、形質状態の変化がもっとも少ないものが、もっとも優れた進化の説明であるとされる。

卵を産んでいて、ウサギだけが胎生を進化させたケース。そしてもうひとつは、共通祖先が胎生で子を産んでいて、カメとカモノハシがそれぞれ個別に卵を発達させたケースだ。ひとつめのシナリオにかかわる進化的変遷はひとつだが、ふたつめではふたつの変遷が必要になる。したがって、後者のケースが不可能とは言えないまでも、前者のほうがシンプルで、無駄が少なく節約的だ。

この「最節約法」という原則は、昔から進化をめぐる推論の中心として、この分野に大きく貢献してきた。要するに、もっともシンプルな説明がもっとも好ましいというわけだ。

また、当然のことながら、比較対象のグループの特徴がしっかり確立されているほど、推論の確実性は高まる。現実の世界で言えば、卵生は爬虫類の典型的な特徴だ。そして、爬虫類と哺乳類の最後の共通祖先が卵を産んでいたことは、ほぼまちがいない。それを実証している強力な証拠が、単孔類なのだ。

さらに、単孔類の卵生という特徴は、胎生の進化の時系列を相対的に示すタイムスタンプにもなる。カモノハシの持つそのほかの特徴を見れば、哺乳類が毛皮や母乳、温血性などの多くの哺乳類的形質を進化させたのは、卵の殻に包まれていない子を産むようになるよりも前だったことがわかる。

乳腺についてはどうだろうか。爬虫類にも鳥類にもそのほかの脊椎動物にも、哺乳をする動物はいない。したがって、母乳が哺乳類の系統で特異的に進化したことはまちがいない。さらに、有胎盤類にも有袋類にも、そして――ムッシュー・ジョフロワのおっしゃるとおり――単孔類にも見られることから、母乳はこの三つの系統が分岐するよりも前に進化したと考えられる。

この結論を強力に裏づけているのが、乳腺の配管、母乳の組成、その基礎となる遺伝的特徴がすべての哺乳類で類似しているという事実だ。これをできるだけシンプルに解釈するなら、哺乳類の三系統の幼児養育システムはどれも、すでにその特徴を進化させていた共通の祖先から受け継いだものということになる。

とはいうものの、単孔類には乳頭がない。それこそまさに、単孔類は形質の進化の軌跡を垣間見せてくれる唯一無二の存在だとわたしが主張するゆえんだ。乳頭のない哺乳から見えてくるのは、獣亜綱《じゅうあ》(有袋類と有胎盤類の総称)の登場前から乳腺は存在していたものの、その黎明期には現在よりも拡散的なかたちで母乳が母体からにじみでていたという筋書きだ。たとえば、子カモノハシは母親の体毛を吸い、そこから滴る母乳を飲む。

もちろん、乳腺よりも先に乳頭が進化するはずがないのは当然の話だ。だが、この拡散方式の乳汁分泌は、乳腺がそもそもなぜ、どのように進化したのかを知るための興味深い手がかりになる可能性がある。

また、単孔類は卵を産むが、おもしろいことに、その卵は鳥類や爬虫類のそれとは異なっている。卵生と胎生は純然たる二項対立と見られがちだが、単孔類の卵は、哺乳類が産声を上げる赤ん坊を産むに至った正確な経緯について、重要なことを伝えている。卵と胎盤の溝をどのようにして越えたのか、それを知るヒントを与えてくれているのだ。

この二点については、ひとまずここで中断し、第6章と第7章でまた取り上げることにする。

全体は部分の総和に勝る

毛と乳《ミルク》を持つものが哺乳類なら、ココナッツも哺乳類になる、とは昔から言われていることだ。もっとも、重要人物の発言ではなく、インターネット上のフォーラムで誰かが言っていただけだが。その発言の意図が、リンネ的思考にもとづく時代遅れの古くさい慣習をあけすけに批評することにあったのかどうかはわからないが、おもしろかったのは、それに対して（妙にまじめな）返答が続々と寄せられ、ココナッツを哺乳類とする意見が否定されていたことだ。否定の根拠はさまざまだが、ココナッツには乳頭がない、外耳がない、三つの中耳骨もない、したがって実質的には哺乳類ではない、という具合だ。さらに、一九世紀なかばからやって来た時間旅行者よろしく、ココナッツは胎生ではないと反論した人もふたりほどいた。だが、ココナッツとパームツリーとの系統的関係をキリンやイボイノシシとの関係と比較し、それを根拠に哺乳類の資格がないと主張した人はひとりもいなかった。二一世紀でも、リンネ的思考は健在のようだ。

その健在ぶりを裏づける、ネット上の無駄話よりもしっかりした証拠がほしいのなら、大きめの辞書を引いてみるといい。哺乳類はいまだに、体毛、乳腺、そしておそらく——お使いの辞書の質しだいだが——あとひとつかふたつの形質を持つ動物と定義されているはずだ。その手の思考様式には、どこかわれわれの感性に訴えるところがある。言うまでもなく、ほかならぬこの哺乳動物がみずからの生物としての存在をめぐる本を書きたいと考えたときに、リンネに準じた足場の上にすべてを構築しようと決意するほどには訴求力があるわけだ。目下のところ、その事実はわたしを落ちつかない気分にさせている。というのも、この章が終われば、すぐにまた哺乳類を定義する形質をひとつひとつ書き出したリストに戻ることは承知しているからだ。だが、たとえ思い上がった方法とはいえ、このやり方なら一度にひとつのテーマに注目できる。わたしにできる弁解は、せいぜいそのくらいだ。

ダーウィンとリンネを融合させる——現代生物学の系統にもとづく分類学に、形質にもとづくリンネの体系を重ねあわせる——ことには、明らかな問題がひとつある。進化していく系統は、受け継いだ形質をいつまでも持ちつづけなければいけないわけではない、という点だ。クジラの祖先が四本の肢を持ち、四足動物——まさに四本の肢を持つということの形質からついた名——と呼ばれる動物グループに属していたからといって、クジラが肢をどんどん短くしていき、どこかの時点でついに後肢を消し去り、前肢をひれに変えるのが妨げられたわけではない。生物学の世界では、歩くよりも泳ぐほうが生態学的に有利にはたらくのなら、リンネの理想に忠義を尽くして四本の肢をとどめておく義務はない。進化する系統は、状況に応じて新しい形質を獲得し、古い形質を捨て去っていくものなのだ。

その証拠に、イルカは哺乳類を定義する代表的な特徴——体毛を持つという特徴の妥当性にまで切り込んでいる。ゾウやアルマジロやヒトはいずれも、「体毛を持つ」という条件がかならずしも毛皮のコートを全身にまとっているという意味ではないことを示しているが、イルカはさらにその先を行っている。イルカの存在は、「哺乳類はその一生の一時期になんらかの体毛を持つ」という断り書きを必要にしている。というのも、イルカは生涯の最初の二週間だけ、口元に数本のひげを生やすからだ（新生児が母親の乳首を見つけやすくするためのものと考えられている）。

特定の形質にもとづく動物のタイプの定義には、もうひとつ問題がある。ふたつの異なる系統が同じものを個別に進化させるのも、なんら妨げられないという点だ。たとえば、温血動物への変化は、哺乳類が現在のような動物に進化するうえで欠かせない要素だったが、のちに別のタイプの温血動物——こちらは羽毛を持っている——が進化し、厳密に言えば温血性は哺乳類固有の形質ではなくなった。もちろん、リンネ的アプローチでも哺乳類と鳥類の熱を逃さないようにする断熱様式の違いを強調することはできるが、温血性の獲得は生物学上のまぎれもない実話だ。しかも、哺乳類と鳥類の類似性は、それだけにとどまらない。このふたつの系統は、子育て、大きな脳、四室の心臓も別々に進化させた。さらに、哺乳類が空飛ぶコウモリを生み、カモノハシの祖先がくちばしを進化させたことは指摘するまでもない。収斂《しゅうれん》進化〔系統の異なる生物が似かよった身体的特徴に進化すること。「収束進化」とも〕は、ときに驚くほどの類似性をつくりだす。哺乳類だけを見ても、長い鼻づらでアリを食べるさまざまな動物が別々に現れている。そしてそれが、事態をひどく混乱させている。身体的な特徴にもとづく分類を試みる場合だけでなく、系統発生学により進化的関係を追跡しようとする際にも、混乱のもとになっているのだ。

ダーウィンを信奉する分類学者たちは、特徴で定義されたグループの代わりに、クレードという概念を使っている。クレードとは、共通の祖先から進化したすべての種で構成されるグループのことだ。このクレードは、たとえば鳥類を爬虫類とする根拠になっている。鳥類は恐竜から進化したが、恐竜はまちがいなく爬虫類の系統から進化した。鳥類がどれほどほかの爬虫類とは違う特徴を進化させたとしても、その祖先は変わりようがない。さらに直観に反した例を挙げれば、クレードにもとづく分類では、両生類、爬虫類、哺乳類はすべて、一風変わった硬骨魚ということになる。このケースでも、単一の祖先から、すぐにそれとわかるすべての硬骨魚が生まれたが、その子孫の系図を描いてみれば、ひねくれ者の一系統が岸への脱出を図り、最終的にすべての陸生脊椎動物を生み出したことが見てとれるはずだ。

クレードという観点から見ると、哺乳類は興味深い存在だ。というのも、哺乳類の祖先が爬虫類の祖先から分岐したのは三億一〇〇〇万年前だが、現存する哺乳類はいずれも、それよりもだいぶあとの一億六六〇〇万年前ごろに生息していた単一の共通祖先から進化しているからだ（四〇二ページの系統樹（2）を参照）。哺乳類固有の系統の起点から、単孔類と獣亜綱が分かれた一億六六〇〇万年前の分岐までのあいだには、この進化的実験を生き延びた側枝は一本も存在しない。

これは大きなギャップだ。ここで何が起きたのかを理解すれば、哺乳類前史の本質をめぐる興味深い何かがわかるはずだ。化石記録からは、さまざまなグレード（段階群）の哺乳類の祖先が次々と「放散」したことがうかがえる。それぞれのグレードには、どことなく深遠な名前がついている。図2-2では、

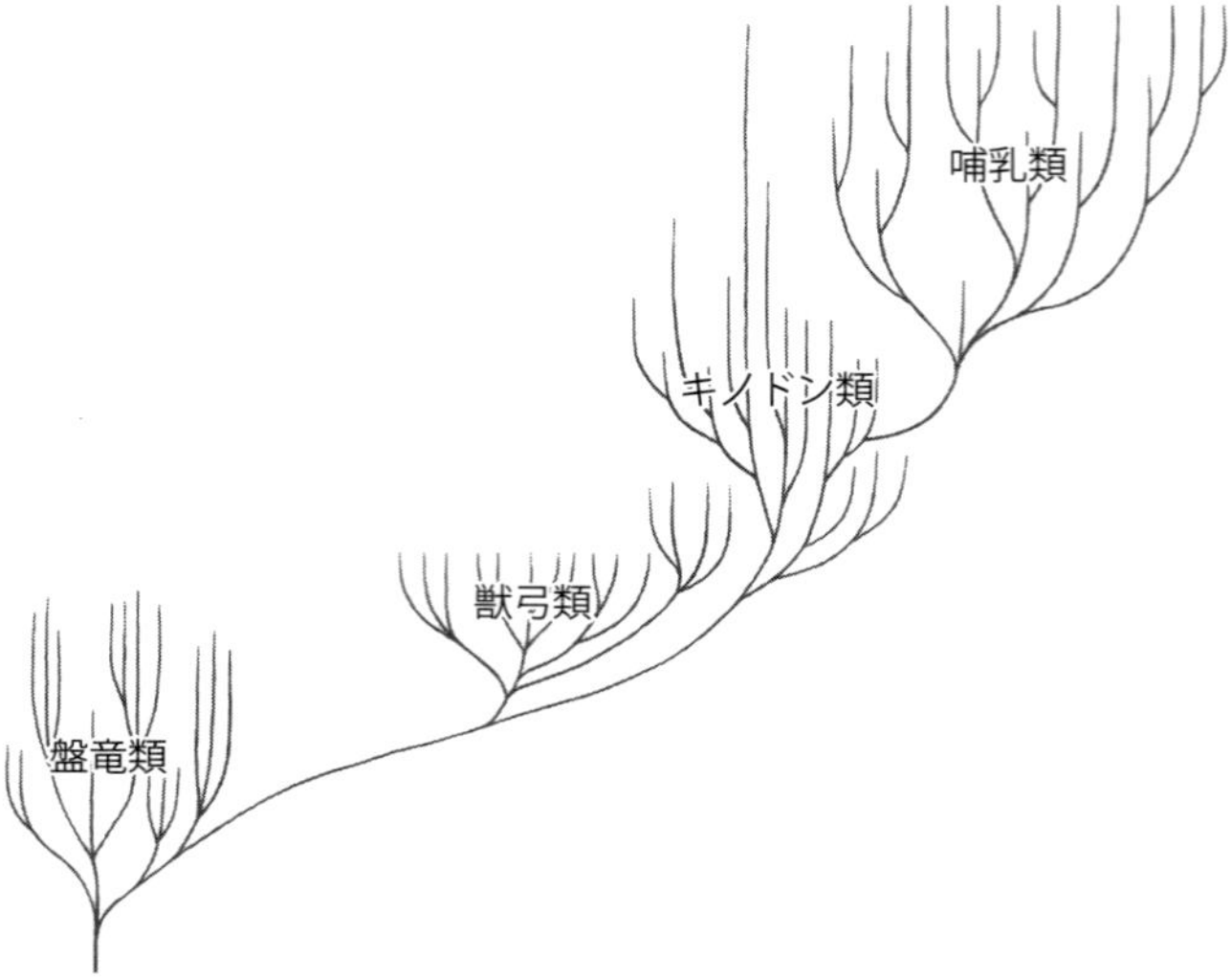

図 2–2　経時的な哺乳類とその祖先の放散。

最初に盤竜《ばんりゅう》類——背中に帆を持つディメトロドンもこの仲間だ——が、次いで哺乳類につながる生態を大きく前進させた獣弓《じゅうきゅう》類が、そして三番目にキノドン類が登場する。

　放散とは、多様でありながら幅広い形質を共有する生物たちが単一の祖先から出現することだ。たとえば、最初の盤竜類の放散で言えば、ディメトロドンは数々の肉食動物の頂点に君臨する捕食者だったが、さまざまな形状や大きさをした植物食や昆虫食の盤竜類もいた。地質年代が下るにつれ、植物食の盤竜類が未来の植物食動物に進化し、肉食の盤竜類が明日の肉食動物を生み出し——そんなふうに、すべての系統が横並びで未来へ進んでいくという道も、少なくとも可能性としてはありそうに思える。だが、そうはならなかった。実際には、盤竜類のなかから新しいタイプの哺乳類の祖先が出現し、その単一の系統から、肉食や植物食や昆虫食の獣弓類からなる新たな放散が生み出された。そして最終的に、この獣弓類のグループが、それぞれの類似形にあたるすべての盤竜類に取って代わることになった。

その後、獣弓類からまた別の系統が現れ、キノドン類の放散の種《たね》をまいた。そしてそこから、すべての哺乳類が共有する最後の共通祖先を含む系統が生まれたのだ。[4]

ここでまた爬虫類を見てみると、興味深いことがわかる。爬虫類では、早い段階で多様化した多くの動物たち――カメ、トカゲ、ワニなど――が、そろって現在まで生き延びているのだ。この事実からは、爬虫類の各タイプが生態系のなかで生息場所になるニッチをそれぞれ見つけたのに対し、次々と現れた哺乳類の祖先たちは、ライフスタイルがよく似ていたためにたがいに競争し、最終的に新しいタイプが古いタイプを絶滅に追いやったことがうかがえる。このメカニズムは、動物グループ間に見られる大きなギャップの説明としてダーウィンが唱えたものだ。

新しい放散が古い放散に取って代わる理由のもっともわかりやすい説明は、新しい形態のほうがある程度の競争上のアドバンテージを持っているから、というものだろう。そうしたアドバンテージの性質を考えるには、それぞれのグループを定義する特定の形質を改めて検証する必要がある。たったひとつの重要な形質の進化が、たとえば獣弓類を盤竜類よりも有利にしたのだろうか？　哺乳類がキノドン類のあとを継ぐことができたのは、哺乳類固有の特徴のおかげだったのか？

その答えは、イエスでもありノーでもある。「イエス」というのは、新しい形質――この本のテーマだ――を進化させれば、それを受け継いだ動物は多かれ少なかれ優位に立てるからだ。だが、複雑な形質が進化するには長い時間がかかるし、さらに重要なのは、新しい特徴の獲得はスマートフォンに新しいアプリを追加するのとはわけが違うという点だ。ある生物個体にまとめてつけ足すだけ、というような簡単な話ではない。したがって、盤竜類が形質Xを獲得し、そのあとで獣弓類が形質Yを、哺乳類が形質Zを獲得していったと考えるのは、事実とは異なる。動物の部位は、隔離された状態で存在したり進化したりするものではないのだ。そんなわけで、本書では哺乳類の形質をひとつずつ探っていくものの、さまざまな特徴がひとつずつ順番に登場したわけではなく、並行して現れては変化していくケースもままあるという事実に片目を向けておくつもりだ。個々の形質を定義するのにはもっともな理由があるが、その形質は個々ではあっても、つねにたがいに結びついている。そして、その結びつきのなかにこそ、哺乳類らしさという有意義な概念が存在している。やや使い古された言いまわしだが、全体は部分の総和に勝るのだ。

凄い感覚システム

案内役の撃ったカモノハシを調べたダーウィンは、その名高いくちばしが、イギリスの博物館にある標本の硬く乾いた突起とはまったく違うことに気づいた（実際、カモノハシのくちばしは、鳥の硬質のくちばしとはまるで違う素材でできている）。この奇妙な構造の解釈については、エヴァラード・ホームがいい仕事をした。カモノハシの身体の前のほうに関しては、彼の功績を認めるべきだろう。ホームはカモノハシのくちばしから脳に走っている神経が「並外れて大きい」と記し、このくちばしが「手と同じ役割を果たし、感触を細かく識別できる」と主張した。だが、現代のわたしたちは、このくちばしが実際に感触を「細かく識別できる」のみならず、手にはない能力を備えていることも知っている。

カモノハシが川底を漁り、食べられる甲殻類などのごちそうを探すときには、眼と耳のある溝状の部分がぴったり閉じ、鼻にある皮膚製バルブも同じように閉まることがわかっている。ほとんど眼が見えず、耳も聞こえず、嗅覚も効かない状態で餌を探すわけだ。頭を左右に振り、くちばしで川底をさらっているときのカモノハシは、まさにくちばしだけであたりを探っているのだ。

一九八〇年代はじめ、ふたりのドイツ人科学者が、カモノハシのくちばしにある珍しいタイプの神経末端を発見した。この発見をきっかけに、カモノハシが通常の触覚を持つだけでなく、電場を利用して水中を探っている可能性が浮上した。ほどなくして、ドイツとオーストラリアの科学者からなる別の研究チームが水槽のなかに電池を設置し、カモノハシがそれに反応するのを確認した。カモノハシはたしかに電池を攻撃した。そのうえ、帯電した障害物は避ける一方で、電気を帯びていない障害物には衝突したのだ。カモノハシのくちばしには、六万の触覚受容器のほかに、四万の電気受容器があることが明らかになった。さらに、くちばしから送られてくる情報の処理に特化した脳の広い領域が精緻な縞状に配置され、機械的情報と電気的情報を交互に受け取っていることもわかっている。ハリモグラもこの感覚システムの名残をとどめているようだが、カモノハシのくちばしは、ほかのどの哺乳類にも見られない驚くべき感覚システムだ。それは、進化がつねに保守と革新のあいだでバランスをとっていることを思い出させてくれる。

わたしはカモノハシをばかみたいに好きになった。ロンドンの博物館にある剥製を一度ならず訪問したほどだ。そのユニークな生態のみならず、自分たちが巻き起こした混乱と狼狽などまったくおかまいなしに、その解剖学的特徴や生理学的特徴を人間がしばしば「過渡期」と呼んでいることにも関知せず、オーストラリア東部を悠々と泳ぎまわっているところも気に入っている。彼らはひたすら水をかき、穴を掘り、餌を求めて潜水し、電気で世界を感知している。メスなら年に一度、ふたつの卵を産むかもしれない。そんなふうにして、自分たちの営みを続けているのだ——はるか昔から、ずっとそうしてきたように。

第3章

性を決める新たな発明

性の根源へ

オスのカモノハシは、くちばしでメスの尾に噛みついて情欲の意図を伝える。そうしてがっしり組みあったペアは、ありとあらゆる水中アクロバットに乗り出す。ときにはメスが泳ぎ去ろうとして、オスがその尾をくわえたままついていくこともある。メスが三六〇度の急旋回をすると、その後ろにいるオスも一緒に振りまわされ、じゃれあうカップルは毛皮に覆われたコルク栓抜きよろしく水を切り裂く。複数の報告によれば、交尾そのものも、オスがパートナーの尾を噛んだままおこなわれるという。その真偽のほどはともかく、最近「活動」したばかりのメスは、尾にできた毛のない部分でそれとわかる。

この儀式が実を結んで妊娠に至った場合、メスは川岸に二〇メートルの穴を掘って新しい巣をつくり、そこに葉を敷きつめたら、卵を産む。たいていはふたつだ。具体的には、一七日ほど（正確な期間はまだよくわかっていない）卵を体内にとどめてから産卵し、一〇日にわたって卵を抱き、孵った赤ん坊――「パグル」と呼ばれる――に三か月から四か月のあいだ乳を与える。

それに対して、ひとたび水中の性愛が終わると、オスはぱしゃぱしゃと泳ぎ去り、メスとも自分の子ともそれ以上の関係を持たない。

ヒトの場合、普通はそれほどくっきりとした違いはない。とはいえ、体細胞のひとつひとつにY染色体を宿すわたしは、こと子づくりに関しては、X染色体の双子ペアを持つ誰かを相手にしなければならない。そして、そのY染色体を子孫に伝えそこなっているいま、わたしは我が家の大黒柱で、パートナーと娘たちに囲まれた唯一のオスだ。父親。ダディ。パパ。家長、家父。我が雄叫びを聞け！

まあ、だいたいそんな感じだ。正直に告白させてもらうなら、あの新生児病棟でイザベラがはじめて乳を吸う光景にうっとり見とれていたときにわたしを包んだ喜びと深い安堵には、何か別のものが混ざり込んでいた。それは別のレベルの感情、予想外の奇妙な何かだった。あの瞬間、この人生には、どうあっても自分にはできないことがあるのだと悟ったのだ。

いったいなぜ、その考えが生殖プロセスのもっと早い段階——たとえば、クリスティーナがその腹に人ひとりを宿していた七か月間のどこか——で心に浮かばなかったのか？ それはこの先もわからないだろう。わたしに言えるのは、クリスティーナの妊娠中は何もかもがあまりにも抽象的で、娘はまだひとつの概念にすぎなかったということくらいだ。病院で乳を吸っていたイザベラはひとりの人間、その不屈の精神と気高さで日々わたしを謙虚な気持ちにさせてくれる、ひとりの人間だった。自分にもクリスティーナがしているのと同じように、この子を支えることができたらいいのに。イザベラが乳を吸うのを眺めながら、わたしは切実にそう思った。

その一方で、この思いは、たぶん大げさに語るべきではないのだろう。というのも、空腹を訴えるふたりの娘たちの泣き声が両親のかけがえのない穏やかな眠りを破ったとき、わたしはたいてい自分の側の羽毛布団を握りしめ、娘たちがママを呼んでいるよ、ともごもごつぶやいていたからだ。給餌と慰撫をこなす一組の装置を内蔵していないことを改めて嘆くのは、クリスティーナがいないときだけだった。

男性と女性の違いについて話しはじめると、わたしはすぐに神経質になってしまう。だが、哺乳類とその独自性を語ろうと思ったら、その生殖方法をめぐる話はどうあがいても避けられない。そして、哺乳類の生殖方法を語ろうと思ったら、オスとメスをめぐる話は避けられないのだ。本書で性決定について話すときには、性のもっとも根源的な面を念頭に置いている。胎児が精巣と卵巣のどちらを発達させるかとか、そこから生じるごくごく直接的な結果とか、そんなたぐいのことだ。完全な性分化は、その論考の範囲外にある。また、性自認は微妙かつ複雑な現象で、この本の範囲からはさらに遠く離れている。

この本がそもそも存在するのは、方向を誤ったサッカーボールがオス固有の脆弱性に与えた影響のおかげだが、哺乳類の子づくりの核心に突入したいま、物語はおもにメスの身体をめぐるものになる。カモノハシの本質を解明しようとするときに、オスに大きな関心を向けた者はひとりもいなかった。この動物の生殖上の秘密は、メスにあるからだ。哺乳類の生殖の基本は、メスの体内で精子と卵子が出会うことにある。その結果できた胚は、メスの腹のなかで成長する。そして、その胚は――単孔類を除き――母親とのあいだに複雑で動的な関係を築く。さらに、その関係は子が誕生したあとも続く。未成熟な子は自分で餌を調達せず、食事に関するニーズはもっぱら母親の乳腺により満たされる。

したがって、哺乳類の生殖をめぐる物語は、メスの哺乳類やその祖先たちが、長らく卵を卵巣から大海原へ運ぶだけだったまっすぐな導管をどのように変化させ、卵管、子宮、子宮頸《けい》、膣からなる連続体をどのように生み出し、さらには母乳をつくる能力をどのように発達させたのか、その経緯が中心になっている。それはまさに、哺乳類の生に大きな影響を与えるイノベーションだった。

だが、そのあいだ、オスは何をしていたのだろうか？　オスはと言えば、生殖腺から精子を運ぶための自分たちのシンプルな導管を身体の外に出し、その先端に目的を達しやすくするための装置をくっつけていた。

これは意外でもなんでもない。九〇パーセントを超える哺乳類では、父親の仕事は——カモノハシと同じように——射精した瞬間に完了する。この九〇パーセントあまりの父親が我が子の幸福のために果たす貢献は、いくつかの染色体を卵のなかに預け入れることだけだ。そして、我が子の成長にしっかり貢献するオスを見ても、進化によって変わったのは、おもにその身体ではなく行動だった。オスの身体を磨き上げてきたのは、受精後の難題ではなく、受精前の難題——つまり、ほかならぬ自分の精子により、状況を受精前から受精後に切り替えるという課題だ。

このあとの章では、そうしたさまざまな生殖上のイノベーションが生まれたいきさつを見ていく。だがここでは、哺乳類がどのようにしてオスに、もしくはメスになるのか、まずその点に注目することにしたい。

哺乳類だけの発明品

わたしのオス的特徴は、Y染色体を持つ精子により卵子が受精したことから生まれている。わたしはXYだ。わたしのふたりの子孫は、X染色体を持つわたしの精子からつくられた。わたしの娘たちは、どちらもXXだ。これはいわば、ヒトの性を決定するコイントスだ。

ここで基本をおさらいしておこう。ヒト――ほぼすべてのヒト、と言うべきだろう。ときどきは例外もある――は二三のペアになった四六本の染色体を持っている。それぞれのペアには、母親から受け継いだ染色体と父親から受け継いだ染色体がひとつずつ含まれている。一番目から二二番目までのペアでは、対になった染色体は、標準的な遺伝的変異による差があるのを除けば、どちらも同じものだ。最後の二本は、X染色体二本のペアか、XとYのペアのいずれかだ。Xがふたつなら、ほとんどの場合、そのヒトはメスになる。XとYなら、たいていはオスになる。卵子と精子はどちらも二三本の染色体――それぞれのタイプを一本ずつ――を持つ。そして、XX＝メス、XY＝オスという設定になっている以上、メスが卵管に送り込む卵子はどれもXを持つのに対し、精子については、Xを持つものとYを携えたものが一対一の割合で混ざることになる。したがって、ヒトの胚の性別は、卵子の受精に成功した精子がXとYのいずれの染色体を持っているかで決まる。次世代の半分をオス、半分をメスにできる、シンプルでありながら効果的なシステムだ。

実際、あまりにもシンプルで効果的なうえ、X染色体とY染色体の名があまりにもよく通っているせいで、わたしはその存在を知って以来ずっと、なんであれオスかメスをつくる際には、これが標準的な方法なのだと思い込んでいた。だが、そのなにげない思い込みはまちがいだった――しかも、かなり大きな。ヒトのオスとメスを決めているXとYの染色体は、哺乳類だけの発明品だったのだ。

有性生殖はきわめて長い歴史を持つプロセスだ。一〇億年前とされる起源の正確なところはやや漠然としているが、無性生殖と比べた優位性は、その種が持つ一定数の遺伝的差異を性交によりシャッフルできるところにある。母親と父親の持つ異なるバージョンの遺伝子を新たなかたちで組みあわせて新しい生物をつくり、さまざまな可能性を試し、ひいては適応を促進することができるというわけだ。

だが、この生殖方法には、じつはふたつの性は必要ない。その証拠に、昆虫（一〇〇万を超える種がいる）を除けば、すべての（脊椎動物と無脊椎動物をあわせた）動物のおよそ三分の一が雌雄同体だ。種のそれぞれの個体が「オス」と「メス」両方の配偶子（生殖細胞）をつくる器官を持つことには、明らかな利点がある。第一に、バックアップ策が手に入る。遺伝子を混ぜあわせる相手を見つけられなくても、それで血筋が絶えると決まったわけではない。自家受精できるからだ。だが、この最後の手段に訴えなくても、雌雄同体の動物では、そもそも繁殖相手を見つける可能性が二倍になる。というのも、種のすべてのメンバーがパートナー候補になるからだ。オスとメスの区別がある場合、自分の繁殖相手になるのは種のメンバーの半分に限られる。これはとても大きな代償だ。

それなら、なぜわざわざオスとメスを分けたのか？　どうやらそれは、もとをたどれば配偶子そのものの性質に行きつきそうだ。精子細胞と卵子はまったく違う。精子細胞は、DNAのつまった頭に船外モーターと尾がついただけの構造だ。それに対して、卵子はDNAに加えて、胚が初期発生段階で使うすべてのエネルギーと細胞機構を備えている。したがって、この二タイプの細胞は、生殖戦略のスペクトルの両端に位置していると言える。小さくて低コストでばらまきやすい精子は、その製造者が子孫の種《たね》をまくチャンスを高めてくれる。反対に、大きくて高コストで資源のつまった卵子は、力強く成長する可能性の高い胚を生み出す。生殖細胞の進化の歴史では、中間的なサイズや戦略は早い段階で劣ったものと見なされ、中立の立場にあるものが一掃されてしまったようだ。

母にも父にもなれる雌雄同体であるためには、万能選手でなければならない。だが、動物には、卵子か精子のいずれかをつくるスペシャリストになるという選択肢もある。精子をばらまくのか、それとも高品質の卵子を慎重に扱うのか。そのどちらかに適した形質を、身体や行動の面で発達させていけばいいのだ。それが起きたときに、最終的にオスとメスの区別ができる。これは、脊椎動物の誕生以来――少数の雌雄同体の魚やトカゲを除いて――ごく当たり前に見られてきた筋書きだ。

ふたつの性からなるシステムには、種のなかの繁殖相手が半減する以外にも、興味深い問題がある。ひとつのゲノムから、二種類の動物をつくらなければならないという問題だ。そこで必要となるのが、成長する身体にふたつの道のいずれかを進ませる、発生上のスイッチだ。哺乳類の場合、このスイッチにX染色体とY染色体が何かしらかかわっている。

XとYの染色体を生物界の普遍的なオスとメスの決定方法だと思い込んでいたこと以外にも、わたしは的外れの勘ちがいをしていた。X染色体とY染色体という名は、X染色体がXのかたちに似ていて、Y染色体が小さくてずんぐりしたYのかたちにどことなく似ていることからついたと思い込んでいたのだ。実際には、このふたつの用語が生まれたのは、一八九一年、開発されたばかりの染色法を使って、ヘルマン・ヘンキングがホシカメムシの精巣細胞を調べたときのことだった。

ヘンキングの研究以前は、染色体はほとんど目で見ることができず、遺伝の基礎となる物質は謎に包まれていた。ヘンキングが使った染色法は、ひとつの啓示だった――染色体《クロモソーム》という名が、そのものずばり「色のついた体」を意味するくらいだ。ホシカメムシとは妙な選択だと思うかもしれないが、昆虫の大きな染色体は、哺乳類の小さくて密集した、たいていは昆虫よりもかなり多い染色体に比べると、視覚化するのがずっと簡単だ。哺乳類の染色体はヴィクトリア朝時代の顕微鏡で読み解くのは不可能で、その後も数十年にわたって難問のまま残されていた。

ここで重要だったのは、ヘンキングの調べたホシカメムシの精子がまったく一様ではなかった点だ。そのうちの半数に含まれていた奇妙な小さい粒子は、見た目は小さな染色体のようだが、挙動はほかの染色体と異なっていた。その謎めいた性質から、ヘンキングはそれを「X成分」と名づけた。

この用語はのちの時代までこだました。たとえば一九〇五年、ペンシルヴェニア州ブリン・モア・カレッジのネッティ・スティーヴンスにより、オスのミールワーム(ゴミムシダマシ科の甲中の幼虫)が二本の異なる染色体のペアを持つ一方で、メスは同じ染色体のペアを持つことが突き止められ、染色体にもとづく性決定の仕組みが解明されると、その染色体がXとYと呼ばれるようになった。

スティーヴンスの画期的な観察所見は、ふたつの理由から重要なものだった。ひとつは、性決定に関して明らかに説得力があったこと。そして第二の理由は、より大局的な遺伝に絡む重要な意味を持っていたことだ。二〇世紀の初頭は、エンドウマメの交配により見出されたグレゴール・メンデルの法則——さまざまな形質の遺伝にかかわる粒子状の遺伝物質が、薄まらずに世代をつうじて受け継がれていくとした法則——が再発見された時期にあたる。生物学者たちは、この法則をヒトやそのほかの生物にしきりに応用していた。だが、遺伝子はまだまったくの仮説上の存在で、実体的な根拠が求められていた。染色体はもともと、細胞内の位置と性交や受胎の際の挙動から、遺伝子を含む、または運ぶ構造の最有力候補と目されていた。だが、性別がその動物の持つ染色体と正確に相関している事実が突き止められたことは、その説を裏づける強力な証拠になった。

さらに、ゴミムシダマシで発見され、その後ショウジョウバエでも確認されたこのXYシステムは、発症が男性に偏る一部のヒト疾患の不可解な遺伝の性質も完璧に説明することができた。[1] そうした一連の証拠が集まったことで、ヒトの性別も同様のXY染色体システムで決定されているのだと、誰もが信じるようになった。

一九二〇年代には、この説を後押しする進展があった。ニューヨーク州コロンビア大学の名高い「ハエの部屋」――急成長していた遺伝学研究の中心地――で、ショウジョウバエのXYシステムの作用機序が解明されたのだ。この研究でわかったのは、ハエの性別が、その個体の持つX染色体の数により決まっているということだ。Xがひとつならオス、ふたつならメスになる。その決め手となったのが、X染色体を一本だけ持つがY染色体を持たない突然変異のハエ（いわゆるXO型）がオスになるという事実だった。XO型のオスには生殖力はないが、ハエの性別の決定に関して、Y染色体はなんの役割も果たしていなかったのだ。つまり、Xが一本ならオス、もうひとつ余分にXがつくと引っくり返ってメスになるというわけだ。

それと同じころ、テキサス大学のテオフィルス・ペインターは、興味の対象を昆虫の染色体から哺乳類の染色体に移していた。その手はじめとして、ペインターは有袋類のオポッサムがXとYの染色体を持つことをたしかめた。だが、研究を完成させるためには、ヒトのデータが必要だった。哺乳類の染色体は、当時も相変わらず観察が難しいままだった。観察するには、適切な細胞を選び、質の高い試料を調製しなければならなかった。そうしたことから、ヒトのY染色体の存在は、「過度な自慰行為」を理由に去勢されたテキサスのとある州機関の収容者たちから採取されたのち、手早く調製された精巣組織で確認されることとなった。ペインターは、哺乳類がXとYの染色体を持つ事実を発表した論文のなかで、採取された精巣を迅速に特別な固定液に浸した経緯を誇らしげに語っている。[2]

すべてがかなりうまい具合にまとまりつつあった。ヒトでもオポッサムでもほかの哺乳類でも、ショウジョウバエとまったく同じように、XとYの染色体が性別を決めているにちがいない。みながそう考えたとしても、いったい誰に責められるだろうか？

ホルモンと染色体

メスは二本のX染色体、オスはXとYを一本ずつ持つと判明したことは、その顕微鏡サイズの構造が性別を決めていることを裏づける説得力のある証拠になった。だが同時に、ひとつの問題も提起していた。染色体はそもそもどうやって運命を決定しているのか？

ネッティ・スティーヴンスたちが遺伝学分野の発見をしていたころ、別の生物学者たちは、子宮で双子としてオスと同居していたメスのウシの生殖器の解剖学的構造を研究していた。そうしたメスのウシは「フリーマーチン」と呼ばれ、雄性化した生殖器を持つことで知られるが、その雄性化の程度は、どうやら子宮内でオスと共有していた血液量に左右されるようだった。そのため、オスの分泌する化学物質のシグナルが双子の片方のメスの発生に影響を与えるのではないかとの推測が膨らんでいた。

この説に注目したアルフレッド・ヨストは、一九四〇年代後半のパリで、性決定研究史上一、二を争う重要な実験をおこなった。ヨストはひとつの仮説を立てていた。オスの分泌するホルモンがメスの身体を刺激してオスの特徴を発現させるだけでなく、オス自身の雄性もそのホルモンに依存していると考えたのだ。それが正しければ、オスの特徴は遺伝的にオスである個体に本来備わっているものでも必然的に到達する終着点でもなく、オス固有の形質が発達するかどうかは雄性ホルモンの作用しだい、ということになる。

そのホルモンの出どころの候補を考えれば、どんな実験をするべきかは明らかだった。オスの胎児から精巣を除去し、どうなるかをたしかめてみればいいのだ。それなら、ウサギで試すのがいちばん簡単だろうと考えたヨストは、ふたつの大きな難問にぶつかった。まず、ウサギを何羽か手に入れなければならない。普段なら簡単だっただろうが、腹をすかせた戦後のフランスでは、たいていの人は研究室にウサギを送るよりも、おそろしく深鍋に入っているところを見たいと思うだろう。第二に、ウサギを何羽か調達したとしても、おそろしく厄介な外科手術をマスターしなければならない。まだ性別が定まっていないほど未成熟なウサギの胎児から精巣を取り除き、副次的な損傷を与えずに、その精巣のない胎児を母親の子宮に戻すという作業は、並たいていのことではない。

だが、マスターするだけの価値はあった。誕生した一腹の健康な子ウサギたちは、すべて完全にメスの外見をしていたのだ。つまり、X染色体とY染色体を持つ身体でも、精巣の分泌物がなければ、自然はメスのウサギを創造するということだ。[3]

一九五〇年代はじめには、精巣の分泌物がまぎれもなくオスの雄性化を促すことをヨストが突き止めた一方で、遺伝学でも大きな飛躍があった。もちろん、真っ先に思い浮かぶのは、フランシス・クリックとジェームズ・ワトソンが一九五三年にDNAの構造を明らかにしたことだ。これにより、化学的には平凡なこの分子がどのように遺伝の基礎を担っているのか、その仕組みを解明するための探求の旅がはじまることとなった。だが、進展はそれだけではなかった。遺伝学者たちがとうとう、哺乳類の染色体を確実に調べられる方法を編み出したのだ[4]。

これでようやく、遺伝学の土台になったショウジョウバエの研究を、臨床遺伝学でも真似られるようになったというわけだ。一九五九年には、ひとつどころか三種類のヒト疾患について、染色体遺伝の異常との具体的な関連性が明らかになった。ひとつめはダウン症候群で、これは二一番染色体が二本ではなく三本存在するために発症することがわかった。ふたつめと三つめは性自認に影響を与える疾患の患者に関連するもので、少なからぬ驚きをもたらした[5]――ヒトはショウジョウバエと同じではなかったのだ。

ここで明らかになったのは、XO型のヒトがショウジョウバエのようにオスになるのではなく、メスになるということだった。さらに、二本のX染色体と一本のY染色体を受け継いだヒトは、二本のXを持つにもかかわらず、オスになる。そこから導かれる結論は言うまでもない。ヒトの場合、Y染色体を持っていれば、その個体は生物学的なオスになるということだ。

ヨストの実験結果とこの衝撃的な遺伝学研究の成果を考えあわせると、哺乳類がオスになる条件は、Y染色体を持ち、かつ機能する精巣を持つことと言えそうだった。どうやら哺乳類の性別は、Y染色体が一組の精巣の形成を誘導し、オスの発生を始動させるという単純な仕組みで決まっているらしい――そんなふうに思われた。

遺伝学者たちは、手に入れたばかりの染色体観察能力をさまざまな哺乳類に応用したが、どの哺乳類でもパターンは同じ――メスはXX、オスはXYだった。だが、ひとつだけ例外があった。

一九七〇年代はじめ、カモノハシの細胞を観察していた研究者たちは、この動物が細胞レベルでもひねくれ者であることを明らかにした。カモノハシの性染色体は単なるペアではなく――なんということだ――どうやら五本のＸ染色体と五本のＹ染色体があるようだった。わたしがカモノハシを愛してやまないのは、まさにこういうところだ。カモノハシでは、メスは$X_1X_1X_2X_2X_3X_3X_4X_4X_5X_5$、しっぽ噛みのオスは$X_1Y_1X_2Y_2X_3Y_3X_4Y_4X_5Y_5$なのだ。

このシステムがどう機能しているのか、その正確なところがようやく解明されたのは、二〇〇四年のことだ。オーストラリア国立大学の遺伝学者ジェニファー・グレイヴスを中心とする研究チームにより、精子と卵子の産生時に五本のＹと五本のＸが別々の鎖のように並び、それぞれが寄り集まっていわばスーパー染色体のように機能することが確認されたのだ。有袋類と単孔類の遺伝を専門にしているグレイヴスは、その動物たちとともに、哺乳類の性決定をめぐる遺伝機構の解明において決定的な役割を果たすことになった。だが、それまでのおよそ三〇年にわたり、カモノハシの$X_1X_1X_2X_2X_3X_3X_4X_4X_5X_5$と$X_1Y_1X_2Y_2X_3Y_3X_4Y_4X_5Y_5$の遺伝機構は棚上げされ、それもまた単孔類の突飛さのひとつ――標準的な哺乳類のＸＹシステムのカモノハシ版にすぎないと見なされていた。

日本のツチガエルを見よ

一九八〇年代になるころには、遺伝学の土台が固まり、Ｙ染色体がオスを作動させる正確な仕組みの解明に本格的に挑む準備が整った。関心の的は、ＸＸＹ型やＸＯ型のヒトから、さらに難しい謎を投げかける染色体を持つ、さらにまれなグループに移っていた――ＸＹ型の女性とＸＸ型の男性をつくる染色体を持つ、二万人にひとりの割合で生まれるヒトのグループだ。

この現象を説明するために、ひとつの仮説が立てられた。胎児の生殖腺を精巣に変換する指示を出す性決定遺伝子が、Y染色体に含まれているとする仮説だ。XY型の女性では、この遺伝子が欠失しているか機能していないのだろう。一方、XX型の男性の場合は、この重要な遺伝情報がY染色体から抜け出し、X染色体に潜り込んだと考えられる。

ボストンのマサチューセッツ工科大学のデイヴィッド・ペイジらのグループは、長い時間をかけてこのY染色体の鍵となる部分を追跡し、それに肉薄していく経緯を記録した一連の論文で注目を集めた。そして一九八七年、ついにヒトのオス決定遺伝子を突き止めたと発表した。この遺伝子は、たいていはヒトY染色体上にあるが、XX型の男性では、父親から受け継いだX染色体上にあった。XY型の女性の場合は、Y染色体上にこの遺伝子がない。ペイジはこの遺伝子を、ジンクフィンガーY染色体（zinc finger Y-chromosomal）タンパク質を意味するZFYと名づけた。ペイジらが『セル』誌で発表したこの論文は、遺伝学の輝かしい勝利と称えられた。

そろそろ、わたしの世間知らずな思い込みに戻るころあいだろう。性別を持つすべての種で――わたし自身と同じように――X染色体とY染色体がオス的特徴とメス的特徴の土台になっているという、あの勘ちがいだ。これは単にまちがっているだけでなく、まったくもって大まちがいだった。動物の身体は、さまざまな方法でオスにもメスにもできるのだ。そのもっとも一般的なルートは遺伝スイッチの切り替えだが、かならずしもそうである必要はない。環境刺激が性決定因子になるケースも珍しくない。

たとえば、カメやワニでは、孵卵温度によってオスかメスかが決まる。

さらに、スイッチが遺伝子である場合でも、それに使われる遺伝子はまったく統一性がない。性決定遺伝子のメカニズムをあますところなく調べようと思ったら、オス型とメス型がある植物や昆虫やそのほかの無脊椎動物を残らず検証しなければならないが、脊椎動物だけに絞ったとしても、相当バラエティに富んでいる。少なからぬ数のグループでは、哺乳類と同じように、オスが異なる二本からなる染色体ペア、メスが同じ二本からなるペアを持つが、系統発生学的に見ると、そうした動物たちは共通の祖先から派生した単一のグループとしてまとまっているわけではなく、脊椎動物の系統樹のあちらこちらに散在している。そうした動物たちの性分化には、さまざまな遺伝子、さまざまな戦略が使われていることがわかっている。哺乳類のようにオスがつくるマスタースイッチが使われているケースもあれば、ショウジョウバエのように染色体の比率によって決まるシステムもある。

一方、メスが二本の異なる染色体ペアを、オスが同じ染色体からなるペアを持つ動物もいる。そうした設定が見られる鳥類やヘビやそのほかの一部の動物では、メスはZW型、オスはZZ型と呼ばれる。ZとWという名称は、パターンが逆であることを示すために使われているだけで、染色体そのものを説明するものではない。

性決定機構は、動物の生態の基本的な要素だ。それなら当然、遺伝子にがっちり組み込まれ、しっかり保存されていてしかるべきだ。そう考える人もいるかもしれないが、実際には保存とはほど遠く、驚くほど変化しやすい。もっと証拠がほしければ、日本へ行ってみるといい。日本に生息するツチガエルは、地理的に分離された個体群によって採用しているシステムが異なり、XYシステムだったりZWシステムだったりするのだ。

SRY遺伝子

デイヴィッド・ペイジのZFY論文は、おもにヒトとその近縁の有胎盤類の遺伝的特徴の研究にもとづくものだった。ZFY論文の発表後、ペイジは証拠集めに乗り出し、すべての哺乳類の性決定機構でこの遺伝子が重要なスイッチとなっていることを裏づけようと試みた。その一環として、有袋類のY染色体上にもZFYが存在することをたしかめようと目論んだ。これは確実に勝てる賭けのように思えた。有袋類の性は一見したところ、Y染色体が有胎盤類のものよりも若干小さいことを除けば、われわれとだいたい同じだったからだ。ペイジはメルボルンのジェニファー・グレイヴスに宛てて、短いDNA（プローブ）を送った。このプローブが、有袋類のゲノムのどこかに存在するZFYに結合するはずだった。

時を同じくして、やはり性染色体を研究するロンドンの生物学者ピーター・グッドフェローもこの謎に関心を抱き、ペイジとは別に、第二のZFYプローブをグレイヴスに送っていた。

ふたつのDNA試料を受け取ったグレイヴスは、それを博士課程の学生だったアンドリュー・シンクレアに委ね、美しく染色されたカンガルーのY染色体の画像ができあがるのを待った。ところが、シンクレアが持ってきた結果は、ZFYは五番染色体上に存在するというものだった――ごくありふれた、性染色体ではない常染色体だ。グレイヴスはそれに対して、妙な結果を見せられたときにたいていの博士課程の指導者が取るであろう行動をとった。やり直して、もういちど確認するよう指示したのだ。

だが、その指示も結局、ZFYがY染色体上にないことを裏づける、さらに確実な証拠を生んだだけだった。性決定遺伝子が常染色体上にあるはずはない。グレイヴス、シンクレア、グッドフェローは、ペイジを共著者に加えて論文を書き上げ、『ネイチャー』誌に送った。ほどなくして、『ネイチャー』の表紙をとおして、ZFYがまちがいだったことが世界に伝えられたのだった。

博士号を手に入れたシンクレアは、オーストラリアを離れてロンドンのグッドフェローの研究室へ赴いた。その目的は、本物の性決定遺伝子を探ることにあった。一方、ペイジも一から出直していた。XX型男性のX染色体に便乗している遺伝子を調べるという基本路線が固まっていたおかげで、探索に長い時間はかからなかった。一九九〇年、シンクレアとグッドフェローは、ロビン・ラヴェル゠バッジとともに二本の論文を発表し――またもや『ネイチャー』誌だ――Y染色体の性決定領域（Sex Region of the Y）の頭文字をとってSRYと名づけた遺伝子の存在を明らかにした。今回はまちがいではなかった。SRYは有胎盤類と有袋類のY染色体上にある哺乳類固有の遺伝子で、哺乳類のオスをオスたらしめているものにほかならなかったのだ。

ひとつの発見が起爆剤となり、卓越した研究が続々と生まれることがときにある。これもそんなたぐいの発見だった。この発見により、まだ性分化していない哺乳類の初期の胚の生殖腺に完全なY染色体が含まれていれば、SRYが発現し、生殖腺がオス化することが明らかになったのだ。SRYのこのはたらきは、ネットワークを構成するほかの遺伝子の発現を活性化し、それがさらに精巣形成を誘導する遺伝子を活性化するという仕組みで機能する。現在では、三〇ほどの遺伝子が特定されているが、未知の遺伝子もまだ数多く存在する。そうした遺伝子はたがいに共通する点が多く、哺乳類以外の脊椎動物の性決定にかかわる遺伝子との類似点も多い。どうやら、スイッチ自体は進化レベルの時を経て変わっているにしても、より広域的な精巣誘導ネットワークはしっかり保存されているようだ。

ＳＲＹのＤＮＡ配列には哺乳類のあいだで驚くほどの違いがあるが、どの種でも同じはたらきをする。たとえば、ヤギのＳＲＹをＸＸ型のマウスに人工的に挿入したところ、（マウスサイズの）精巣の発達が観察された。そしてその精巣から、アルフレッド・ヨストの研究したホルモンが分泌され、ＸＸ型マウスがオスになったのだ。

この物語を完結させるべく、グレイヴスの研究チームは、当然するであろうことにとりかかった。カモノハシの五本のＹ染色体のうち、どれに単孔類版のＳＲＹが存在するのかをたしかめようとしたのだ。グレイヴスの過去の研究では、カモノハシのＸ染色体の一部がヒトのＸ染色体によく似ているという証拠が得られていた。問題が起きると予想していた者は、ひとりもいなかった。

ところが、ＳＲＹは存在しなかった。一〇年にわたる捜索のすえ、グレイヴスはついに現実を受け入れ、カモノハシにはＳＲＹは存在せず、ハリモグラにも見られないことを認めた。[6]

この結論が確固たるものになったのは、グレイヴスの研究室に所属するフランク・グリュッツナーとフレデリック・ヴェイルーンが、動物の全ゲノム配列の解析に使われている技術により、カモノハシの性染色体を調べたときのことだ。そのころには、ＳＲＹが存在しないこと自体はそれほどの驚きではなくなっていたが、彼らの研究結果は別の衝撃をもたらした。カモノハシのＸ染色体がヒトのそれに似ているとする従来の見解は、まちがいだったのだ。ゲノム配列を解析したところ、カモノハシの染色体のうち、哺乳類のX染色体にもっとも近いのは、六番染色体――なんの変哲もない常染色体――であることがわかった。カモノハシの性染色体に似ているものがあるとするなら、それはなんと、鳥類のZ染色体とW染色体だったのだ！

グレイヴスはこの結果を「爆弾」と表現している。というのも、第一にこの発見により、何がカモノハシのオスとメスを決定しているのか、さっぱりわからなくなってしまったからだ。すでに述べたように、鳥類の性決定システムは哺乳類とはあべこべだ――オスが二本のZ染色体を持ち、メスがZとWを一本ずつ持っている。[7] なんともややこしいことに、カモノハシの性染色体は、鳥類のものに似ていながら、それとは反対のはたらきをしているというわけだ。カモノハシはいったいどうやって、卵を産む性としっぽを噛む性に分化しているのだろうか。それを解明した者は、いまに至るまでひとりもいない。現在のところ、もっとも有力視されている候補は、魚類で性別を決定している遺伝子だ。

第二に、この研究結果からすれば、単孔類が哺乳類の本流から分岐した時点から有袋類と有胎盤類の最後の共通祖先が現れるまでの短い期間に、SRYが哺乳類の性決定を乗っとったことになる。SRYによる性決定は、獣亜綱に属する哺乳類に固有の形質だ。さらに、この研究結果からは、SRYとY染色体の誕生時期もわかる――一億六六〇〇万年前から一億四八〇〇万年前までのどこかだ。

ヒトY染色体は消滅する？

DNAの構造を解明したワトソンとクリックは、それが目をみはるほどエレガントであると同時に、まったくもって単純でもあることを世に知らしめた。そのエレガントさは、たがいに絡みあいながら逆方向に走る二本の螺旋の構造にある。そして単純さのほうは、わずか四つの塩基（A、C、G、Tという遺伝子アルファベット）からなる長い鎖にすぎないという事実に根ざしている。

螺旋全体でつねに同じ規則でペアを組むという重要な発見を除けば、塩基を並べる順番に特段のルールはないように見えた。にもかかわらず、どういうわけか、その順番とそこに記された情報は、世代から世代へと受け継がれるバトンになっている。当然、こんな疑問が湧き上がった――一次元のDNA配列が、いったいどうやって三次元の生物形態を生み出しているのか？　ほどなくして、A、C、G、Tの配列がタンパク質のアミノ酸配列の順番を決めているにちがいないというコンセンサスができあがり、その裏にある暗号を解読すべく、精力的な探索がにわかに盛り上がりはじめた。

フランシス・クリックはこの謎の解決に貢献したが[8]、遺伝学の理解が深まればいずれ生まれてくるであろうものにも考えをめぐらせていた。生物の違いはそのDNAに、ひいてはタンパク質配列に埋め込まれていると確信していたクリックは、その裏にある意味を（いかにも彼らしく）完全に理解していた。一九五八年には、こんなことを書いている。「そう遠くないうちに、〝タンパク質分類学〟とでも呼ばれる分野が生まれるだろう。生物のタンパク質のアミノ酸配列を研究し、種のあいだで比較する学問だ」。クリックは、そうした配列から「進化をめぐる膨大な量の情報」が得られるかもしれないと予言した。

その根拠になっているのは、DNA配列の変化は新しい生物形態の進化の経緯を示すものであり、それぞれの種の配列を比較すれば、確率的な手法で生命の歴史を推測できるという考え方だ。たとえば、歯の形態の変化を調べる代わりに遺伝子配列の変化に注目すれば、時の流れのなかで異なる系統に分岐した経緯がわかるというわけだ。こうして、DNA構造が解明されてから数年と経たないうちに、ただでさえ輝かしかったDNAの履歴書に、進化の記録者という役職も加わることになったのだった。

とはいうものの、科学の世界では、優れたアイデアを思いつくことは、それを実現することとはまったく別の話だ。クリックの一九五八年の予言の前年、エミール・ズッカーカンドル――フランスの生物学者で、放浪の学者人生で残した重要な業績は、ないとは言わないまでもごくわずかだ――はパリのホテルでライナス・ポーリングと出会い、仕事の世話を頼んだ。ポーリングは化学結合とタンパク質構造に関する研究でノーベル賞を受賞しており、その研究はクリックとワトソンによるDNA構造解明の足がかりにもなった。ズッカーカンドルと出会ったころは、もっぱら生命と疾患の分子基盤を研究していた。[9]

一九五九年、カリフォルニア工科大学で研究をしていたポーリングは、さまざまな霊長類種から抽出したヘモグロビンの細かな違いを調べる仕事をズッカーカンドルに任せた。ポーリングはヘモグロビンを熟知していた。過去には、鎌状赤血球貧血症という血液疾患がヘモグロビンの酸素運搬能力の低下により引き起こされることも突き止めている。ズッカーカンドルがヘモグロビンのアミノ酸配列のばらつきを調べた結果、ごくシンプルな発想が浮かび上がった。ズッカーカンドルとポーリングは、それをもとにある説を唱えた。ふたつの種のあいだに見られるヘモグロビンの違いの程度がわかっていて、さらにそのふたつの種が最後に共通祖先を共有していた時点からの経過時間が化石記録から判明していれば、分子進化の進行スピードを計算できるというのだ。たとえば、一億年前に分岐したふたつの種のヘモグロビン配列にアミノ酸一〇個の違いがあるなら、ひとつのアミノ酸の置換は一〇〇〇万年の経過時間に相当することになる。ズッカーカンドルとポーリングが編み出したのは、「分子時計」と呼ばれるものだった。
この時計の美しさは、針の進む速さがわかっていれば、もはや化石記録などなくても種の分岐した年代がわかるという点にある。ふたつの種のアミノ酸の違いが三つ？　それなら、種の分岐は三〇〇〇万年前、という具合だ。生物の複雑な形態を比較する代わりに、一次元のDNA配列を並べれば、簡単に違いをカタログ化し、その遺伝物質の持ち主であるさまざまな種の関係を推測することができるのだ。

これはすべてを変える概念だった。ダーウィン以後の一世紀のあいだ、現存する（そして絶滅した）種の系統的関係は、解剖学的特徴や形態を比較することで慎重に推測されてきた。それがいまや、どうやらDNA試料を採取すればできるらしいのだ。

形態学者のなかには、この新しいアプローチを貴重な補助的テクニックとして歓迎する者もいたが、多くは疑いの目を向けていた。公平を期すために言っておくが、この主張がどれほど突飛なものだったかは想像にかたくないだろう。三次元の形態をもとに種を比較するためには、その形態を広範かつ正確に把握しなければならない。それなのに、どこぞの分子生物学者――下手をしたら、問題になっている動物たちを見たことさえないかもしれない者たち――がいきなり、そうした綿密な解剖学的知見の積み重ねよりも、DNAを含む透明な液体数滴の入ったプラスチックチューブのほうがはるかに多くの情報を秘めている、などと言い出したのだ。

ズッカーカンドルとポーリングの名誉のために言っておくと、ふたりはこのアプローチの注意点や問題点も慎重に検証していた。[10]だが、分子的証拠を進化研究に応用するという熱意は、なにものにも抑えられなかった。

因習打破を好む世間知らずな分子生物学者の悪評がもっとも高まったのは、一九九〇年代のはじめからなかばにかけて、DNA解析によりモルモットは齧歯類ではないと証明されたとの主張が二度にわたってなされたときのことだ。この主張は形態学者たちを憤慨させ（そしておもしろがらせ）、結局は少ないデータを誤って解釈したことによるまちがいだったと判明した。とはいうものの、一九九〇年代後半には、各種のテクニックが向上し、膨大どころではない量のA、T、G、Cが新たに調査された結果、哺乳類の歴史が全面的に書き換えられることになった――その経緯については、第9章でまた詳しく話すつもりだ。

だがさしあたりは、ズッカーカンドルとポーリングのもうひとつの重要な洞察に注目しよう。この洞察は、異なる種に存在する同一の遺伝子ではなく、同一の種に存在する異なる遺伝子にまつわるものだ。哺乳類のヘモグロビンのタイプは、ひとつだけではない。全部で四種類のヘモグロビンがある。各種のヒトヘモグロビンを比較したズッカーカンドルとポーリングは、そのまったく異なるタンパク質が祖先の単一のヘモグロビンから進化したことはほぼまちがいないと考えた。遺伝子が重複して自身のコピーをつくり、各バージョンの遺伝子が独自の進化の道筋をたどったにちがいない――それが、彼らのたどりついた結論だった。

現在では、新しい遺伝子が一からつくられることはめったにないと認識されている。遺伝子変異によりタンパク質のアミノ酸配列が徐々に変化するのに加え、より広いDNAの領域が重複したり、別のかたちで並び換えられたりすることもある――こっそり取り除かれることも、くっつきあって新しい組みあわせになることもある。そして、そこから生まれる新たな可能性を秘めた配置が、自然選択のふるいにかけられているのだ。[11]

では、ＳＲＹはどこから生まれたのだろうか？　一九九四年、ジェニファー・グレイヴスとその教え子のジェイミー・フォスターは、ＳＲＹに似た遺伝子がＸ染色体上にあるとする論文を発表した。これはＳＯＸ３と呼ばれる遺伝子で、グレイヴスらの主張によれば、ＳＲＹはもともとこのＳＯＸ３の変異型として生まれたという。この変異がきっかけでＳＯＸ３が変化し、身体の発達をオスのルートに向かわせる遺伝子になったというのだ。この変異が起きた時点では、現在のＸ染色体とＹ染色体の祖先にあたる染色体は、同じ二本の常染色体からなるごく普通の染色体ペアにすぎなかったのだろう。この運命的な変異が起きてはじめて、ＳＯＸ３／ＳＲＹの祖先を宿す染色体が、事実上、性決定を担う染色体になったのだ。

性別を決定する際には、ときに奇妙なことが染色体に起きる。その原因は、オスをつくる染色体をメス（哺乳類のケースでは）はまったく持たないという点にある。だが、種の半分を占める性がこの染色体を欠いていても、生物はその営みを続けていかなければならない。その結果、哺乳類のＹ染色体の歴史は、退化と喪失の物語となっている。まず、Ｙ染色体の一部が反転して、Ｘ染色体と交差できなくなり、やがてその部分が失われた。祖先にあたるおおもとのＸ／Ｙ染色体上にあった遺伝子のうち、ヒトのＹ染色体上にいまも残されているものは四つしかない。そのおもな機能は、ＳＲＹを運ぶことと、精子産生にかかわるいくつかの遺伝子を提供することにあるようだ。最近のある研究では、Ｙ染色体上のふたつの遺伝子さえあれば、生殖能力のあるオスのマウスをつくれることが示唆されている。

こうした退化の歴史からすると、ヒトＹ染色体は消滅の道をたどる運命にあるのではないか？　目下のところ、その疑問が論点になっている。グレイヴスが消滅を支持する一方で、霊長類で得られた証拠を引きあいに出し、小さくなったY染色体がすでに安定した横ばい状態に達していると主張する研究者もいる。

ところが、じつを言えば、ふたつの哺乳類の系統がSRYを放棄しているのだ。どちらも齧歯類だ。一部のモグラレミングはY染色体遺伝子を持たない。また、アマミトゲネズミでは、Y染色体遺伝子の一部がX染色体に付着しているものの、SRY遺伝子は存在しない。では、いったい何が性決定の役割を引き継いだのだろうか？　現時点では、一番染色体上にあるオス固有の遺伝子が最有力候補と見られている。

この話で興味深いのは、ほぼすべての哺乳類で性表現型――オスとメスの存在――の創造にかかわっている重要な遺伝子を失った種でもなお、その表現型が消えずに残っていることだ。さらに言えば、オスとメスという身体の形態は、SRYが登場する以前から脈々と続いてきたものだ。つまり、この遺伝子は、性的二型を生み出した張本人ではなく、単にそれを実現するための手段として、獣亜綱の哺乳類が利用するようになったものにすぎないということだ（SRYがしかるべき時期に、しかるべき動物で生まれ、哺乳類の放散の風に乗って運ばれた結果、哺乳類の性決定は遺伝的に固有でありながら、遺伝的にほぼ一様なものになったというわけだ）。その事実は、この表現型の優位性を物語ると同時に、形質がその基礎となる特定の遺伝子とはかかわりなく存続することを示唆している。時の流れのなかで遺伝的手段がさまざまに変わっても、性表現型は存続することができる。どの世代でも、肝心なのは、DNAの反復する四つの塩基の論理から立ち現れる生物体なのだ。

そして、われわれ性的二型の哺乳類にとって、生物体の創造プロセスの第一歩は、オスとメスが一体となる——つまり染色体を融合させる方法を見つけることにある。

第4章 風変わりな生殖器

独自の性交スタイル

ゾリラモドキは一時間以上かける。ライオンは一〇秒から一五秒だが、その季節になると、一日に二〇回から四〇回はする。ヒトの所用時間は平均すると四分から五分ほどだ。イヌはしっかり固定しあった状態でする。ブラリナトガリネズミも同様で、普段はその気にならないオスが二五分にわたって引きずりまわされる。フェレットのメスは、それをしない期間が長すぎると死んでしまうこともある。性交。挿入。オスの配偶子をメスの卵子の近くで解放するという、生殖上必要な行動。芸術的な愛の行為。

ロビンソンマウスオポッサムは、オスの尾だけで木の枝にぶら下がった状態でする。オスのベニガオザルは、かなりの確率で、いままさに行為を終えようとしているときにほかの個体に攻撃されることがある。ヤマアラシがそれをするのは、期待に満ちたオスに吹きかけられた尿をメスが気に入ったときだけだ。ネズミに似た有袋類のなかには、年に一回、木のうろのなかで集団で繁殖をする種がいる。その乱交パーティーはおそろしく凶暴で、オスどうしの争いは熾烈をきわめるため、すべてのオスの免疫系が崩壊し、生きて一歳の誕生日を迎えられるものは一匹もいない。

とはいえ、ほとんどの哺乳類は、いまでも「四つんばいの体位」でことをおこなう。この体位では、メスが四本の肢すべてを地面につき――もしくは、ラマの場合は地べたに伏し――オスはその後ろに陣どり、たいていは後ろ肢だけで立つ。ヒトの世界で言えば、この体位は古代ローマ人には「野獣の体位」と呼ばれ、カーマ・スートラには「牝牛性交」と記されている。ヒトの親友たるイヌを見て知った人もいるかもしれない。この体位の単一文化にあてはまらない注目すべき数少ない例外が、ほかならぬわれわれ人類だ。ヒトは可能であればどんなやり方でもする（少なくとも、若いころはいろいろと挑戦し、最終的には二、三の体位に落ちつく）。同じく豊富な立体配置的バリエーションを見せるボノボは、あいさつや緊張緩和策としてセックスを利用し、どうやら楽しい暇つぶしとしても役立てているようだ。正常位を好むことの多いオラウータンも例外だ。イルカとクジラもそうだ。彼らは水中生活の再開に伴う解剖学的構造の再配置により、否応なしにさまざまな対面姿勢での交尾に適応した。だが、哺乳類の交尾で何がいちばん興味深いかと言えば、それは接合する身体部位のユニークな解剖学的構造だ。

この章では個人的な逸話は控えめにするつもりだが――どの関係者にとってもそれが最善だと思う[1]――ここでひとつだけ言及しておく。性的活動に従事するようになってから最初の一八年のあいだ、わたしは三つのルールを設けていた。

①病気をもらわないこと。
②妊娠させないこと。

③①と②のルールを破らない範囲で楽しむこと。

ルール②の取り下げを決断するのは、かなりのことだった。そのルール変更により、ルール③の制約が緩むのではないかと考える人もいるかもしれないが、とんでもない。わたしの人生の繁殖期における「前戯」は、テレビを見ているときに飛んでくるつっけんどんな念押しの言葉に毛が生えた程度のものになることもあった――「のんびりしすぎないでね、いま排卵期だから！」

われわれヒトはセックスを娯楽としてたしなむのに慣れすぎていて、それがどれほど重大事なのかを忘れている。ほとんどの生物では、セックスにまつわるルールはたったひとつだ。

①繁殖すること。

親密さや楽しさは、一部の系統に限られた追加のボーナスにすぎない。風媒受粉する植物のオスに必要なのは、花粉をそよ風に乗せるための装置だけ。あとは、その花粉が風下にいるレディに届くのを祈るしかない。哀れなものだ。われわれ哺乳類の祖先にあたる魚も、たがいに交流しないという点では植物と大差なく、現存するほとんどの魚類と同じように放卵・放精により繁殖していた。オスとメスがそれぞれ精子と卵子を生息環境の水中に放出し、生殖細胞に煙る海水のなかでランダムに衝突させて受精するという方法だ。放卵・放精は動物の性交の原型だ。その後、魚類から哺乳類へと至る長い旅路を進むにつれて、性交はしだいに親密でパーソナルなものになっていった。まず登場したのが、体内受精だ。これは画期的な出来事だった（ただし、この性交様式は哺乳類以外の多くの動物の系統でも見られ、少なからぬ数の魚類でも採用されている）。そして、その旅路の果てに、哺乳類は陰茎を膣に挿入して性交する唯一の動物になったのだ。

この性交様式の独自性は、メスによるところが大きい。というのも、厳密な解剖学的観点から言えば、膣は純然たる哺乳類の発明品であるからだ。以前、その事実のとりこになるあまり、「ヴァギナを持つのは哺乳類だけ」というタイトルの歌をつくろうとしている女性に会ったことがある。そう言えるのはごく厳密かつ専門的な膣の定義にしたがった場合だけで、ほかの動物のメスも同じようなはたらきをする器官を持っているとわたしが説明しても、それが人心を惹きつける歌になるはずだという彼女の確信は揺るがなかった。

膣を特別たらしめているのは、その唯一の目的——生物学的な見地では、ということだが——が生殖にあるという点だ。膣より前には、総排出腔（クロアカ）があった。総排出腔は、所有者のすべての排泄上および性的なニーズに応えるただひとつの後口だ。クロアカという名は、下水溝を意味するラテン語に由来する。総排出腔は爬虫類と鳥類の下腹部に見られ、カモノハシの尻まわりを正確に言い表す用語でもある。この単一の出口と排出ルートこそが、カモノハシとハリモグラが単孔類と呼ばれるゆえんであることを覚えている人もいるのではないだろうか。ただし、有袋類にも、さまざまな配管要素がひとつにまとまった、総排出腔に近い器官があることがわかっている。

哺乳類のメスに見られる生殖器の性質を考察するためには、動物の尻まわりが機能上どの程度までコンパートメント化されているのか、そしてその結果、その動物が単孔類、二孔類、三孔類のいずれの立場になるのかをおさらいする必要がある。さらに、原始的な哺乳類の総排出腔に卵子を運んでいた卵管の原型が進化し、哺乳類の生殖に欠かせない多角的な構造になった経緯もたどってみようと思う。

だがまずは、オスの解剖学的特徴からはじめることにしよう。このテーマでは、われわれは哺乳類前夜の祖先までさかのぼることになる。というのも、哺乳類の陰茎が無類の構造であるのはたしかだが――たとえば、生殖用の付属物から排尿するオスはほかにいない――多くの動物は男根と呼べるものを持っているからだ。[2] さらに、脊椎動物というくくりで言えば、哺乳類がその陰茎をゼロから発明したのか、それとも古い時代の動物から基本となる陰茎を受け継いで独自のものに変えたのかをめぐり、長年にわたって議論が交わされてきた。

こうして陰茎が生まれた

ハーヴァード大学自然史博物館には、一九〇九年に作成された一連の顕微鏡用スライドがある。スライドのなかに閉じ込められているのは、ムカシトカゲの胚のごく薄い切片だ。ムカシトカゲはニュージーランドだけに住む爬虫類だ。体長は最大八〇センチで、成体はおもしろいほどドラゴンによく似ている。以前はトカゲやヘビと近い関係にあると考えられていたが、現在では、二億年前にほかの爬虫類から分岐した系統の唯一の生き残りであることがわかっている。わたしの心をくすぐるのは、彼らが爬虫類版のカモノハシであるという点だ。そして、オスのムカシトカゲは陰茎を持たない。この事実は、哺乳類の陰茎の起源をめぐる議論を煽る燃料になってきた。

陰茎は放卵・放精には不要だ。そのため、魚類は陰茎を持っていない。体内受精をおこなう魚類では、その仕事を完遂するために、修正の施されたひれが転用されているケースが多い。正真正銘の陰茎が進化したのは、脊椎動物が陸に進出したあとのことだ。陰茎は哺乳類、爬虫類、鳥類に見られるが、[3]

そうした多様な系統が性的突起物を個別に進化させたのか、それとも陰茎が進化したのは一度だけで、のちにグループごとに多様化したのかについては、明確な答えが出ていない。

それぞれの系統が独自に陰茎を進化させたとする説の根拠は、おのおのの付属器官が大きく異なっているという点にある。カメ、ワニ、哺乳類はいずれも身体の正中線上に単一の陰茎を持つが、それぞれの器官は似ても似つかない。トカゲとヘビ（まとめて有鱗目と呼ばれる）は、V字の突起物のような二本の陰茎を持っている。残念ながら、一度に一本しか使わないが。そして鳥類だ。鳥類の九七パーセントは陰茎を持たないが、陰茎を持つ少数派のなかには、体長よりも長い螺旋状の陰茎を持つことで名高いカモがいる。このように、オスの陸生脊椎動物が持つ生殖用の付属器官は、一見したところでは単一の発明品から派生した単なる異形とはとうてい思えないのだ。

陰茎の複数起源説のさらなる根拠となっているのが、ムカシトカゲと鳥類の九七パーセントは、オスとメスがそれぞれの尻をつかのま付着させて交尾するという事実だ。このプロセスは「総排出腔のキス」と呼ばれているが、その効率の良さは、陰茎が一般に思われているほど体内受精に欠かせないものではないことを示している。この事実を踏まえれば、初期の陸生脊椎動物が性交補助用の突起物なしで繁殖していて、のちの時代になってはじめて、いくつかの陸生動物の系統で陰茎が発達したとする説には説得力がある。このシナリオに沿うなら、カモノハシの卵生が原始的な哺乳類の形質をとどめたものであるように、ムカシトカゲの姿も祖先の形態を保存したものということになる。

もうひとつの説——陸生動物の系統樹の根元で陰茎が進化し、そのあとで多様化または消失したとする説——は、この構造の発生をめぐる研究が根拠になっている。陰茎を持たない鳥類の胚では、完全な陰茎を発生させる動物と同じように生殖器が伸びはじめるが、結局は成長が止まり、組織が退行することがわかったのだ。さらに、哺乳類、爬虫類、鳥類の陰茎は初期段階の発生過程が似かよっており、同じような遺伝子がそのプロセスを導いていることもわかった。そうした共通のメカニズムが陰茎の最初の発明者から受け継がれてきたのだとすれば、それは陰茎が単一起源だということを示唆している。だが、この説をたしかに裏づけるためには、ムカシトカゲのオスに陰茎がないのも、その生殖器構築プログラムが途中で止まるからだと確認する必要がある。

なんらかのかたちで初期段階の陰茎発生を経験するなら、ムカシトカゲはかつてその器官を所有していた祖先の流れをくんでいるということになる。一方、そうした発生がまったく見られないのなら、陰茎をまったく持たない祖先の形態を引き継いでいると考えるほうが自然だ。「すごいと思わないか?」。フロリダ大学の陰茎研究者のあいだでは、運命を左右することになる会話が交わされていた。「ムカシトカゲの胚が手に入ったりしたら」

数年前のことだ。遺伝学の観点から生殖器発生を研究しているマーティン・コーン教授は、博士課程を修了したトム・サンガーと大学院生のマリッサ・グレドラーとおしゃべりをしていた。その会話は、ムカシトカゲの胚の入手はまったくの幻想だという前提にもとづくものだった。というのも、ムカシトカゲの成体は一八九五年から、卵は一八九八年から厳しく保護されているからだ。陰茎が投げかける進化上の謎の解明のため、などという嘆願理由では、この種に対する実験禁止令をすり抜けられそうもなかった。

だが、サンガーには同僚たちを驚かせるネタがあった。以前、ハーヴァード大学で研究をしていたときに、博物館のキュレーターが古い収納箱を足でぽんぽんと叩きながら、こんなことを言ったのだ。「きみなら興味があるんじゃないかな。このなかに、爬虫類の胚がいっぱいつまっているんだよ」。トカゲを専門とするサンガーは、その箱をくまなく調べて仰天した。右端の奥のほうに、ムカシトカゲの学名のラベルが貼られたスライドがあったのだ。

一八九五年にムカシトカゲの成体が保護対象となった直後――これが三年後の卵の保護指定につながったのはまちがいないが――アーサー・デンディというイギリス人がニュージーランドへ渡り、一七〇個（！）ものムカシトカゲの胚を採取していたのだ。デンディはそれを培養して解剖し、発生過程を研究した。その胚のうち四つがハーヴァード大学発生学コレクションに送られた。そこで薄く切られ、スライドに据えられた標本は、一世紀あまりのあいだ手つかずで放置されていたようだ。サンガーは以前からそれを何かに利用したくてたまらなかったが、ようやくその理由ができたのだ。

陰茎発生に関する世界最高峰の専門家集団であるコーンの研究チームは、どの時期の胚で生殖器の膨らみを探せばいいかを正確に把握していた。ハーヴァードの胚標本は、ひとつが若すぎ、ふたつが育ちすぎていた。だが、もうひとつは、まさにぴったりの齢だった。研究チームはその標本のスライドを一枚一枚スキャンし、３Ｄのデジタル復元図を作成した。自分たちが何を目にすることになるのか、サンガーには確信がなかった。胚の下部構造にぼんやりとしたでっぱりが見えるだけで、結局のところ確固とした結論は何も得られないのではないかと心配していた。だが、違った――サンガーが目にしたのは、まごうことなき一組の生殖器の膨らみだった。それは、彼の熟知する発生中のトカゲのそれに驚くほどよく似ていた。この一風変わった爬虫類は、たしかに――ほかのすべての陸生脊椎動物と同じように——陰茎形成の初期段階を経験していたのだ。
発生初期の生殖器に関する遺伝子プロファイルが鳥類、有鱗目、哺乳類で共通していることと、この古い顕微鏡スライドにより明かされた事実を組みあわせれば、哺乳類の陰茎がわれわれの発明品ではなく、三億一〇〇〇万年以上前に起源を持つ陰茎の派生物であることを裏づける、過去最強の証拠になるはずだ。[4]

陸生へのアップデートとともに

哺乳類のセックスをめぐる章なら刺激的な話が続くはずだと期待していた読者には申し訳ないが、ここで少し、哺乳類以前の歴史にまわり道をして、脊椎動物の陰茎を発明した太古の動物たちがどこから来たのかを見ていきたいと思う。というのも、みずからの、もしくはパートナーの肢のあいだから伸びる性的な物体をはじめて見おろした祖先たちは、それ以前に存在していたどんな動物とも違っていたからだ。彼らを生み出したのは、脊椎動物史上もっとも大きな変化と誰もが認める出来事——魚類から陸生動物への進化だった。

この変化はときに、脊椎動物が陸地を「侵略した」と表現されるが、そこには侵略につきもののドラマも故意もない。ある魚類の系統が、六〇〇〇万年の年月——四億年前から三億四〇〇〇万年前まで——をかけ、一時的であれば水の外でも生きていられる動物に進化した。そうなった理由は定かではないが、陸での生活に挑んでやろうと思った魚類がいたわけではない。むしろ、一部の魚類が徐々に浅い水域へ移動していき、その過程でいくつかの形質を進化させ、最終的にその子孫が祖先の故郷である水中から完全に出られるようになった、と言うほうが正確だろう。

たとえば、陸生脊椎動物の名前の由来になった代表的な形質も、そんなふうにして進化したものだ。哺乳類、爬虫類、鳥類、両生類は、すべて四足動物と呼ばれる。通常は四本の肢を持つことからついた名だ。四足動物の肢はひれが変化したものだが、陸上を歩けるという利点がその変化を導いたわけではない。たいていのひれはデリケートな突起物で、主軸に沿って筋肉収縮の波を伝えることで身体を前進させている。このひれを動きの原動力となりうる構造に変えたのは、海底に身を潜めていきなり獲物に襲いかかる捕食者の魚類の存在だった。

自然はいったいどうやって、ひれを肢に変えたのだろうか。その正確な経緯は、多くの研究の焦点になってきた。この付属器官の形成を指揮する遺伝プログラムを比較した発生生物学の研究では、ひれを形成する遺伝子が微調整され、当初の単純な構造に新しい要素が加わった可能性のあることが明らかになった。それにより、肢の上部と下部が生まれ、その先端に足首と足、つま先ができたというわけだ。このはたらきは、あらゆる発生の基礎となる遺伝スイッチのエレガントな連鎖反応に関係し、発生期の肢のさまざまな部位で、その将来のアイデンティティを決定する遺伝子が発現する仕組みを説明するものだ。たとえば、ある特定の領域が将来の足首になる場合、まだなにものでもない組織で特定の遺伝子が発現し、ずっとあとになってからさらなる遺伝子が活性化され、その組織を肢と足の関節に変換する実際のプロセスが始動する。ここでこの話題に触れたのは、陰茎という付属器官も、肢と同じように、動物の身体から伸ばして形成しなければならないからだ。さらに、メスの生殖器官も、一見すると肢とは似ていないものの、上部、中央部、下部という構成要素で成り立っている。

肺もまた、脊椎動物の陸上生活を可能にした重要なイノベーションだ。だが、この呼吸装置も肢と同様、水を離れるための一致団結した努力の結果として進化したものではない。えらだけに頼って酸素を取り込むのをやめた最初の魚類は、生息する水の真上に酸素でいっぱいの空気があるという現実を利用したにすぎない。その魚類は、酸素の枯渇しかけた温かい水域に生息していたのだろう。空から酸素を飲み込めれば、得られるものは多かったはずだ。はじめのうち、ガス交換はその魚の口のなかでおこなわれていたが、その後、さらに精巧な内部表面が進化した。肺の先駆けであるこの構造を発達させた魚類は、同時にえらも維持していた。その証拠に、現存するほとんどの魚類では、肺の相同器官は浮袋であり、えらではない。

だが、肺と肢だけでは、動物が岸へ脱出することはとうていできない。まず、肢が陸上できちんとはたらくためには、肢のあいだで身体がだらりと垂れ下がらないようにしなければならない。水には浮力がある。この水につきものの押し上げる力が、下へ引っぱる重力を打ち消してくれるので、水中の魚は実質的には無重力状態にいることになる。大気中に浮力はない。したがって、初期の四足動物は、重力との闘いに勝利するために、それまでよりも頑強な背骨や新しい腹筋を進化させなければならなかった。

正直なところ、陸上生活——もっと具体的に言えば、空気に囲まれた生活——が水中生活とあまりにもかけ離れているために、それに適応するには、祖先の魚類の身体のほぼあらゆる面を多かれ少なかれアップデートしなければならなかった。たとえば、水と一緒に食べものを吸い込むことができなくなるので、新しい顎と嚥下メカニズムが必要だ。頭部を効果的に操るために、初期の四足動物は首も進化させた。ほとんどの四足動物の感覚器は、空気中の刺激に反応し、それまでとは違う行動を誘発するように適応することを余儀なくされた。循環器系も、重力という難問への対応を迫られた。さらに、陸上で暮らす生物は、水よりも温度変化が速い空気に対処しなければならなかった。岸辺の温度は、すぐ隣の海の温度がほとんど変わっていなくても、急上昇したり急降下したりすることがある。

数少ないが興味をそそる初期の四足動物の化石記録を見ると、しだいにひらたくなる鼻づらから、ひれの部分が着実に小さくなっていく尾に至るまで、ひとつの動物の系統であらゆる部分が変化していったことがわかる。そのひとつながりの動物たちは、海の浅いほうへ浅いほうへと移動しながら、いつもそのときどきの周囲環境に――たとえば潟湖や干潟に――適応していたにすぎず、けっして将来を見据えていたわけではない。だが、岸辺にたどりついてみたら、その先ではすでに植物と無脊椎動物が陣地を築いていた。つまり、陸には食べものがあったのだ。それが脊椎動物をさらに前進させ、水から引き上げることになった。

ここでちょっとしたまわり道をして、四足動物の上陸の歴史をわざわざ説明したのはなぜだろうか？　まず、この章の内容に関して言えば、岸にたどりついてからまもなく、陸生脊椎動物が性を発明したことがわかっているからだ。第二に、陸への適応の過程は、哺乳類が哺乳類になった経緯をめぐって第2章で話した内容に重なるからだ――たったひとつの形質が、新しいタイプの動物の出現を示す決定的な印になるわけではないのだ。第三の理由は、完全に陸生になった最初の動物が、哺乳類と爬虫類の最後の共通祖先に近い動物、つまり哺乳類の特性をめぐるこの物語のはじまりにいる動物だということ。そして最後の――もっとも重要な――理由は、四足動物の進化の過程であれだけのことが起きたにもかかわらず、最初の陸生脊椎動物が陸上生活の達人とはほど遠かったという事実にある。脊椎動物は、およそ五億二五〇〇万年前に水のなかで誕生した。それ以前のほぼ三〇億年のあいだも、生命は水のなかだけに限られた現象だった——水こそが生物の知るすべてだった。植物と無脊椎動物に続いて上陸した四足動物は、まさに急進的なことをしていたのだ。だが、陸上で生活できるようにはなったものの、陸の征服者とはとうてい言えなかった。陸生動物にとって、呼吸、狩りや摂食、移動、温度変動への対処、そして生殖は、改革の余地がおおいに残された領域だったはずだ。そしてそれは、哺乳類の祖先が立ち向かわなければならない難問でもあった。

肢と陰茎のつながり

機能的な肢を進化させてまもなく、四足動物はふたつの大きな系統に分岐した。ひとつは現在の両生類に至る系統で、水との親密な結びつきを維持したグループ。もうひとつは爬虫類、鳥類、哺乳類を生む系統で、まとめて「有羊膜類《ゆうようまく》」と呼ばれるグループだ。

マーティン・コーンとトム・サンガーは、初期の有羊膜類が原始的な陰茎をこしらえ、その後のすべての陸生脊椎動物が受け継いだのではないかと踏んでいる。だがそれは、このグループの動物たちがかかわった生殖上の重要なイノベーションのひとつにすぎない。「有羊膜類」という用語になじみがなくても、子宮にいる赤ん坊を包む羊膜と羊水なら知っている人も多いだろう。新しいタイプの卵を進化させ、液体を満たした膜で卵のなかの胚を包むようになった初期の有羊膜類は、陸上で卵を産む能力を手に入れた。すでにほとんどのことを陸上でできるようになっていた彼らは、これで繁殖するための水場を見つける必要もなくなったというわけだ。

この卵がじめじめした森に産みつけられたのは、およそ三億一二〇〇万年前のことだ。その森に生息していた最初の有羊膜類は、現在の小型のトカゲによく似た姿をしていた。当時、陸の生態系は急速に複雑さを増していた。陸で育つ植物が劇的に豊富になり、それに伴って昆虫などの節足動物も多様性を増し、充実した食糧源を有羊膜類に提供していた。

生殖の抜本的な見直しのほかにも、有羊膜類は数々の身体のアップデートにより、水からの独立をさらに押し進めた。ここで触れるのは、そのうちのふたつ――防水性の皮膚と、新たな呼吸様式だ。

空気中では水が蒸発する。そのため、陸生動物が水の漏れやすい皮膚を持っていると、貴重品の水がどんどん失われ、脱水状態に陥りやすくなる。最初の四足動物は祖先の魚類よりもいくらか厚い皮膚を持っていたが、有羊膜類はさらに一歩前進し、より複雑で完全な不透水性〔水を浸透させない性質〕を備えた身体の外被を生み出した。有羊膜類の皮膚は多層構造になっている。いちばん外側は死んだ細胞からなる頑丈な層で覆われ、その下にある撥水性の脂肪の層が水の蒸発を防いでいる。

皮膚はあまり注目されない器官だが、哺乳類の生態には欠かせない要素だ。爬虫類の系統では、皮膚は硬くなり、うろこができた。そのうちのあるグループでは、羽毛に覆われるようになった。それに対して哺乳類では、皮膚はやわらかさを保ち、祖先の分泌腺が維持された。そして、その分泌腺から、哺乳類界を代表するいくつかの特徴が芽生えた。言うまでもなく、そのひとつは体毛だが、汗やにおい、そして栄養たっぷりの特殊な白い液体を生み出す手段にもなった。[5]

両生類の皮膚にも分泌腺があるが、こちらは防水性を備えたことはない。その理由は、両生類が皮膚をとおして呼吸をしていることにある。酸素は両生類の水分を含んだ外被に溶け込み、体内に運ばれる。これは水中での呼吸に役立つが、有羊膜類の呼吸ほど効率的ではない両生類の主要なガス交換手段を補うはたらきもある。両生類の呼吸は——おそらく初期の四足動物もそうだったのだろう——頰と口を使って肺から空気を出し入れする仕組みだ。三億年をゆうに超える大昔から続いていることを考えれば、この呼吸法でも機能に不足はないのだろう。だが、有羊膜類はさらに強力な換気メカニズムを発達させせた。肺を収めた胸腔を直接膨らませて呼吸する方法だ。この操作——最初は肋骨を持ち上げるだけでおこなわれていた——により胸部の内圧が下がり、空気が引き込まれる。強力な呼吸は、哺乳類がのちに酸素消費量の多い代謝を進化させるのに欠かせない基礎になった。もっとも、そのためには、このシステムをさらに効率化する必要があるのだが。胸部を使う呼吸の進化は、興味深い副次的な恩恵も有羊膜類にもたらした。肺を口から離れた場所に配置できるようになり、前肢につながる神経を大きくする余地が生まれたのだ。そのおかげで、両生類よりもはるかに複雑な前肢を発達させることができた。これもまた、それぞれの形質が単独で進化しているのではないことを示す一例だ。

そろそろ生殖の話に戻ろう。初期の四足動物は、祖先にあたる魚類や子孫にあたる両生類と同じように繁殖していた。放卵・放精という、生殖と幼生段階の生命維持を水に委ねる方法だ。オタマジャクシのような幼生が十分なカロリーを摂り、変態するだけの力を得てはじめて、水を離れることのできる成体の四足動物が出現した。

有羊膜類が進化させせた卵は、いわば私有の池のようなものだ。この卵は、母親が卵細胞を殻で包むことで生まれる。殻のなかには、卵が独立した生命体に育つのに十分な水分とエネルギー、それに建築材料が入っている。

その殻のほかにも、有羊膜類の卵の進化では、三つの新しい膜性の派生物が発達した。いずれも、液体で満たされた卵のなかで胚が生存するには欠かせない構造だ。ひとつめの膜は、胚と卵黄を取り囲むように形成される。ふたつめの羊膜は――このなかに羊水が入っている――成長する胚だけを取り囲んでいる。そして、胚の腹から伸びる第三の膜には、胚の窒素老廃物の処理と呼吸という、奇妙なとりあわせのふたつの機能がある。この腹から伸びる第三の膜こそ、われわれ哺乳類がへそを持つようになった理由だ。というのも、この膜はやがて、哺乳類の胎盤に姿を変えることになるからだ（詳しくは第6章で）。

有羊膜類の卵の進化は、鳥類の進化よりも一億年以上早かった。つまり、卵がニワトリよりも先にあったのはまちがいないということだ。その事実に、生物学者たちはしばしば愉快げに含み笑いを漏らすが、そんな生物学者たちも、卵が進化した正確な理由については少しばかり途方に暮れている。一般には、乾いた地面に卵を産めるようになったおかげで、有羊膜類は完全な陸上生活を手に入れたと考えられている。だが、それが卵の利点のひとつであることはほぼまちがいないものの、現存する両生類や無脊椎動物のなかには、羊膜のない卵を陸上で産めるものもいる。それなら、有羊膜類の卵が進化した理由は、胚を支える物理的構造を向上させることにあったのかもしれない。あるいは、卵を大きくし、より丈夫な子をつくるためだったとも考えられる――より大きな卵を少ない数で産む、「量より質」の動きのはしりだったのかもしれない。

だが、たしかなことがひとつある――この卵を進化させた動物は、それ以前から体内受精を経験していたはずだ。有羊膜類の卵は、殻で包む前にメスの生殖腺内で受精する必要がある。つまり、卵はニワトリよりも先だったかもしれないが、陰茎《コック》〔コック（cock）には雄鶏という意味もある〕はほぼ確実に卵よりも先にあったということだ。

自然選択は未来を見とおせない。したがって、初期の有羊膜類が陰茎と体内受精を進化させた目的が、赤ん坊のつくり方をすっかり変える、未来の革新の基礎固めだったはずはない。彼らは水のなかや水辺で繁殖していた。それならば、挿入を伴う性交はほかの理由で進化したにちがいない。魚類が体内受精を獲得した経緯を探っている研究者のあいだでは、オスが放卵・放精よりも体内受精を好んだとする説が優勢だ。メスが放卵するのを待ってからそこに放精するよりも、体内受精のほうが受精率は高くなるし、おそらく父親になれる確率も高まるだろう。だが、ひれを精子の配達に転用した魚類とは異なり、ひれのない有羊膜類には、まったく新しい専用の器官を発明する必要があった。

それをどう実現したかを解明するためには、肢の話に戻らなければならない。四肢の進化への関心をさらに発展させた研究のなかで、マーティン・コーン――ムカシトカゲの胚の下腹部を調べるべく、トム・サンガーを送り出した人物だ――は、四肢の発生に関する遺伝学研究から得た教訓を陰茎に応用した。すでに述べたように、陰茎は四肢と同じく、三次元の付属器官だ。左と右、前と後ろ、近端と遠端の発生を調和させなければならない。コーンは二〇〇〇年代はじめ、四肢でその調整を担っているシグナル伝達分子と遺伝子の多くが陰茎の形成にもかかわっていることを突き止めた。有羊膜類は身体の別の部位を転用する代わりに、付属器官を形成するための遺伝子一式を転用していたのだ。

肢と生殖器のつながりは、二〇一四年にさらに裏づけられた。この年、ハーヴァード大学のクリフ・タビンの研究室に所属するパトリック・チョップらが、胚のどの組織から陰茎が育つのかを明らかにしたのだ。発生初期に特定の細胞を蛍光標識でラベリングすれば、その細胞からできるすべての子孫細胞に蛍光性を持たせることができる。それにより、最初に標識した細胞から生まれた細胞が、成長した動物の体内のどこにあるかをたしかめられるというわけだ。チョップらの研究チーム――サンガーも加わっていた――は、トカゲの胚で四肢のもとになる細胞を標識した。その結果、のちに発生期の陰茎が緑色の光を発することがわかったのだ。つまり、トカゲの陰茎は、肢をつくる細胞の流れをくむ細胞でできているということだ。この観察結果からすれば、トカゲとヘビが二本の陰茎を持つのもおおいに頷ける。[6]

陰茎が発明された結果、やがて知能を持つ特異な類人猿の一種が、笑いや心配の種《たね》にしたり公衆の面前で隠したりするものを持つに至る。だが、陰茎をめぐる重要なポイントは、現在のわたしたちが婚姻用のバスタブではなく、夫婦のベッドを持っているという点にある。陰茎は有羊膜類の交尾のあり方を変え、ひいては生殖のかたちに革命をもたらすことになった。受精、そして発生は、もはやおおいなる世界のなかで起きる現象ではなく、母親の体内で演じられるドラマになったのだ。

陰茎の特殊性・多様性

パトリック・チョップらの研究チームがマウスの陰茎の発生学的起源を調べたところ、哺乳類の系統では、陰茎のもととなる細胞が肢の前駆細胞から尾の前駆細胞に変わっていたことが明らかになった。驚いたことに、どうやら哺乳類が進化するあいだに、陰茎発生のお膳立てをする細胞群が移り変わり、まったく違う細胞から陰茎がつくられるようになったらしい。なぜそうなったのか、その正確なところはよくわかっていないが、この発生学上の奇癖が判明したことで、哺乳類の陰茎の特殊性に関する短いながらも注目すべきリストに新たな一項目が加わることになった。

先に触れたように、哺乳類のオスは、陰茎を排尿に使うこの世で唯一の存在だ。これはかなり遅い段階で進化したものと考えられている。というのも、カモノハシのオスはそうではないからだ。カモノハシの尿は、膀胱を出た時点では陰茎に向かうかに見えるが、最後の最後で道をそれ、くたりとした陰茎の根元にある通路へ抜ける。興奮したオスがメスの尾をくちばしでくわえたときにだけ、勃起の力学により、この未発達の出口が強制的に閉じられる。勃起の液圧作用により、陰茎が平時の収納場所である総排出腔から突き出し、精液が陰茎の端から端まで通り抜けられるようになるという仕組みだ。そして、カモノハシのメスの標本で混乱をきたしたエヴァラード・ホームは、漬けものにしたオスの標本では、一八〇二年にこの精液と尿の別々の出口を正しく読み解いていた。

現代のヒトのオスにとって、管を使った排尿が飲みすぎた日の深夜に役立つ利点であるのはたしかだが、これを純然たる生物学的観点から説明するのは難しい。陰茎経由の排尿に生物学上の大きな利点があるなら、哺乳類のメスも同じようにしているはずだ。一部の哺乳類のメスでは、尿道がたしかに陰核を通っているが、このメス版の陰茎にあたる構造が拡大しているケースはきわめてまれだ。[7]

この話題が出たついでに言っておくと、哺乳類はそもそも、大量の尿を生成する唯一の有羊膜類だ。爬虫類は、窒素老廃物を尿酸の白い粉——鳥の糞を思い出してほしい——として排出するメカニズムを進化させた。アンモニアを取り除く手段としては若干コストがかかるものの、水の節約という点では、哺乳類が魚類から引き継いだ尿素ベースのシステムよりも優れている。

陰茎を使った哺乳類の排尿方式については、もうひとつポイントがある。陰茎のなかを閉鎖型の管が走っている有羊膜類は、哺乳類だけなのだ。ほかの有羊膜類の動物たちは、おのおのの器官の側面を走る溝（じつを言えば、ほとんど閉じているものもあるのだが）から液体を排出する。そうした溝は、発生段階の哺乳類の陰茎でも尿道溝として見られるが、出産前に完全に閉じ、なじみ深い管になる。

それから、哺乳類は勃起の仕組みもかなり独特で、血液の貯留で硬直させる方法を採っている。カメも収斂進化的にこの方法に行きついたが、それ以外の脊椎動物は、リンパ液のみを使うか、リンパ液と血液を組みあわせている。古代ギリシャから中世までは、ヒトの勃起は空気の貯留によるものと考えられていた。はっきり言って荒唐無稽なこの説にとどめを刺した人物は、あまりにも多くの輝かしい経歴を持っていた。そのせいで、この偉業について言及されることはめったにない。

一四七七年のフィレンツェで、レオナルド・ダ・ヴィンチは絞首刑になったばかりの死刑囚の解剖を観察していた。ダ・ヴィンチによれば、この方法で死刑になった人は、しばしば死んでいながら勃起しているように見えるという。血液が充満して硬くなった死刑囚の性器をじかに観察したダ・ヴィンチは、血流力学的勃起という説を書き残した。全身を空気で満たしたとしても、陰茎を「木のように密に」するには足りないだろうとダ・ヴィンチは書いている。さらに、「勃起した陰茎では亀頭が赤くなるようすが見られる」ことを読者に思い出させ、「これは血液が流れ込んでいる証拠だ」と補足している。

こんなふうに「哺乳類の陰茎」についてあれこれ話していると、すべての哺乳類の男根が一様であるかのような印象を受けるかもしれない。だが、そうではない。人生のかなりの時間を熱心なゴールキーパーとしてすごしてきたわたしは、男性用更衣室で——恥じらいや誇示癖、その場所独特の奇妙な不文律にまみれて——費やした時間のおかげで、陰茎の多様性を知りつくしたと思っていた。だが、それはとんでもない思いちがいだった。

一般的な格づけ基準にしたがえば、哺乳類の陰茎の大きさは、トガリネズミの約五ミリから並々ならぬものを持つシロナガスクジラまで、多岐にわたる。シロナガスクジラの陰茎については、ウィキペディアに独立したページが存在するほどだ。それによれば、長さは二・四メートルから三メートルほどだが、至極当然のことながら「性交中の測定はできそうもない」とも書かれている。だが、サイズだけでは、オスの哺乳類のウエスト下で起きた進化を把握することはとうていできない。わたしは最近、哺乳類の陰茎を調べたばかりだが、ホラー映画を観るような気分だった——しょっちゅう目をそらしたくなるのだ。たとえば、ネコの陰茎は棘に覆われていて、その棘は齧歯類やチンパンジーの陰茎にあるそれよりも相当に大きい。この突起物は、メスの排卵を誘発するためのものと考えられている。というのも、ネコの場合、排卵は性交後にしか起きないからだ。それとは対照的に、ヒツジの陰茎からは、裏返しになった尿道のようなものが突き出ていて、それがメスの体内で精液をまき散らす。ブタの勃起した陰茎は、そのくるりと巻いた尾に似ている。そんなふうに螺旋状になるのは、大きさのまったく違うふたつの勃起性組織があるからだ。セイウチの陰茎には、「陰茎骨」と呼ばれる六〇センチの骨がある。アラスカの先住民は、しばしばその骨を採集して彫刻を施し、装飾的なナイフの柄などをこしらえていた。この骨を奇妙だと思う人もいるかもしれないが、ほとんどの哺乳類（霊長類も含めて）は陰茎骨を持っている。したがって、ヒトが持っていないほうが驚きなのだ。[8] 一方、ヒトの陰茎にあるものと言えば、キノコの笠のように膨らんだ亀頭だ。この部位は、射精前のピストン運動のあいだに前回の性交の残余物を掻き出すために、一種の吸引具として進化したと言われている。

有袋類とカモノハシは双頭の陰茎を持っていて、これについてはすぐにまた触れるつもりだ。一方、ハリモグラの陰茎にはふたつどころか四つの亀頭があり、これはロゼットと呼ばれている。それだけでも十分に奇妙なのだが、ハリモグラが性的に興奮すると、頭のうちのふたつが引っ込み、残りのふたつだけが機能する。

最後に、バクについて話しておかなければならない。というのも、かつて見たバクの映像が頭から離れないからだ。バクの陰茎はあの大きさの動物にしては長いが、それ以上に、独立した生命体のように見える。実際、わたしは映画『エイリアン』でジョン・ハートの胸から飛び出した生物を連想した。それに、ジャックの存在もある。サンフランシスコの動物園に暮らすジャックは、なんと自分の陰茎で身体を支えて立ったのだ。飼育員の報告によれば、彼女の懸命の努力にもかかわらず、ジャックの陰茎は「紫色に、やがて黒くなり、萎縮した。そのあとではがれ落ち、ジャックはそれを食べた」という。

そうした諸々を、（サッカーの哺乳類オールスターチームのゴールキーパーでなくてよかったという以外に）どう考えたらいいのだろうか？ ひとつ考えられるのは、哺乳類の陰茎がほかの多くの哺乳類の形質と同じく、見事なまでの広い適応力を持っているということだ。だがその一方で、ひとくくりにして見れば、陰茎は動物界でもっとも急速に進化した構造だとも言われている。重要なのは、なぜそうなのかということだ。陰茎の多様性は、ライバルよりも優れた陰茎を持とうとしたオスの軍拡競争に起因するとされてきた。だが現在では、そうした考え方には収まりきらないことがわかってきている。有性生殖は微妙なプロセスだ。そのプロセスは、参加者双方に役立つものでなければならない。現代の科学では、かつて考えられていたほどメスは受動的ではないと認識されるようになっている。

ヒトのメスは異例の存在

膣には問題がひとつある――十分に研究されていないのだ。二〇一四年、当時スウェーデンのウプサラ大学に在籍していたマリン・アーキングは、同僚とともに生殖器に関する進化学研究の体系的な調査をおこない、オス、メス、もしくはその両方のいずれを対象としていたかを調べた。その結果は衝撃的なものだった。動物の生殖器を対象とした三六四件の研究のうち、およそ四四パーセントはオスとメスの両方を対象としていたが、四九パーセントでは研究対象はオスのみで、メスのみを調べた研究は八パーセントしかなかったのだ。[9] アーキングらは怠惰という可能性を排除したうえで、「この分野におけるオスへの偏りがいまだ存在することは、アクセスのしやすさに影響する解剖学的な性差だけでは説明がつかない」と述べている。アーキングらはその偏りについて、オスこそが性的交渉の主役であり、メスの生殖器は変化に乏しい退屈なものだとする、見当ちがいだが根強く残る意識を反映しているとの見解を示した。

だが、メスはどんなオスにも自分の卵子を受精させたいわけではない（こうして文字にしてみると、あまりにも当たり前の話だが）。そして、性交の歴史と生殖器の進化の力学をひもとけば、オスとメスのあいだで適応と対抗適応〔他種あるいは同種の他個体の適応的変化に対応して形質を変えること〕の複雑な相互作用がはたらいていることがよくわかる。たしかに、陰茎は急速に進化した。だがその原因は、オスどうしの競争だけにあったのではない。メスがみずからに利するメカニズムを発達させたからでもある。

メスが進化させたのは、自分の卵子ができるだけ質の高い精子と出会ったときに確実に妊娠するための方法だった。

性交に関する新たな視点が生まれたのは、一九九〇年代のことだ。たとえば、「メスはなぜ、オスによる卵子の受精をこれほど難しくしているのか?」と題された一九九三年の論文に、それが見てとれる。オスがメスを獲得するためにオスどうしで競争する一方で、メスの身体には、子の父親となるべきオスをある程度コントロールするための手段が備わっていることがままあり、そのほとんどは性交後に機能する。性交にたどりつくだけでは父親にはなれない。射精後の精子の幸運は、まったく保証されていないのだ。預けられた精子の運命を、メスはどのようにして左右しているのだろうか。詳しい説明は省略するが、そうした仕組みはあらゆる動物で見られる。たとえば、メスが精子を貯蔵し、精子どうしの競争を高めるという方法がある（この策略には、妊娠する時期をメスがコントロールできるという利点もある）。ラットやハムスターでは、子宮の準備を整えず、着床できないようにするケースが見られる。精子と卵子の物理的相互作用を媒介する分子の力を借りて良縁を確保するという手もある。メスの免疫系が精子を敵視することもある。齧歯類とゲラダヒヒ（ヒヒの近縁種）のメスでは、新たなオスの出現により腹のなかにいる胎児の将来の安全が危うくなると、妊娠が中断される現象も観察されている。

さらに言えば、初期の有羊膜類では、卵子をめざして泳ぐ精子の移動距離をメスがしだいに長くしていき、それが有羊膜類の卵の進化に欠かせないステップとなった可能性もある。受精後に産むタイプの卵を母親の体内で準備するためには、生殖器の上のほうで妊娠する必要があるからだ。

メスの慎重さは、卵子と精子の違いから生まれている（この点は前章で説明した）。メスはオスよりもはるかに多くの資源を配偶子に投資している。さらに、詳しくはこのあとの章で説明するが、哺乳類のメスが子育てをするとなると、求められる投資は途方もない大きさになる。このオスとメスによる投資の根本的なミスマッチの影響を受けずに進化するものは、こと生殖に関してはほとんどない。

ありがたいことに、どうやら研究の世界では状況が変わってきたようだ。最近の研究では、そうした性の力学に沿って生殖をとらえることが増えている。現在では、オスの部位をじっくり見るだけでは足りないと認識されている。ヒツジのメスの生殖器は、オスの風変わりな射精器官の解剖学的構造に適応したものなのか。それとも、オスの裏返った尿道のほうがメスのイノベーションに対応したものなのか。知らなければならないのは、そこのところなのだ。オスブタの陰茎の螺旋状の先端は固定に役立っているが、メスはそれにいったいどう対処したのか。メスネコの排卵が棘のある陰茎に誘発されて性交後に起きるのなら、オスが彼女のお気に召さなければ排卵を起こさないこともありうるのでは？　バクのメスがパートナーの怪物じみた装置にどう対処しているかは見当もつかないが、きっと何かをしているにちがいない……。

だがとりあえずは、それよりも過去にさかのぼり、哺乳類固有の膣がそもそもどう進化したのかを考えてみよう。その疑問に答えるには、陰茎と同じく、この構造の発生の経緯を検証する方法が頼りになる。その視点から見てまずわかるのは、膣が単一の構造ではないということだ。膣は上の部分と下の部分の組みあわせでできており、それぞれ発生上の起源が異なる。上の部分が卵管の変化したものであるのに対し、下の部分は総排出腔から派生している。

そう……獣亜綱の哺乳類として、総排出腔よりもはるかに高度な排出用配管をさんざん自慢しておきながらこんなことを言うのもなんだが、じつのところ、われわれはみな（オスも含めて）生涯のごくはじめの一時期には総排出腔を持っているのだ。発生初期の哺乳類は例外なく、ごく短期間だけ、身体の後ろのほうに貯水タンクを持ち、そこが直腸、尿道、生殖管の終点になっている（ただし、そうは言っても、胚は性的活動に従事していないし、何も食べないし、尿の問題に関しては胎盤の世話になっている）。こうした配置は、そもそも尿と糞、配偶子がどれも排出しなければならない生成物であることを念頭に置けば、腑に落ちやすくなるはずだ。その証拠に、放卵・放精で繁殖する動物のメスの生殖器官は排出専門で、何かを受け入れるような構造にはなっていない。

　総排出腔は哺乳類が成体になるころには姿を消すものの、発生における重要な構造であることに変わりはない。総排出腔は体内の空洞として、またシグナルと組織の出どころとして、オスでもメスでも外性器の形成を調整している。[10] たとえば、膣の下部の形成では、総排出腔を前と後ろの区画に分けるプロセスが鍵を握っている。

　ポンポンつきの毛糸の帽子を想像してみてほしい。これを総排出腔としよう。帽子の後方には、そこに流れ込む本物のチューブがついている――これが後腸だ。そして帽子の前方には、尿道と卵管がつながっている（こんな帽子はかぶりたくないと思う人もいるかもしれない。たしかに、この思考実験の次の手順を考えれば、とてもかぶってはいられないだろう）。この帽子に、進化は何をしたのだろうか。帽子のなかに手をつっ込み、内側からぽんぽんを下に引っぱり、帽子内部の空間をふたつに分割したのだ。やがて、分割された前と後ろの部分がそれぞれ密閉され、なんらかの生物学的な針と糸の仕事により、この分割壁が防水性になった。こうして、後ろの部分が後腸の延長部になる一方で、前の部分は赤ん坊と尿を世界へ送り出し、精液を生殖器官へ送り込むための通路になった。これが尿生殖洞と呼ばれるものだ。

これで、二孔のメスのできあがりだ。だが、われわれに必要なのは三孔だ。そうだろう？　いや、じつは、そうであってそうではない。じつのところ、ヒトのメスは、この点ではいわば異例の存在だ。哺乳類のメスの大部分は、三孔類ではない。ほとんどのメスの生殖器は、前述の二方向の分割にとどまっている。要するに、固体廃棄物の排出ユニットから尿と生殖用の管を分割するだけでこと足りるのだ。さらに尿道と膣が隔てられ、それぞれが別々の出口を持つようになったのは、一部の齧歯類と霊長類だけだ。

膣の上部――ヒトの場合は上から三分の一ほど――は、卵管の終端部から成り立っている。卵管は進化的には歴史の古い管で、一組の卵巣から卵子を回収して外へ運ぶ役割を担っている。ヒトの場合、この二本の管が身体の中央で融合している。そのため、二本の卵管――ファローピウス管とも呼ばれる――の終点には、卵管が融合してできた単一の子宮がある。子宮には単一の子宮頸部があり、その下には単一の膣の最上部がある。だが実際のところ、卵管の融合の程度には、哺乳類のあいだでかなりのばらつきが見られる。ヒトの構造配置はもっとも融合が進んだ例で、これは「高次」の霊長類ならではのものだ。それ以外のほとんどの哺乳類では、子宮が一組の卵管から派生していることがひと目でわかる。齧歯類とウサギでは、二本の卵管に別々の子宮があり、それぞれの子宮にひとつずつ子宮頸部がある。さらに、たとえばシカやウマやネコでは、ふたつの子宮がひとつの子宮頸部を共有している一方で、ゾウやイヌやクジラでは、子宮はひとつだが、上部の左右にはっきりとした子宮角がある。[11]それほどのバリエーションがあると聞くと、少しずつ変化していく中間的な融合形態を経て、完成形たるヒトの形態に向かって階段を昇っているのではないかと考える人もいるかもしれない。だがそれは、ヴィクトリア女王のドレス並みの時代遅れの考え方だ。

有袋類も齧歯類と同じく、ふたつの独立した子宮を持つが、彼らはそれをさらに前進させている。有袋類には三つの膣があるのだ——ふたつは精子を運び入れるため、ひとつは赤ん坊を送り出すためのものだ。前者ふたつの来歴には、これまた進化における不測の事態がかかわっているが、三つめはまったくの謎だ。

有胎盤類では、尿管（腎臓から膀胱へ至る管）は発生期の卵管の外側をまわるように走っている。そのため、卵管は身体の中心部で自由に融合できる。だが、有袋類の場合、尿管が二本の卵管のあいだを通っているため、生殖用の通路を融合させることができない。したがって、有袋類の膣は、ふたつが左右で弧を描き、総排出腔でようやく合流する構造になっている。この双子型の配置は、ほぼまちがいなく、有袋類のオスが双頭の陰茎を持つゆえんだろう。

それなら、赤ん坊はいったいなぜ、パパの預けた遺伝物質が入ってきたのと同じ経路で出ていけないのだろうか？　その理由はよくわかっていないが、ともあれ有袋類はそうしていない。有袋類のメスは妊娠すると、中央をまっすぐ走る第三の膣を出産のために発達させるのだ。この中央の膣を発見したのは、有袋類の驚異の生殖器官を探究し、その啓蒙に大きく貢献したエヴァラード・ホームだ。ホームがそれを発見したのはカンガルーを解剖した一七九五年のことだが、カモノハシの数々の不思議と同じく、有袋類のメスの下腹部についても、その性質の全貌が完全に解明されるまでには一〇〇年近くの時を要した。その一〇〇年のあいだは、ホームを支持する解剖学者もいれば、ホームの想像の産物だと言う者もいた。だが一八八一年、ジョセフ・ジェームズ・フレッチャーとジョセフ・ジャクソン・リスターにより、生殖状態を確認できるカンガルーを対象に一連の調査がおこなわれ、出産のためだけに使われる中央の膣が形成されることがたしかめられた。カンガルーの一部の種では、中央の膣は最初の子が通過したあとはずっと開いたままだが、それ以外の種では出産のたびに密閉と形成が繰り返される。後者の形式が、有袋類の標準的な流儀だ。

有袋類の生殖については次の章でまた触れるつもりだが、とりあえずは最後にもうひとつだけ、発生生物学へのあいさつがわりに、膣の卵管部に関する説明をつけくわえておこう。卵管のもっとも基本的な形態は一本の管で、片方の先端に卵を受け取るためのじょうご状器官が付属し、もう片方の先端はその卵を出すための出口になっている。有羊膜類では、この管の進化の歴史は、いわば局所的な改良の物語だった。まず、卵管のいくつかの領域が、卵にタンパク質のアルブミンを、次いで殻を供給する専門の部位になった。哺乳類では、その卵殻腺が子宮と子宮頚部になり、独自の膣が進化した。発生の初期段階では、各領域が識別可能な器官になるよりもずっと前に、ひと握りの遺伝子が発現し、それぞれ異なる遺伝子が各領域の運命を決めている。この遺伝子は、肢と陰茎のひな型をつくる遺伝子と近い関係にあるものだ。

第3章では、ＤＮＡを生物作成の中核をなす説明書として、あるいは進化的変遷を記録した日誌としてとらえた。それでいけば、生物をつくり上げる発生プロセスは、進化により形態や機能がどう変わったかを検証するための道を示してくれるものと言えるだろう。

第5章 受胎と発生——細胞進化のイノベーション

発生のすべての段階で

一九七六年の長く暑い夏、意図していたよりも早く、わたしの父の小さな運動性細胞が、わたしの母の二一歳のファロピウス管から転がり落ちてきた卵に付着した。父の精子は卵子のコーティングに穴を開け、そのなかにみずからの持つ二三本の染色体を預けて、その長い旅を終えた。これで、精子の仕事はおしまいだ。受精した卵子はふたつに分割し、さらに四つ、八つ、一六……やがて数十兆の細胞に分かれた。細胞が一六個の段階では、ひとつひとつはほとんど見分けがつかない。だが、それが数十兆個になったとき、そこにわたしがいた。

最近の推定によれば、ヒトの成体はおよそ三七兆二〇〇〇億個の細胞で構成されているという。ひとつの精子とひとつの卵子の結合は画期的事件だが、人ひとりをつくるには、それよりもはるかにたいへんな仕事が求められる。三七兆二〇〇〇億個の細胞をつくるには、少なくとも三七兆二〇〇〇億マイナス一回の細胞分裂が必要だ。最初の卵子とその子孫は、想像を絶するほどの数の分裂を経験することになる。[1] さらに、その増殖のあいだ、細胞は数多くの変容をくぐり抜けなければならない。相互に作用し、さまざまなアイデンティティを引き受け、移動し、整列して種々の組織をつくり……そして最終的には、陰茎や膣から手や肩、膝、つま先までのあらゆるものを、どうにかしてかたちづくらなければならないのだ。

動物ひとつをつくり上げるというのは、途方もなく複雑なプロセスだ。そのせいで、ほとんど笑い話のようだが、その仕事が終わるや否や、同じプロセスを最初からもういちど繰り返すことが、成熟した生物の第一の目標になる。卵子が精子と出会い、動物がつくられ、発達して性的に成熟し——卵子が精子と出会い……この生殖のループの繰り返しだ。

生命が誕生してから、いったいどれほどの年月が流れたのだろうか。それを把握しようとすると絶望的な気分になるが、わたしたちにはいったいどれだけの祖先がいたのか——この生殖のループがいったい何億回、何兆回にわたって繰り返されてきたのかを考えると、それにも増して呆然とした心持ちになるのではないだろうか。

人類史のほとんどをつうじて、動物の発生の仕組みを多少なりとも知っている者はひとりもいなかった。一六六〇年代に顕微鏡を発明し、精子を発見したアントニ・ファン・レーウェンフックは、ひとつひとつの精子の頭にミニチュア版の動物が入っていて、それが育つだけで動物ができるのだと確信していた。[2] その一方で、卵子にすべての謎が隠されていると信じる人たちもいた。「精子が入って、赤ん坊が出てくる」なんて、ほとんど錬金術のようではないか？

昨今では、発生生物学はあらゆる科学分野のなかでも指折りのエレガントで目覚ましい分野とされて

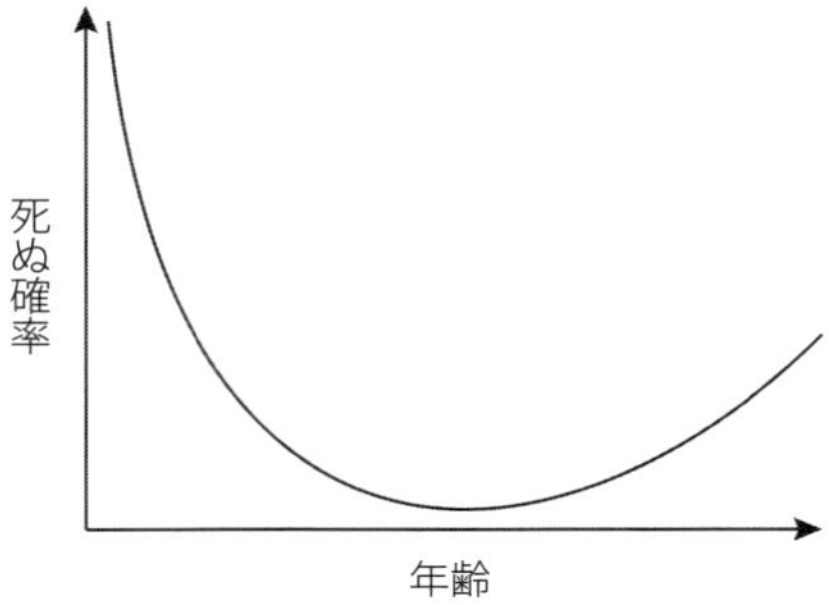

いる。ぼんやりとした細胞の集団のなかから、驚異的な自己組織化により動物が立ち現れる。そこでいったい何が起きているのか、そのおおまかなところは、現在ではかなりよくわかっている。そして、そうした知見のおかげで、発生は進化生物学の中心に返り咲いている。進化の歴史の推測に役立つのは、肢や生殖器の形成に関する知見に限ったことではない。おそらく身体のどの部位をとってみても、その発生の仕組みを解明すれば、進化をめぐる理解を深めることができるのだ。身体ができる仕組みがわかれば、どうすればそれとは別の身体ができるのか、その可能性を探るヒントになる。そして、現在の身体がそれ以前の身体からどのようにして現れたのかを知ることもできる。遺伝的変化と最終形態のあいだにあるギャップを埋めることができるのだ。

だが、発生段階にいること——つまり未成熟な状態は、危険を伴うものでもある。子どもは未完成で能力も低い。壊れやすく、簡単に脱水状態になり、すぐに飢え、あっというまに凍えたり過熱したりする。餌の選択肢は限られているし、ほかの動物の餌食にもなりやすい。未成熟とは、危険な状態なのだ。どんな動物でもいいが、年齢と死ぬ確率の関係を示すグラフを描いてみれば、ごく若年とごく老年の時期に死ぬ確率がもっとも高くなることがわかる。危険な未成熟期と老齢期が、生存率の比較的高い安定期を挟むグラフになるはずだ。

したがって、発生の完成品がどれほど輝かしいものであっても、それだけでは片手落ちだ。ゾウでもトラでもウサギでもトゲウオでもヒナギクでも、種が変わらぬ営みを変わらずに続けていこうと思ったら、発生のすべての段階をうまくくぐり抜ける方法を進化させなければならないのだ。

有胎盤類の妊娠に欠かせない細胞型

発生は、多細胞生物だけが直面する問題だ。細菌の場合、ふたつに分裂すると、ふたつの新しい細菌がそれぞれの道を歩みはじめる。多細胞生物の登場という出来事は、たとえば生命のそもそもの起源や人類の登場に比べると、しかるべき注目を浴びていないかもしれない。だが、多細胞化はまさに急進的なイノベーションだった。地球上に生命が存在するようになってから最初の二五億年は、単細胞生物しかいなかった。ひとつの生物はひとつの細胞、ひとつの細胞はひとつの生物だった。つまり、地球の生物史の幕開けから三分の二のあいだ、細胞は寄り集まることになんの価値も見出していなかったわけだ。それについては、共同生活の利点を偶然に見つけるのは難しかったからとか、当時の生活状況が現在とはまったく違っていたからと考えて納得するしかないだろう。いずれにしても、たとえばアムールトラと大腸菌を比べてみてほしい。このふたつはまったく違う。いまだかつて、単細胞生物がシカの首をへし折ったことはないし、巨大なネコがヒトの大腸に住んだこともない。だが、それは表面的な違いだ。生物の仕組みは、その中核となるメカニズムとかたく結びついている。そのため、多細胞生物であろうが単細胞生物であろうが、基本的には同じことをしなければならない。大腸菌にもアムールトラにも、酸素とエネルギーになる食糧が必要だ。どちらも水分量のバランスをとらなければいけないし、代謝で生まれた副産物を排出しなければならない。生命を脅かす状況を避けたり、うまく対処したりする必要もある。そして、繁殖しなければならない。

大きな違いは、大腸菌のひとつの細胞がそうしたニーズをすべて独力で満たさなければならないのに対し、アムールトラは特定の仕事を得意とする多種多様な細胞でできているという点だ。トラの腸細胞は鹿肉から栄養素を吸収するのに長けているが、網膜がその腸細胞で覆われていたら、トラの眼は見えなくなるだろう。生物の多細胞化は、根元的な変化だった。共同体を構成する細胞が専門化しはじめ、それぞれの細胞がめいめいの仕事で公益に貢献するようになり、協調が競争に取って代わったのだ。

意味のあるかたちでくっつきあった、最初期の細胞集団を思い浮かべてみてほしい。それはほとんど無定形のかたまりで、細胞たちは寄り集まることから単純な利益を得ていたのだろう。その状況で、集団を構成する細胞がそれぞれ異なる仕事を引き受けるようになるのは想像にかたくない。おそらく、外側にいる細胞は、内側にいる細胞よりも少しだけ頑丈になっただろう。そして、頑丈になるという義務から解放された内側の細胞は、その代わりに外側の細胞のためになることをしたのではないだろうか。たとえば、なんらかの代謝機能をより効率的にこなすようになる、とか。

おそらくはじめのうちは、その集団はまったくの無秩序状態だったにちがいない。特定の細胞が外側に行くようにプログラムされていたわけではなく、たまたま外側にいた細胞がなりゆきで頑丈になっただけだろう。だが、時とともに発生の様式が進化し、しだいに厳密になっていった。細胞のアイデンティティ——すべて同じDNAを持つクローンで、その特性はどの遺伝子のサブセットがオンまたはオフになるかで決まる——は、より固定的なものになったはずだ。細胞間の信号伝達がはじまり、さまざまなタイプの細胞の配置がさらに固定化された。あとに続く世代も同じ姿を取りはじめた。こうして、成長と発生は、多細胞生物のくぐり抜けるプロセスになった。

現代のわたしたちは、動物の身体がさまざまな部分から成り立っているのは当たり前だと思っているが、その部分のひとつひとつはどれも、まだそれが存在していなかった状態から進化しなければならなかったはずだ。心臓、脳、腎臓、眼……どれも一度は無から発明されたものだ。そして、それぞれが進化した理由に思いをめぐらせてみると、おもしろいことがわかる。いくつかは、単なる機能の分担から生まれたものだ。その分担のおかげで、専門化した細胞が専門の仕事をこなせるようになった。感覚器官は、さまざまなものを見事なまでの効率で感知する。その能力は、単一の細胞の感知能力をはるかに上まわる。皮膚は優秀な外防壁だ。密閉された腸は、食べものを保持し、そこに含まれる栄養素を残らず吸い上げるのに長けている。だがなかには、そもそも多細胞生物であることに適応した結果のように見えるイノベーションもある。単細胞には、循環系は必要ない。酸素を細胞に届ける必要が生じるのは、細胞が酸素を含んだ外界と接していないときだけだ。さらに、血液を老廃物の廃棄場としても使うのなら、それを濾過して解毒する器官も必要になる。その果てに、まったく新しい機能を担う形質が生まれるのだ。

進化生物学と発生生物学が融合した進化発生生物学《エボデボ》は、動物をつくる遺伝プログラムや細胞プログラムの変化により、動物の形態がどのように進化したかを研究する学問だ。そして、これまでに哺乳類の精巣の発生過程や、生殖腺を精巣に変換するＳＲＹのはたらき、さらには陰茎と膣の形成をめぐる話でも登場したように、この本のいたるところで繰り返し現れるテーマでもある。

進化発生生物学は、器官がどのように進化したのかという問いに答えるものだ。厳密に言えば、その構造の進化した理由は関心の対象にはならない。ある新しい形態を存続させ、別の形態を存続させない選択の圧力は、自然の多様性を生むプロセスとは別のものなのだ。

進化発生生物学の先駆者のひとりが、イェール大学のギュンター・ワーグナーだ。ワーグナーがとりわけ大きな関心を寄せているのが、既存構造の適応と、イノベーション――すなわち新しい構造の創造との違いだ。適応とは、たとえば乳腺がその所有者の特定の生態に応じて変化したり、子のニーズに応じて異なる母乳を産生するようになったりすることに関係している。対するイノベーションは、乳腺そのものの起源にまつわるものだ。栄養を子に提供するそうした腺を持つタイプの動物は、ほかのどこにも存在しない。乳腺を持たない祖先の状態から乳腺をつくりだすのは、すでに存在する乳腺を適応させることとはまったく異なる挑戦なのだ。

イノベーションの核心は、新たなタイプの細胞の創造にある。それが実現するのは、新しい遺伝子ネットワークが出現したときだ。このネットワークを、ワーグナーはしばしば「形質アイデンティティ決定ネットワーク」と呼んでいる。ワーグナーは、細胞のアイデンティティを決定する遺伝子と、細胞が機能するために使われる遺伝子とを区別している。たとえば、第４章に登場した発生中の肢や生殖器のさまざまな領域で発現する遺伝子は、その領域の将来の運命を決定するものであり、形質アイデンティティ決定ネットワークの一部をなしている。そうした遺伝子は、ＳＲＹと同じように、さらなるアイデンティティ決定遺伝子のスイッチをオンにしたりオフにしたりする。最終的に、そうして発現した遺伝子のパターンが、たとえば足首や子宮に固有の細胞型を生み出すというわけだ。

ひとたびアイデンティティが確立されたら、別の遺伝子セット――「エフェクター遺伝子」と呼ばれる――のスイッチが入り、子宮や足首に応じた細胞の営みを生み出す仕事がはじまる。言ってみれば、ある人がシェフのアイデンティティを身につけようとする際に、まずは帽子をかぶってエプロンをつける――これがその人のアイデンティティ決定ネットワークだ――が、そのあとでナイフやフライパンやコンロ――これがエフェクター遺伝子にあたる――を手に入れたときにはじめて、機能的なシェフになるようなものだ。

ワーグナーは次のように書いている。「新規性の研究とは、それを所有する系統において、機能上および形態上の新たな可能性を拓く形質の起源を説明することだ」。まったく新しいものは、ごくまれにしか生まれないとワーグナーは言う。[3] だが、イノベーションの起源を説明するという挑戦を別にすれば、このコメントの魅力は、まったく新しいもの――たとえば乳腺や体毛など――が出現すると、それを獲得した生物を利する新たな可能性が生まれるという考え方にある。第４章でも見てきたように、体内受精の進化には特定の理由があったのだろうが、体内受精をするようになったおかげで、胚の養育や動物の発生という点で新たな様式を生み出すことが可能になった。

新たな可能性を拓いた新規性のもうひとつの例が、ワーグナーみずからが同僚のヴィンセント・リンチとともに研究している、脱落膜化間質《だつらくまくかかんしつ》細胞（ＤＳＣ）と呼ばれる細胞型だ。ＤＳＣは有胎盤類の子宮壁だけに存在する細胞型で、有胎盤類の妊娠には欠かせないものだ。ＤＳＣにはさまざまなはたらきがあるが、たとえば胎盤が子宮に侵入する深さを制限したり、母体の免疫系が胎児を攻撃する——胎児が父親由来の異質な遺伝子を持つことを考えれば、起きてしかるべきことだ——のを防いだりしている。ワーグナーとリンチの研究により、この細胞型の起源は有袋類の子宮に存在する細胞型にあり、ホルモンのひとつであるプロゲステロンに反応するようになってできたことが明らかになった。いくつかの注目すべき遺伝子の配置転換を経て、プロゲステロンによりＤＳＣ固有の遺伝子群が発現し、有袋類よりも長く複雑な妊娠期間を可能にする細胞がつくられるようになったというわけだ。

始原生殖細胞の力

動物の細胞に見られる基礎的な分業のひとつが、動物をつくる細胞と、精細胞（精巣で減数分裂によって生じた生殖細胞）や卵細胞のような未来の動物をつくる能力を保つための細胞の役割分担だ。生物が多細胞になってはじめて、次の世代を生むことのできない細胞が存在するようになった。この概念は、一九世紀後半にドイツの生物学者アウグスト・ワイスマンが確立したものだ。一八八一年、ワイスマンは「生命の持続期間」と題した講義で、前世代の生理学者ヨハネス・ミュラーの次のような言葉を引用した。「有機体は消滅しやすいものだ。生命は似たような連続する個体を絶えず生み出して不滅の体面を保っているが、個体そのものは死ぬ」

さらにワイスマンは、生物の身体の構築に寄与している細胞は、なんであれ死を免れないと説明した。そうした細胞は、動物が死んだときに死ぬ。だが、その動物を生殖により複製するための機能を担う細胞は、実質的には不死だ。そうした細胞は、世代から世代へと受け継がれながら分裂を続けていく。

ワイスマンはこの発想をさらに膨らませ、生殖質説を組み立てた。次々に生まれては死んでいく動物に受け継がれる生殖細胞の系統こそが、遺伝の媒介者だとする説だ。そうした細胞は、ほかの体細胞とは完全に切り離されているとワイスマンは考えていた。したがって、新たな生物学的形質が生まれるのは、そうした生殖細胞に変更が加えられた（現在の知識で言えば、生殖細胞に含まれるＤＮＡに変更が加えられた）ときだけだ。この洞察は、たちまちのうちに大きな影響をもたらした。というのも、親がその生涯のあいだに獲得した形質を子は受け継ぐことができるとする、旧来の考え方を否定するものだったからだ。[4]

その一方で、消滅しやすい身体に脈々と受け継がれる不死の細胞というこの概念は、途切れなく続く生命の根底にはそもそも何があるのかという問いに対して、興味深い見解を提示するものでもある。わたしは長らく、生殖細胞系列という用語に出くわしたときには、単純に精巣と卵巣から現れる精子と卵子と同義だと見なしていた。だが、それは完全に正しいわけではない。生殖細胞系列は、実体を持つひとつの存在だ。生殖能力を持つすべての動物の身体を通り抜けながら、その動物の身体の構築にはまったく寄与しない細胞の系列が、実際に存在しているのだ。

マウス――もっともよく研究されてきた哺乳類――では、受胎のあとに最初の細胞生成ラッシュが起きる。その後、そうした細胞のほとんどは、死すべきさだめに沿って動きはじめ、消滅しやすい身体のさまざまな部分の構築にとりかかる。だが、それと同時に、少数の細胞がひそかに蓄えられる。「始原生殖細胞」と呼ばれる細胞だ。この細胞だけが、次世代の種《たね》をまく潜在能力を秘めている。そしてこの細胞こそが、ワイスマンの言う生殖質の保持者なのだ。この細胞は胚そのものの外〔胚体外中胚葉〕に現れたのち、胎児の後腸を通って移動し、生殖腺になる場所に定着したら、そこでおのおののライフサイクルを完結させる。厳密に言えば、卵巣と精巣は卵子と精子をつくっているわけではない。むしろ、生殖細胞系列の宿主になっていると言うべきだろう。

ありていに言ってしまえば、ワイスマンが会得したのは、生物体はひとつの目的を達成するためのひとつの手段であるという真理だ。わたしたちの身体と心は、ホモ・サピエンスの生殖細胞が末永く分裂しつづけるための生物学的構造の要素にすぎない。われわれという存在は、不死の能力を秘めた細胞系列が一時的に住まう、かりそめの容器なのだ。

途切れることのない生殖細胞の糸が生命を未来へと運び、生殖細胞系列が幾度となく身体を構築しては放棄している――その事実を発見し、かつ受け入れた瞬間は、生物学版のコペルニクス的転換だったにちがいない。地球が太陽のまわりをまわっていることに天文学者が気づき、人類が宇宙の中心の座からおろされたように、生殖細胞系列という概念を受け入れれば、精子や卵子を自分の所有物とする常識は完全に覆される。生殖細胞に所有される身体、それがわたしたちなのだ。

哺乳類の生殖のかなめ

一九七六年に出会い、わたしをつくったふたつの生殖細胞は、わたしの母の胎内で融合し、母の卵管のなかで分裂をはじめた。その細胞たちが初期段階につくった構造は、哺乳類にしかないものだ。まず、胚盤胞が形成された。このなかには、将来のわたしの身体をつくる能力を秘めた、ぎゅっと寄り集まった細胞のかたまりがある。内部細胞塊と呼ばれるこのかたまりを取り巻く、それよりも大きな中空の球体は、やがて胎盤の一部になる細胞でできている。有胎盤類の発生の初期段階では、胚の救命ボートたる胎盤の形成が、その哺乳類のほかの部分の構築よりもはるかに重視されているということだ。子宮に到着した胚盤胞は、わたしの母の子宮壁に埋め込まれ、胎盤形成がすみやかに開始される。ひとたび胎盤ができあがったら、この構造がわたしの発生の燃料供給を担い、胚のわたしが必要とするあらゆるものを母の身体から集めはじめる。胎盤については次章で詳しく取り上げる。重要なのは、哺乳類がまずは子宮で成長するという点だ。わたしは九か月を子宮ですごした。アフリカゾウは二年近くにわたって、そんなふうに我が子を持ち運ぶ——生を受けたばかりの哺乳類にとっては、母親こそが世界なのだ。

そして、長く複雑な妊娠期間のすえに誕生したあとでさえ、哺乳類の子は乳首を介して母親に縛りつけられ、その前世代の身体から与えられる栄養だけを摂取する。わたしはこれまでに二度、パートナーが一年にわたってそんなふうにわたしたちの娘に給餌するようすをまのあたりにした。はじめの六か月は、娘の唇のあいだを固形物が通過することはいっさいなかった。オラウータンは八年にわたって授乳する。そして、まだ乳離れしていない子は、母親のもとにとどまっている——父親が一緒にいるときもある——あいだに、生き延びるのに必要なスキルを学んだり、哺乳類の社会をかたちづくっている種々の絆を築いたりもする。それが哺乳類の生殖だ。発生途中の子のもろさは親の関心事であり、前の世代と次の世代が深く微妙なかたちで重なりあっているのだ。

この流儀は、放精・放卵をするわれらが祖先のそれとは対照的だ。精子と卵子が体外の海のなかで出会うと、われわれの祖先はひらりと尾を翻し、発生途中の子を置き去りにしていた。彼らは世代間に明確な線を引いていた。それは、放卵で生殖する現在のほとんどの動物も同じだ。放精・放卵の方式をとる魚類にとって、生殖は数がものを言うゲームだ。マンボウのメスは一度に最大三億個もの卵を産む。膨大な数の子がつくられるが、生き延びるのはそのうちのごく一部にすぎない。

哺乳類では、ヒトの基準からすれば多くの子を産むウサギのような動物でさえ、一匹一匹の子に多くの資源を投資する。この親の、おもに母親の投資こそが、哺乳類の生殖のかなめなのだ。

娘たちを見ていると、クリスティーナとわたしの脳裏に、この子たちはこの先どんなふうになるのだろうという思いがよぎることがある。娘たちはどんなおとなになるのか、どんなキャリアを歩むのか、どんな情熱を持つのか、どんな人間になるのだろうか？　そこにはつねに、子どもとは移行中の形態であり、完成に向けて成長している途中の生物だという前提がある。

そして、人間界の外に出ると、おそらくこの考え方はさらに強くなる。審美的にも動物学的も、わたしたちが驚嘆の目を向けるのは成体だ。親ライオンであり、子ライオンではない。成熟したウマであり、子ウマではない。チョウであり、さなぎではない。進化の創造性を体現しているのは成体であり、子は単に彼らが持つ潜在能力を成就させる途上の存在にすぎない――そんなふうに考えられている。だが、それは短絡的だ。すべてのライフステージはきちんと機能しなければならない。種を存続させるためには、生殖のループ全体をうまくくぐり抜けなければならないのだ。

これまでにわたしたちが――とりわけクリスティーナが――親として投資してきたものと、これから先に与えるはずのものは、哺乳類の親モデルがヒトの世界で極限まで拡大されていることを示している。だが、子育ての出現の経緯から浮かび上がってくるのは、わたしたち親と娘たちが単なるひとつの種の連続する二世代ではないということだ。哺乳類の進化がわたしたちを生み出した。それが家族の単位をかたちづくり、わたしたちのあいだの相互作用を磨き上げ、当面のあいだ、わたしたちを二世代からなる基本ユニットの一部にしているのだ。

胎盤と袋

我が子を袋にすっぽり収めたカンガルーの姿ほど、哺乳類の母子の親密さを強く感じさせるイメージもないだろう。だが、この袋は、子を持ち運ぶための単なるアクセサリーではないし、持ち運ばれる子のほうも、人類になじみのある流れに沿って発生しているわけではない。初期段階の哺乳類の発生と母親の世話について考えると、きまって出くわすのが、哺乳類の二大王朝——有胎盤類と有袋類の歴然たる違いだ。

有袋類については、これまでに何を話しただろうか？　有袋類は全部で三三〇種ほど。おもにオーストラレーシアで暮らしているが、中南米にも生息していて、キタオポッサムは北米大陸をじりじりと北上している。有袋類の陰嚢は陰茎の前にあり、その陰茎は双頭だ。メスは一組の膣を持ち、それとは別に、産道になる膣もある。有袋類はX染色体とY染色体を持つが、Y染色体はわれわれのものよりも若干小さく、性決定遺伝子の研究者らを惑わせたZFY遺伝子がない。有胎盤類と有袋類がおよそ一億四八〇〇年万前に分岐したこともすでに話した。ああ、それから、一七七〇年代のイギリスで、カンガルーがちょっとした見世物になっていたことも話しただろうか。

とはいえ、そのカンガルーがロンドンっ子を熱狂させたのは、最初の有袋類がヨーロッパに到着してから二七〇年もあとのことだ。一四九二年、スペインの探検家ヴィセンテ・ピンソンは、クリストファー・コロンブスとともにはじめての航海に乗り出し、アメリカ大陸に到達した。その七年後、ピンソンがブラジルへ赴いたときに、彼の率いる探検団は、欧州人としてはじめてアマゾン川を、そしてオポッサムを目にした。

そのオポッサムは袋に子を入れていた。この内蔵型のベビーキャリーにすっかり魅了されたピンソンは、オポッサムの母子を連れ帰り、イザベラ女王とフェルディナンド王の宮廷で披露した。

この話にはふたつのバージョンがある。より広く普及しているほうの話では、ピンソンは母オポッサムと二匹の子を注意深く大西洋の向こう岸に運び、元気いっぱいの子が心地よさげに母の袋を出入りするさまをイザベラ女王が大喜びで眺めたことになっている。感動の発作に見舞われた女王は、この動物は並々ならぬ母親だと高らかに宣言したという。

第二のバージョンでも、ピンソンがオポッサムをスペインに連れ帰ろうとしたところは同じだ。だが、こちらのバージョンでは、ピンソンが帰国する前に母オポッサムが死んでしまい、二匹の子は行方知れずになった。イザベラ女王は——感動を禁じえない母子の触れあいを眺める代わりに——袋に指を突っ込み、そのアクセサリーに感心したと伝えられている。

どちらを選ぶかは、あなたしだいだ。ただし、これが一五〇〇年の出来事で、大西洋を横断するのに一か月以上かかる時代だったことは心に留めておいてほしい。ついでに言えば、オポッサムは一般的には船上で暮らしたりはしない。

その後の数世紀あまりのあいだ、欧州の旅人たちは、ぽつりぽつりとではあるが、切れ目なく有袋類と出くわしていた。一七世紀には、イベリア半島の二大国が地球を二分していた。そのため、スペイン人はアメリカ大陸の有袋類に出会う機会が多かった一方で、ポルトガル人は南へ向かい、オーストラリアの有袋類たちに遭遇することとなった。一七七〇年、クック船長が――厳密に言えばオーストラリア大陸ではなく――オーストラリアの東海岸を発見した。それ以降、地図作成者たちがこの地域の全貌を把握できるようになると同時に、カンガルーなどのオーストラリア東海岸のエキゾチックな住民たちが旧世界の知るところとなった。そのきわめつけが、カモノハシだ。

　発見されたばかりの有袋類の袋は、人々の想像力をかきたてた。有袋類《マースピアル》という名は、ラテン語で袋を意味するマルスピウムがもとになっている。つまり、哺乳類と同じく、このグループの名称も、母親の持つ特性に由来しているというわけだ。[5] とりわけ興味をそそったのは、その袋に入っている動物がときとしておそろしく未成熟だったことだ。母親の乳首に必死でぶら下がっているのが、毛のない小さな、ほとんど胎児と変わらない生きものであることも珍しくなかった。

　そのため、一七世紀の共通認識では、有袋類の胎児は乳首から直接生まれ出ることになっていた。オランダの自然学者ウィレム・ピソは、有袋類が子宮を持たないことを解剖により実証したと主張した。また、一六四八年には、こんなことを書いている。「この袋は、この動物の子宮にあたるものだ。精液がこの袋に入り、そのなかで子がつくられる」

　もう少し手際のいい解剖によりふたつの子宮が見つかったあとも、空想めいた状況はほとんど収まらなかった。当時の仮説では、子宮にいた胎児が母体のなかを移動し、乳首から生まれ出るとされていた。突拍子もない説に思えるかもしれないが、別の説（俗説的なものではあるが）はと言えば、母親の鼻のなかで受胎し、くしゃみとともに袋に飛び出すというものだった。子カンガルーが袋のなかに現れる前に、母カンガルーが頭を袋に入れている姿がしばしば目撃されていたうえ、オスの双頭の陰茎が鼻の穴に射精するにはうってつけのデザインに見えたからだ……。

こうした突飛な説を理解するには、まずこの袋の居住者がどれほど小さいかを知っておく必要がある。現存する最大の有袋類はアカカンガルーで、だいたいヒトほどの大きさだが、この有袋類が産み落とすのは、あなたの小指の先とさほど変わらない生きものだ。正確に言えば、カンガルーの新生児のほうがややあざやかなピンク色をしているかもしれないが、あなたの小指の先と同じく、機能する眼も後肢もない。母親の体重に対する割合で言えば、カンガルーの赤ん坊は〇・〇〇三パーセントほどしかない。そして、さらに小型の有袋類では、赤ん坊の大きさはアカカンガルーよりもいっそう不条理だ。フクロミツスイの新生児は四ミリグラム――つまり二五〇分の一グラムだ（オンスのほうがお好みなら、七〇〇〇分の一オンスと言ってもいい）。

有袋類の赤ん坊がどのようにして袋にたどりつくのか、その謎がようやく完全に解明されたのは、一九二〇年、テキサス大学のカール・ハートマンが有袋類の出産を詳細に記録したときのことだ。ハートマンは妊娠した野生のキタオポッサム――アナグマの毛皮を着た、顔の白いネズミのような動物――を捕獲し、檻に入れて自宅の窓の外で飼育した。それが一九二〇年だったことを考えれば、ハートマンは赤ん坊が総排出腔から出てくるにちがいないと正しく予想していたはずだ。というのも、有袋類の一組の子宮と一時的にできる産道が、すでに現実として受け入れられていたからだ。だが、ハートマンが知りたかったのは、小さな新生児がいったいどうやって袋にたどりつくのかということだった。ハートマンは妻とともに、昼夜をおかず檻を見張った。

そしてとうとう、母親が袋に鼻先を入れた直後に、たしかに新生児が姿を現すのを目撃した。だが、くしゃみをして胎児を出したわけではない。袋をなめてきれいにしていただけだったのだ。その後、母親は座った姿勢をとり、生殖器のあたりをなめた。舌を使って赤ん坊を袋に運ぶのだろうかとハートマンが考えたとき、窓とは反対のほうにオポッサムが顔を向けた。ハートマンは慌てて外へ飛び出したが、ありがたいことに、最後の子が生まれる瞬間にはどうにか間にあった。母親が生殖器をなめていたのは、どうやら産み落とされた子を包んでいる液体を取り去るためだったようだ。

ハートマンはその後の展開について、「哺乳類というよりは虫に近い新生児は（中略）自力で移動した。母親の側の助けはいっさいなかった」と伝えている。袋をめざす赤ん坊は、未熟な前肢を使い、ほとんど母親の毛皮のなかを泳ぐようにして「困難な地帯をたっぷり八センチほど」這い進んだ。ハートマンは子の本能を試すために、一匹を袋から出して総排出腔の近くに戻し、また袋に向かってよじ登るかどうかを観察した。はたしてそのとおりになった。

それに続くハートマンの記述は、有袋類の生殖の赤裸々な現実に迫るものだ。その未熟な新生児について、ハートマンはこう記している。「それだけではない。袋に到達したあと、鬱蒼とした毛のなかから乳首を見つけ出す能力もある。見つけられなければ、死ぬしかない」

あらゆる有袋類の新生児にとって、これは真理だ——乳首はまさに生命線であり、次の発生段階の中心となるものだ。だが、オポッサムやそのほかの多くの有袋類にとって、乳首の探索は、自然選択が無慈悲で実用主義的なプロセスであることを思い知らされる過酷な儀式でもある。というのも、オポッサムは通常、乳首の数より多い子を産むからだ。袋のなかで、ハートマンはこんな光景を目にした。「一時もじっとしていない、一八匹の赤い新生児のかたまりのうち、一二匹が（乳首に）付着していた。ただし、一三匹はまかなえるかもしれない。残りは言うまでもなく、飢える運命にある」。そして、その飢える運命にある子たちが、その本能のままに、母親の皮膚のたるみやきょうだいの尾にむなしく吸いついている姿もハートマンは目撃した。

親戚にあたるオポッサムと同様、カンガルーの新生児もラチェットのような細い腕で袋によじ登る。子カンガルーはオポッサムよりもさらに長い距離を登らなければならないが、生まれるのは一度に一頭だけだ。そして、その旅の終わりには、選りどりみどりの四つの乳首が待っている。[6]

ひとたび「付着」したら、有袋類は例外なく、数か月とは言わないまでも、数週間にわたって恒久的に母親の乳首にしがみついてすごす。乳首から生まれるのではなくとも、有袋類の発生の大部分はそこで起きるのだ。

有袋類の新生児の小ささは、きわめて短い妊娠期間を反映している。アカカンガルーの妊娠期間はわずか三三日。ネズミに似たバンディクートの仲間の有袋類に至っては一二日で、これは哺乳類最短の妊娠期間だ。その限られた子宮内での保育期間を補っているのが、絶えず変化する長い哺乳プロセスだ。アカカンガルーは、六か月にわたって袋のなかで乳を吸いながら発達する。六か月経ってようやく――カンガルーらしい見た目になって――二度目の誕生さながらに外へ出る。発生学的に見れば、有胎盤類の新生児に近いのは、この段階の有袋類の子だろう。

メルボルン大学のマリリン・レンフリーは、こんなことを言っている。「有袋類は事実上、臍帯を乳頭に置き換えたと言える」。ただし、逆の可能性もありそうだ。脱落膜化間質細胞の進化により妊娠の可能性が広がった結果、有胎盤類が乳頭を臍帯に置き換えたとも考えられる。

有袋類は中途半端？

このまったく異なる生殖戦略に比べれば、有袋類と有胎盤類を隔てるそのほかの特徴はもっと微妙なものだ。細かいことにこだわる純粋主義者は、さまざまな骨や歯が明らかに異なっていることを知っている。それは言うまでもなく、化石の解釈には必要不可欠な知識だ。有袋類の深部体温は、ほとんどの有胎盤類よりわずかに低い。また、有袋類には、有胎盤類の左右の脳をつないでいる神経線維の束がない。後者の特徴は、有袋類の知能が有胎盤類の似たような種のそれに匹敵するか否かをめぐる長年の論争につながっている。有袋類の脳は、全体として見れば有胎盤類よりも若干小さいかもしれない。また、社会的活動や一般的行動の程度や複雑さは、有胎盤類のよく似た種のそれよりもやや限定的だ。

はっきり言ってしまえば、有袋類は長年にわたり、自分たちだけの大陸を継承して実験する幸運に恵まれた、二級の哺乳類と見なされてきた。なんと言っても、有胎盤類が五〇〇〇種を超えるのに対し、有袋類は三三〇種しかいないのだ。有胎盤類は地球全体に広がり、多くの生態系を支配しているが、有袋類がトップに立っているのはオーストラリアだけだ。

たしかに、進歩（たいていは人類に向かう進歩）という考え方が暗黙の了解として存在していた進化生物学の黎明期には、有胎盤類こそが高次の動物であるとされていた。その証拠に、一八八〇年に哺乳類の主要グループを改名したトマス・ハクスリーは、有胎盤類には真の哺乳類を意味する「真獣《ユーテリアン》」、単孔類には原初の哺乳類を意味する「原獣《プロトテリアン》」の名を与えたが、有袋類には「後獣《メタテリアン》」の語をあてた——つまるところ、後進の中途半端な哺乳類という意味だ。

有袋類はどこをとっても中途半端などではない。彼らは独自の適応放散を遂げている。だが、この「有袋類は劣っている」というレッテルは、正当なのだろうか？　正当とする人たちが強調しているのが、有袋類はかつて世界中に生息していたが、最終的にはオーストラリアを除くすべての大陸で有胎盤類に敗れたという点だ。それに対して、有袋類は単に有胎盤類と違うだけで、より厳しく不安定な環境条件での暮らしに——とりわけ生殖機構が——適応したにすぎないとする見方もある。オーストラリアの奥地は、生きるのには厳しい場所だ。そして、有袋類の生殖様式なら、母親が我が子に対する投資をコントロールしやすくなるのではないだろうか。たとえば、資源が乏しくなったときに、より簡単に妊娠や哺乳を中断することができるかもしれない。

だが、違いばかりを話していると、有袋類と有胎盤類をめぐるもっとも驚くべき事実から注意がそれてしまう。この両者はときに、そっくりになることがあるのだ。欧州の探検家たちが続々と有袋類を発見していたころは、有袋類を旧世界のよく似た種にちなんで名づけるのが習わしになっていた。有袋類の一般名には、フクロオオカミ、フクロアナグマ、フクロウサギ、フクログマのように、おなじみの名前に接頭語をつけたものが多く見られる。

そうした名前のなかには、怠慢ではないかと思うものもあるにはあるが——コアラベア〔英語ではコアラは koala bear と呼ばれる〕ってなんだ？——目をみはるほどよく似た有袋類と有胎盤類のペアはたしかに多い。フクロモグラとアフリカに生息するキンモグラは、どちらも砂のなかを泳ぐが、背後で砂が崩れるのでトンネルをあとに残さない。空飛ぶ有袋類のクスクスは、有胎盤類のムササビと同じやり方で木々のあいだを滑空する。ウォンバットはマーモットによく似ている。「フクロネズミ」はまさにネズミそっくりだ。そして、ウサギの耳を持つバンディクートは、ウサギの耳だけでなく、跳躍に適した強靭な後肢も持っている。一九三六年九月七日に最後の一頭が囚われの身のまま死んで絶滅したフクロオオカミは、タスマニアオオカミとも呼ばれ、オオカミに驚くほどよく似ていた。五万年前までは、「フクロライオン」なるものも存在していた。

類似性がひと目でわからない場合でも、有袋類と有胎盤類はしばしば、それぞれの生態系のなかで似たような役割を担っている。フクロアリクイは有胎盤類のアリクイよりも小ぢんまりとした妖精のような外見をしているが、同じ食べものを吸い上げている。また、解剖学的構造こそかなり違っているものの、オーストラリアの奥地に暮らすカンガルーは、レイヨウやシカなどの別の地域に生息する大型草食動物と同じ生態学的な役割を果たしている。しかも、どちらのグループも、それぞれの餌を消化する前腸発酵の仕組みを個別に進化させている。[7]

生物学者が「有袋類と有胎盤類の最後の共通祖先」と口にするとき、そこにはどことなく、その種は抽象的理論にもとづく仮説上の存在であり、推論上の系統発生の一分岐点にすぎないという雰囲気がある。だが、その理論を受け入れる以上、その動物が現実のものだということも受け入れなければならない。その最後の共通祖先から生まれたふたつの種は、おそらくほとんど見分けがつかないものだっただろう。だが、その一組の種こそが、やがて本格的に放散する二種類の哺乳類の起点になったのだ。最終的にその二系統の放散から――まったく別々に――これほど多くのよく似た形態が収斂進化したのは、まさに驚異的なことだ。その事実は何よりも、特定の生態学的ニッチに生きる生物を造形する自然選択の威力を示している。そしてまた、有袋類と有胎盤類がじつはよく似ていることを証明する、さらなる証《あかし》のようにも思える。哺乳類の生態の基礎が両者の分かれた一億四八〇〇万年前の大いなる分岐以前にできていたことを、そしてふたつの系統に眠る潜在能力が少なからず重なりあっていたことを、浮き彫りにしているような気がするのだ。

あの卵子と精子が運命の融合を果たし、わたしの構築がはじまってから三四年後、わたしもまた、その生殖細胞系列の存続を許した。悠久の年月を生き延び、進化し、わたしにたどりついた哀れな生殖細胞系列は、その見返りに何を得るのだろうか？　長年にわたるゴムの障壁や、薬の力を借りて自分の生殖細胞が生殖腺から逃げ出さないようにしている女性たちとの出会いの果てに……ともあれ、わたしたちはそこにたどりついた。また繰り返される生殖のループに。

有袋類について書いていて思い出したのは、あの新生児病棟でイザベラをベビーベッドから出し、胸に抱いたときのことだ。それは「カンガルーケア」と呼ばれていた。当時のわたしは、娘を包んでいる毛布が袋のように配置されていることからついた名だと思っていた。だが、これはのちに知ったことだが、このケアを最初に提唱したコロンビアの医師は、じつは生まれたてのカンガルーの未成熟さと、その赤ん坊がたどるわれわれとは違う発生の道すじに着想を得ていたのだ。

第6章 胎内で対立する父母の遺伝子

胎生と胎盤

イザベラの誕生予定日よりも二か月早くクリスティーナが破水したあと、わたしたちは次々に起きること――タクシー乗車、入院手続き、最初の診察の数々――を、まさに感覚的としか言えない認識の流れのなかで処理した。わたしたちの脳は、感情中枢のまわりにバリケードを築いていた。ようやく現実を受け入れはじめたのは、個室に入り、友人や家族に電話をかけて現状を説明したときだった。

あの妊娠は気難しくて、ときに肝の冷えるたぐいのものだった。わたしたちは二度、病院に駆け込んだ。クリスティーナの子宮が攻撃的に収縮したからだ。そのたびに、検査を受けて水分を補給されたあと、クリスティーナは確実な見立てのないまま退院した。そして破水後、赤ん坊が生まれるまで入院することになると告げられたわたしたちは、入院が何週間も続きますようにと願う、奇妙な境遇に置かれていた。

入院から出産が差し迫るまでのほんの三六時間のあいだに、わたしたちは行きあたりばったりの治療と看護を次から次へと経験した。だが結局のところ、わたしたちは幸運に恵まれたと思う。クリスティーナをいつも診察していた産科医が勤務時間中で、担当についた看護師は冷静で有能だった。状況が先へ進みそうだと医師が告げたとき、その看護師はほほえんで「またすぐに来ますね」と言った。

わたしはトイレへ行き、腕をまくって深呼吸をした。そして、うわべだけでも冷静さと強さが見あることを祈りながら鏡を見た。わたしたちの娘がどんなふうに生まれることになるかは、まだわからなかった。だが、いままさに出産しようとしている者は、わたしではない。わたしがしなければならないのは、どうにか肝を据え、どれほど怯えているとしても、いままさに出産しようとしている者の役に立つことだった。

わたしがトイレを出たとき、担当の看護師がビニールのエプロン、ゴム手袋、フェイスマスク、ゴム製オーバーシューズといういでたちで戻ってきた。「うわぁ」クリスティーナとわたしは声をそろえて言った。

看護師の主張によれば、その暴雨風さながらの装備は標準的なものだそうだが、受けたダメージはもう消えなかった。これからいったい、何が起きようとしているのか？　わたしたちは不安になった。

続く二時間──いや、どれほど時間がかかろうと関係ないが──に起きたことは、目のまわるような驚きの連続だった。担当の医師は完全にその場を掌握し、あらゆることに指示を出していたが、それをこちらに気づかれないようにしていた。わたしたちがこの出来事すべての主役になれるようにしてくれていたのだ。イザベラが生まれたとき、わたしは泣いた──深い喜びに満ちた幸せなむせび泣きだ。イザベラは体重が一・八キログラムしかなかったが、それでも泣き声を上げた。それでわたしたちは、別の病棟に連れて行かれはしたものの、娘は大丈夫だとわかったのだ。

クリスティーナの産んだものが卵だったとしたら、あれほどの感動を味わえたとはとうてい思えない。いや、もしかしたら味わえたかもしれない。ひょっとしたら、歓喜のダブルパンチを経験したりするのでは？　まずは産卵を祝い、そのあとで卵が孵ったときに、本格的にむせび泣くのだ。そんなこと、誰にわかる？

あらゆる感情に包まれていたわたしは、まわりで進行していたかなり大がかりなあとかたづけにほとんど注意を払っていなかった。ただ、看護師が運び去ろうとしていたプラスチックのトレイにちらりと目をやり、そこに載っていた赤紫のかたまりについて、つかのま考えをめぐらせただけだ。

そのあと、わたしは担当の産科医に抱きつき、わたしたちの赤ん坊をこの世に届けてくれた礼を伝えようとした。当の医師は、次に診察する妊婦がどうのこうのという会話を止めもせずに、ひょいとその抱擁をかわしたが。だが、本当のところを言えば、わたしたちの赤ん坊をここまで届けてくれたのは、あのプラスチックのトレイに載っていた使用済みの赤紫のかたまりだった。わたしが見たあの胎盤は、妊娠期間が予定よりも早く終わった理由を解明するために病理医のもとへ向かった。だがたいていの場合、このきわめて非凡な器官は、務めを終えると単に捨てられる。あるいは、哺乳類の多くは、それを食べてしまう。

次女のマリアナが生まれたときも、わたしは長女のときに劣らず有頂天になってくたくたに疲れたが、混乱はかなり小さかった。マリアナはきっちり満期で生まれ、産後の緊迫感も明らかに薄かった。

驚きだったのは、生まれてすぐ、母親の乳首を探して見つけ出したことだ。さらにそのころには、哺乳類のおもな特性をめぐる本を書くことになるのではないかという予感がわたしの心に芽生え、後産をよくよく観察してみる程度には強まっていた。わたしは胎盤を載せた例のプラスチックのトレイを覗き込み、焼却炉に捨てられてしまう前に、その一過性の器官をしっかり記憶にとどめようとした。

それはまったくなじみのない紫色をしていた。光沢を放つライラック色と言ってもいい。何本か目立った血管が走り、その蛇行するさまは、枝分かれしながら曲がりくねって地表を流れる川のようだ。ところどころに小さなよじれはあるものの、全体としては、その軌道には目的があるように見えた。それ以外の点では、まったく統一性は見あたらない。その驚異的な機能を示すものはいっさいなかった。

生物学的な存在物の大多数――たとえば心臓や、あるいは手でもいい――では、構造がその機能を決めていることが見てとれる。そのはたらきは、目に見える形態とは切っても切れない。構造と機能が不可分だとするこの考え方は、あらゆる生物学的特徴にあてはまるが、多くの場合、その関係は組織を顕微鏡で調べてみなければわからない。ヒトの脳を手にとってみても、その不活性でほとんどかたちのない肉のかたまりが、かつて踊ったり苦しんだり恋をしたりしていたひとりの人間、さまざまな思考やアイデアを持っていた人間をどうかたちづくっていたのかを知るのは難しい。あの胎盤をしげしげと見ていたときに、わたしはそんなことを連想した。それは理解しがたい深遠なものだった。それを眺めていたときのわたしには、その存在に感謝し、そこからどんな理解のひらめきも飛び出してこないだろうと悟るだけの時間しかなかった。それに、新たな哺乳類がこの世に出てきたばかりだった。彼女もわたしも、歩き出さなければならなかった。

その夜以来、わたしはあのプラスチックのトレイをぽかんと眺めていたときと同じように、自分で思っていた以上に胎盤について無知だったことを何度も思い知らされた。この本の内容に関連したところでは、もっとも注目すべきわたしの思いちがいは、この器官を哺乳類固有のものと考えていたことだ。その誤解の原因は、どうやら一般的に使われている用語にありそうだ。なんと言っても、あの部屋にいた三人は有胎盤哺乳類なのだ。この名称は、①あのプラスチックのトレイの内容物、②わたしの娘が吸いついた腺に由来している。この二つの特性が等しく有胎盤哺乳類を定義しているのだと、わたしは思い込んでいた。さらに、わたしの娘が卵の殻に包まれずにこの世に現れたことも、珍しい現象だと考えていた。それもまた、卵を産む者であふれるこの世界における、哺乳類ならではの奇癖だと思っていたのだ。

だが現実には、乳腺はたしかにきわめて特殊ではあるものの、胎盤と胎生はそれほどでもない。卵ではなく子を産む胎生は、脊椎動物だけに限っても、およそ一五〇回にわたって進化してきた。なかでも注目すべきは、鳥類、ワニ、カメでは一度も進化しなかったのに、さまざまなトカゲとヘビの系統でおよそ一一五回にわたって別々に胎生の仕組みが生み出されたことだ[1]。胎生は両生類と硬骨魚類のごく一部や、サメを中心とする多くの軟骨魚類でも出現した。条件のいい母親の体内で発生のスタートを切る子は、しばしば進化に優遇されたようだ。哺乳類を胎生類と呼んだらどうかという一六九二年のジョン・レイの提案は、ひどいアイデアだったわけだ。

胎盤はどうだろうか？　こちらのほうはもう少し特殊な、哺乳類らしいものなのだろうか？　まあ少なくとも、ほんのちょっとはそうだと言える。胎生の種を区別する重要な違いは、発生の燃料がどう供給されているかという点だ。これにはふたつの方式がある。母親が卵につめ込んだ資源だけに頼る方式――これはごく単純なタイプの胎生に見られる方式で、卵は孵るまで卵管にとどまる――と、子が母親の提供するそのほかの資源を糧に成長する方式だ。「母体依存型」と呼ばれる後者の方式には、さまざまなやり方がある。母体にある専用の腺の分泌するごちそうを胎児が吸収するケースもあれば、胎児が普通に口から栄養を摂取し、子宮内膜や母親の排卵した未受精卵、あるいは自分のきょうだい（！）まで食べることもある。サメはこの方法を採っていて、最終的に勝ち残った若きサメだけがこの世に生まれ出る。胎盤はこのタイプの栄養補給の最終形態だ。成長する胚の特殊な一部であるこの器官が、母親の生殖器官とつながり、胚の成長に使われる母体の資源を受け取っている。

　脊椎動物では、母体依存型の胎生は三三回にわたって進化した。まあ、比較的ささやかな回数だ。胎盤が進化したのは、おそらく二〇回ほどだろう。

　それならば、いったい何が哺乳類を特殊たらしめているのだろうか？　まず、胎生は有袋類と有胎盤類の最後の共通祖先が持つ特徴だった。[2]そのため、獣亜綱の哺乳類は例外なくこの形質を共有している。第二に、母体の資源を消費する子は多いが、進化のごく初期には卵黄の資源が使われていたのに対し、獣亜綱の哺乳類では卵細胞が大幅に小さくなっている――つまり、獣亜綱の哺乳類をつくるほぼすべての材料は、胎盤か乳首をつうじてもたらされるということだ。そして最後に、哺乳類では胎盤が他に類を見ないほど高度に発達している。

　哺乳類の胎盤は、胎児の組織と母親の子宮組織が網の目のように絡まってできた器官で、そのなかを胎児の血管が走っている。臍帯で胎児とつながったこの器官が、生涯の第一段階にいる成長途上の哺乳類の生命を維持し、栄養を供給している。

あの分娩室でのわたしの思考には、もうひとつ、世間知らずゆえの大きな勘ちがいがあった。それは、目にした胎盤をまぎれもない母親の慈愛の象徴だと思ったことだ。

激しく変化してきた胎盤

一七五〇年の冬、死後まもないひとりの若い女性が、コヴェント・ガーデンにある解剖学校の裏口から運び込まれた。それは珍しいことではなかった。学校の主《あるじ》であるウィリアム・ハンターの弟、ジョン・ハンターは、そこで働いていた一二年のあいだに、二〇〇〇体の遺体が解剖されたと語っている。そのほとんどは、ジョンの裏世界の知りあいの手で墓から掘り出され、裏口から運び込まれたものだ。だが、このとき到着した遺体は特別だった。ウィリアムは興奮した。遺体のなかに、第二の遺体が入っていたからだ。その若い女性は妊娠九か月だったのだ。

ジョンとウィリアムのハンター兄弟は名コンビだった。ウィリアムは第七子、一〇歳下のジョンは一〇人目の末っ子として、ラナークシャーの農家に生まれた。きょうだいのうち、無事におとなになったのは、彼らのほかにふたりだけだった。両親はできる限りの教育の機会をウィリアムに与えた。ウィリアムは一四歳にしてグラスゴー大学で神学を学んだが、やがて医学こそが天職だと心を決めた。両親は息子がスコットランドの名医ふたりのもとで修行できるように手配した。二三歳でロンドンに出たウィリアムは、いずれも解剖学と助産術を専門とするさらにふたりの著名医師に師事した。ロンドンでのウィリアムは、「本式のかつらの着用を好んでいた」という。起業家精神にあふれた、能弁で野心的な人物だった。

ジョンは粗暴さで名を馳せていた。子ども時代のジョンは、机上の勉学をまったく好まず、しばしば学校を抜け出しては、近くの森林を探索していた。ウィリアムが家を出たあとは、完全に学校をやめ、夫を亡くした母親の世話をしていた。だが、一七歳のときに、母親に別れを告げ、兄を追ってロンドンへ向かった。

ロンドンに到着したジョンに、ウィリアムは人間の腕を与えて解剖させた。ジョンは昔から、ラナークシャーの森の動物たちの死骸をよく解体していた。それをウィリアムが知っていたかどうかは定かではないが、ジョンには刃物を扱う天性の才能があった。感心したウィリアムは、二本目の腕を与えた。今度の腕は、血管に色つきの蝋が注入されていた。ジョンに課せられた仕事は、肉を切りとり、血管の型をとった蝋だけを残すことだった。ジョンは今回も、落ちつきはらって見事に仕事を遂行した。ジョンとウィリアムは、たがいに補いあう完璧な組みあわせだった。兄が人前での講演に生きがいを見出す一方で、ジョンの才能がもっとも輝くのは、死体のなかに手を入れ、爪のあいだに肉を挟みながら探索と発見をしているときだった。

一七五〇年にくだんの妊婦の遺体が届くと、ジョンはすぐさま解剖にとりかかった。そのかたわらには、ヤン・ファン・リムダイクがいた。ジョンが次々と層を剥ぎとってはあらわにしていくものを描きとめておくべく、ウィリアムが雇ったオランダ人画家だ。当時はまだ、ヒトの妊娠については、ほとんど何もわかっていなかった。新たな知見を提示すれば、多くを得られることは確実だった。

もっとも有名な九か月の胎児のスケッチは衝撃的だ。超音波検査が広く普及している現代のわれわれは、子宮の内側くらい見慣れていると思い込んでいる。だが、超音波が描くのは、戯画的なぼんやりとした像にすぎない。その画像は両親の心臓を高鳴らせるかもしれないが、それは画像の表しているものがそうさせているだけだ。ファン・リムダイクのスケッチは、まるで写真のようだ。一見すると美しい。赤ん坊は生気に満ちている。はにかんで顔をそむけてはいるが、いまにも動き出しそうだ。いまにもこの世界に出てきそうに見える。だが、そうはならない。その事実が腑に落ちた途端、絵の美しさは崩れ去り、嫌悪感に変わる。

だが、ハンター兄弟は嫌悪感とは無縁だった。一七五〇年から一七五四年にかけて、兄弟は五人の妊婦と出産直後の一人の女性の遺体を手に入れた。ジョンが解剖し、ファン・リムダイクが絵を描き、ウィリアムは傑作と称えられるはずの著作の構想を練った。一七七四年に出版された『ヒトの妊娠子宮の解剖学的構造（*The Anatomy of the Human Gravid Uterus*）』は、出産直前の赤ん坊から妊娠三か月の胎児にまでさかのぼるスケッチを網羅した、瞠目すべき画集となった。

ヒトの胎児の成長過程をおぼろげながら世界に示したハンター兄弟は、それ以外にも、ヒトの妊娠と胎盤をめぐるふたつの重要な知見をもたらした。ひとつめは、ジョンが最初の妊婦の遺体を解剖した際の発見だ。子宮の血管に色つきの蝋を注入したウィリアムは、厚くなった子宮内膜の特徴を詳しく書き残した。この内膜は胎盤の母体側にあたる組織で、通常は出産時に脱落するものだ。ウィリアムはこれを「脱落膜」と呼んだ。

第二の、さらに重要な発見が生まれたのは、一七五四年、やはり妊娠の解明にとりくんでいたコヴェント・ガーデンのコリン・マッケンジーにジョンが呼び出されたときのことだ。胎児と子宮に赤と黄の蝋を注入していたマッケンジーは、大慌てでジョンを呼びに走った。ジョンは興奮した。その注入された蝋は、それまでの試みでたしかめられずに終わっていたことを明らかにしていたのだ。その蝋が裏づけていたのは、胎児と子宮の循環系がまったくの別物であること――つまり、胎児の血液と母体の血液がけっして混ざらないという事実だった。

ジョンがのちに書き残したところによれば、ウィリアムは当初、この観察の重要性を認識できなかったという。この観察所見は、母体の血液が胎児の体内を循環して胎児の生命を維持しているとする従来の説を粉砕し、ひいては胎児が基本的には独立した生命体だと実証するものだ。ウィリアムにはそれがわからなかったのだ。

だが、ひとたび理解するや、ウィリアムは講義でその知見を大々的に取り上げ、『ヒトの妊娠子宮の解剖学的構造』にも記載した。この本では、ジョン・ハンターは単なる助手とされ、ヤン・ファン・リムダイクに至っては言及さえされていない。出版されたときには、すでにハンター兄弟はともに王立協会の会員で、解剖学教授だったウィリアムは王妃の侍医でもあった。外科医として名声を集めていたジョンは、観察と基礎解剖学をつうじた外科医術の向上に力を注ぎ、当初は古めかしくて野蛮な営みだった外科医術を新たな学問分野に変えはじめていた。ジョンの医師としてのキャリアは、ウィリアムが医学校の学費を出してくれたときにはじまった。だが、ロンドン社交界の階段を昇っていくウィリアムをよそに、ジョンの関心は相変わらずひたすら科学に向けられていた。手術の技法を研究し、移植の実験をおこない、好奇心をそそられる動物学的現象を調べるチャンスがあれば、それを絶対に逃さなかった。[3]

ジョンはさらに、地球の歴史のなかでなんらかの進化が起きていたと確信するようにもなった。ある時期には兄弟間の緊張が高まり、学生たちは進化を思索するジョンの講義に出席したのと同じ週に、人体を神の全能の証《あかし》と称えるウィリアムの講義を聴くこともあった。

だが、一七八〇年一月二七日に王立協会の定例会で起きた出来事を予想していた者はいないだろう。この日、ジョン・ハンターが登壇し――表向きは「胎盤の構造について」と題された論文を発表するためだった――壇上から兄を盗作者と呼んだのだ。二六年前に胎盤の血流を発見したのは自分だと主張したジョンは、兄の不誠実さを公然と非難した。ウィリアムは王立協会に反論の手紙を書き、ジョンも一度はそれに応えたが、その日を境に――ウィリアムの死の床にはジョンもいたものの――ふたりの関係は終わった。たがいに助けあい、引き立ててあってきた年月のすえに、ライバル心と軋轢が兄弟を永遠に引き裂いたのだ。家族の生み出す力学ほど複雑なものはない。[4]

ジョン・ハンターは進化をめぐる自身の考えをエラズマス・ダーウィンと語りあっていたのだろうか。それは誰にもわからない。エラズマス・ダーウィンのもっともよく知られている功績は有名な孫息子を持ったことだが、これは不当な扱いだ。エラズマス自身、優秀な医師であり科学者だった。エラズマスは一七五三年、コヴェント・ガーデンで講義を聴いたことをきっかけにハンターと親しくなったようだ。ハンターならきっと、元教え子が一七九四年に出版した『動物学（*Zoonomia*）』を高く評価しただろう。エラズマスはこの本のなかで、生命は進化的プロセスによりかたちづくられたと主張している。この先進的な説はエラズマス・ダーウィンの二番目によく知られている功績だが、『動物学』では、胎盤をめぐる重要な考察も提示されている。

母体と胎児の血管系の独立性がハンターにより決定的に証明されたことで、胎盤は母親と赤ん坊のやりとりを仲介する、接続装置的な器官と認識されるようになった。エラズマス・ダーウィンの興味をかきたてたのは、一七八〇年代に発見された酸素だった。当時、この気体と生命との密接な結びつきが急速に解明され、血液を酸素にさらすと暗い赤紫色からあざやかな赤に変化することが明らかになっていた。これは、血液が肺やえらを通過したときに起きる変化だ。エラズマスは、血液が胎盤を通過したときにもこの変化が起きることを報告し、胎盤は「魚のえらと同じような呼吸器官で、これをつうじて胎児の血液に酸素が供給されているようだ」と書いている。

この観察所見は、子宮内の胎児はなぜ窒息しないのかという積年の謎を解決するものだった。その一方で、『動物学』は古くからある誤解を広めるのにも一役買った。胎児は羊水中の物質を摂取して成長するという誤解だ。羊水は鳥の卵の卵白のようなもので、卵白と同じように、妊娠初期は豊富にあり、胎児が育つにつれて減っていくと考えられていたのだ。分子やその細胞間でのやりとりをめぐる手がかりのなかった一七九四年には、そうした誤解が生じるのも無理はないだろう。

エラズマスの孫息子は、不思議なことに、胎盤にはほとんど興味を示さなかった。驚くほど多方面に関心を向け、胎生学こそが進化の謎を解く重要な手がかりだと確信していたにもかかわらず、チャールズ・ダーウィンが胎盤を本格的に論じることはついぞなかった。だが、『種の起源』の出版後に噴出したひときわ苛烈な論争で主役を演じたのが、ほかならぬ胎盤だった。

リチャード・オーウェン——第2章に登場した、進化論とカモノハシの卵生の頑強な反対論者だ——

は、脳表面が回旋状になっているか否かを基準に哺乳類を分類するべきだと考えていた。さらに、脳の解剖学的構造をもとに分類すれば、ほかのすべての哺乳類から切り離された第三のグループもつくりだせる。つまるところ、脳に小海馬（鳥距）があるのはヒトだけだ、というのがオーウェンの主張だった。ダーウィンの「番犬《ブルドッグ》」を自任していたトマス・ハクスリーは、脳表面を最重視すると哺乳類の分類は荒唐無稽なものになると反論した。まったく共通点のないグループがひとつになり、近い関係にある形態が分断されてしまうのは明らかだ。ハクスリーはそのうえ、オラウータンの脳からそら見ろとばかりに小海馬を切りとってみせた。

ハクスリーは一八六四年、オーウェンの主張に代わる案として、進化の原理にもとづく哺乳類の分類法を唱え、系統的関係を導き出すのにもっとも適した形質は胎盤だと主張した。ハクスリーの説は、単孔類と有袋類をそのほかの哺乳類と隔てる違いは胎盤の欠如であるとする先人たちの主張に沿ったものだった。この「そのほかの哺乳類」こそ、有胎盤類として知られるようになっていた動物たちだ。[5]

有胎盤類の分類にあたってハクスリーが参考にしたのは、一八二八年に書かれた小論だ。この小論は四種類の胎盤の形状を記述したもので、特に子宮組織が胎盤にどの程度まで寄与しているかという点が重視されていた。その母体側の要素こそ、ウィリアム・ハンターが名づけた脱落膜だ。これは子宮の一部をなすもので、拡大して胎児側の要素と相互に作用し、出産時に血まみれで剥がれ落ちる。四種類の胎盤の形状のうち、二種類では脱落膜が目立つのに対し、もう二種類の胎盤は子宮側の構成要素がずっと小さかった。この四種類の形状にもとづく有胎盤類の分類方法は、オーウェンの案よりもはるかに満足のいくものだとハクスリーは考えた。

だが、その満足は短命に終わった。種のあいだに見られる形質の違いが常識的な程度なら、その違いは種の関係を推測するのに役立つ。だが、胎盤の構造は驚くほど変化が大きいことがわかったのだ。現在では、胎盤は哺乳類界でもっとも変化しやすい器官と認識されているほどだ。

奇妙なことに、ハクスリーの最初の提案から数十年と経たないうちにその事実が判明したにもかかわらず、胎盤をもとに哺乳類の関係性を推測するという無益な試みはさらに五〇年か六〇年にわたって続き、そのあとの一世紀のあいだも散発的に顔を出した。その試みがなぜ骨折り損なのか、胎盤の形状がなぜこれほど予測不可能なのか。それがようやくわかったのは、胎盤の機能をめぐる理解が深まったあとのことだった。

進化論の登場が一九世紀の生物学における画期的事件だったことはまちがいないが、それと同時期に、重要さでは勝るとも劣らない第二の革命も進行していた。細胞説が誕生し、すべての生物は細胞からできているという事実に生物学者たちが気づきはじめたのだ。そして、その認識をきっかけに、細胞の形態と機能を解明しなければ器官も生物も理解できないことが明らかになりつつあった。

細胞生物学の発展の原動力となっていたのが、とどまるところを知らない顕微鏡の高性能化だった（加えて、組織の調製と染色の技術も向上していた）。顕微鏡の可能性を探究する解剖学者たちの目に映る生きた組織の微細構造は、鮮明化の一途をたどっていた。どの器官をとってみても、それは大きな実りをもたらした。とりわけ脳や胎盤のような、肉眼で見た形態がその深謀遠慮をほとんど語らない構造にとっては、まさに革命を起こすものだった。

胎盤にピントをあわせた顕微鏡があらわにしたのは、網の目のような血管がほかの組織層や奇妙な空間と絡みあう構造だった。問題は、その泥沼のような構造のどこが胎児のもので、どこが母体のものかを突き止めなければならないことだ。数十年のあいだ、その試みはほとんど推測の域を出なかった。

大きな進展が見られたのは、一九世紀末、最初の哺乳類にもっとも近いのは食虫動物だとするハクスリーの主張に着想を得て、オランダの生物学者アンブロシウス・ヒューブレヒトが食虫動物の胎盤を調べたときのことだ。ヒューブレヒトの狙いは、ごく初期の哺乳類の胎盤がどのような姿をしていたのかを解明することにあった。その先駆的な論文の題材になったのは、繁殖期に捕獲した野生のハリネズミだった。

ヒューブレヒトの最大の功績は、「栄養膜細胞《トロホブラスト》」を定義したことだ。「ブラスト」は「芽細胞」を、「トロホ」は「栄養」を意味する。ヒューブレヒトが目を留めたのは、拡大していく胎盤の最前線にあるこの細胞が、子宮壁に接するのみならず、その壁に食い込んでいることだった。さらに、子宮の脱落膜組織にある母体血の血だまりを胎盤組織が取り囲み、「もっとも効率のいいかたちで活用している」こともわかった。栄養膜細胞は、胚が自力で母親の血液から栄養と酸素を摂取するための手段だったのだ。

現在では、栄養膜細胞は胎盤の基本的な細胞型であることがわかっている。初期の胚が子宮壁に埋め込まれると、栄養膜細胞が母体組織の分解をはじめる。要するに、子宮に穴を掘るわけだ。胚を取り囲むこの外層組織は、拡張しながら母体の血管に向かって突き進む。母体の血管もみずから変形し、胚のために血液のプールをつくる。

胎盤の機能の基本を多少なりとも理解したところで、哺乳類の胎盤に見られる多様性に話を戻そう。さまざまな種の胎盤を詳細に分析した結果、胎盤は大局的な構造がそれぞれ違うだけでなく、①胎児の血液と母体の血液を隔てる母体組織が一層か二層か三層か、②胎児の組織が子宮に送り込む伸長部の形態が三種類あるうちのどれか、という点でも異なっていることがわかった。ごくごく単純な解釈は、胎盤が徐々に進化していくあいだに、胎児を母体血から隔てる組織層が少なくなり、より精巧な伸長部がつくられていったというものだろう。ヒトの胎盤はもっとも複雑なタイプの伸長部を持ち、胎児の血液と母体の血液を隔てる組織がきわめて少ない。そのためこの解釈は、動物が進化の階段を昇り、完成形であるヒトに近づいていったとするヴィクトリア朝時代の考え方と心地よく調和した。だが、心地のいい解釈が正しいとは限らない。

栄養膜細胞をめぐる最初の論文を書いたあと、ヒューブレヒトは最終的に、ハクスリーの唱えた胎盤にもとづく哺乳類分類法を否定すべきだと考えるに至った。ハリネズミの胎盤をモグラやトガリネズミのそれと比較したところ、その三種の食虫動物が明らかに近い関係にあるにもかかわらず、それぞれの胎盤がまるっきり違っていたからだ。そのうえ、その三種の胎盤は、ヒトの胎盤と同じように複雑に母体に侵入しており、胎盤の初期形態とはとうてい思えなかった。

ヒューブレヒトが唱えたのは、哺乳類の胎盤がおそらく新しいものであり、「哺乳類界の秩序体系におけるもっとも若い器官」だとする説だった。つまり、自然選択がその力をふるって「長期的に見れば他に比して有利ではないはずの胎盤の形態を（中略）無慈悲に排除」するだけの時間がなかったというわけだ。だが、この主張には問題があった。自然選択がほかの器官を相手にするときと同じように胎盤にも力をふるうだろうというヒューブレヒトの前提が、そもそもまちがいだったのだ。

胎児成長のアクセルとブレーキ

わたしが生物学を学んだイアン・ウエストの教室では、長方形の三辺に机が並び、ぽっかり空いた第四の辺の中央で、頭上のプロジェクターに書き込みながらイアンが講義をするのがつねだった。講義のたびに、イアンはひとつのテーマを提示し、必要な背景知識をざっと説明すると、核心に迫ったところで間をおき、質問をぶつける。イアンはいつも、大学進学準備課程《Aレベル》の学生であるわたしたちに対し、概念を大きく飛躍させることを求めていた。

イアンが胎盤について講義をしたことはなかった。だが、胎盤の進化の道すじを決めた力に思いをめぐらせるたびに、イアンならおおいに楽しんでわたしたち学生にそれを教えただろうと想像する。イアンはきっと、まずこんな質問をするだろう。「では、魚類の放卵・放精と哺乳類の生殖のもっとも重要な違いは何か？」

魚類は卵を産み、哺乳類は自由に動きまわる子を産む。そんなわかりきった答えを求められていないことは、みな承知している。わたしたちは押し黙ったまま、発言に値する知的な答えを思いつこうと四苦八苦するが、やがてイアンがその沈黙を破り、大声で適当な学生の名前を呼ぶ。

「ええと……魚類は大量の卵を産むけど、哺乳類は数匹しか子を産まない？」

「そう……」と言うイアンの口調は、その答えには深みが足りないことを物語っている。そしてまた別の名前。

「魚類の卵は体外受精する？」

またもや、先ほどより強い調子の「そう……」。だが今回は、その答えの裏にある何かを突きつめるべきだと伝えている。

イアンが求めている——どうにかしてわたしたち学生から引き出そうとしている——のは、誰かにこんな提案をさせることだ。「魚類では、母親はすべての資源を受精前に卵に注《つ》ぎ込むけど、哺乳類はほぼすべての資源を受精後に注《つ》ぎ込む？」

「そう！」とイアンなら叫ぶだろう。「それが生物学者の思考だ！」

放卵で繁殖する魚類の場合、メスの次世代への投資は、卵を産生した時点で確定する。メスは卵に遺伝子を詰め込み、その伝播に投じるエネルギーのすべてをひとつひとつの卵に分配する。卵がひとたび海に出てしまえば、母親のそれ以上の物質的資源はもはや期待できない。そして、この点が重要なのだが、卵のなかに注入され、胚の発生を共同で指揮する父親の遺伝子も、母親の備蓄エネルギーを利用することはできない。[6]
その点からすれば、卵を産む爬虫類や鳥類は、哺乳類よりも魚類に近い。ニワトリを例に考えてみよう。ニワトリを選んだ理由は三つある。第一に、ニワトリの卵は有羊膜類の基本的な卵をよく表している。第二に、ニワトリの卵は誰もがよく知っている。そして第三に、「ニワトリが先か、卵が先か」という表現を——有用ではあるが——使い古された比喩としてではなく、文字どおりの意味で使ってみたいからだ。
わたしは昔から、セックスもしていないニワトリがあれほどたくさんの卵を産むのを不思議に思っていた。だが、これは有羊膜類の標準的な作業手順だ。メスは例外なく未受精卵を排出している。ヒトの場合は月に一度だ。[7] ニワトリはたまたま頻繁に排卵するようにできていて、オスとは別に飼育されているだけだ。[8] さらに、哺乳類の卵はきわめて小型化しているので、ほとんど目につかない。

また、哺乳類の卵と同様、ニワトリの卵も生殖器官の上流で受精してから、卵管を転がり落ちて次の発生段階へ向かう。だが、哺乳類と違うのは——そして魚類とよく似ているのは——ニワトリの排出する卵が大きな卵黄を持ち、ひなの発生に必要な資源がほぼすべてつまっているという点だ。その後、受精していようがいまいが、卵に卵白——ちょっとした最終資源——が与えられ、殻ですっぽり包まれる。つまり、繰り返しになるが、胚で父系遺伝子のスイッチが入る前から、将来のひなをつくるのに必要なものがすべて提供されているのだ。

それに対して、子宮を掘り進めて母親の資源を奪取する哺乳類の胎盤では、父親の遺伝子は最初から活動している。そのため、父親自身が性交後にどんな行動をとるかにかかわらず、その遺伝子は我が子がどう発生するかに大きな影響をおよぼすことができる——そして実際におよぼしている——のだ。

この事実の持つ意味を理解するための種《たね》がまかれたのは、一九七四年のことだ。この年、ハーヴァード大学のロバート・トリヴァースが、「親子の対立」という簡潔なタイトルの論文を発表した。トリヴァースはその論文のなかで、親と子の関係を特徴づける要素を厳密に形式化しようと試みた。[9]

子を持つ者なら誰もが知っているように、親の持てる時間とエネルギーには限りがある。自身の資源をどう割り振れば、親は最大限の生殖上の成功を得られるのか。その問題は、トリヴァースの論文が世に出るはるか以前から、進化上の謎かけ問答になっていた。意見が一致していたのは、親の資源の割り振り方は自然選択により決まり、それが親のつくる子の数、子の大きさ、親が生き延びて将来的にさらに子を増やすために蓄えておくエネルギー量に影響をおよぼすという点だ。この理屈にしたがえば、（魚類のように）生存率の低い多くの子を低コストでつくる戦略と、（われわれ哺乳類のように）多くを投資して生存率の高い少数の子をつくる戦略の特徴をうまく説明することができる。[10]

だが、そうした従来の研究は、重要なことを見落としているとトリヴァースは指摘した。それまでの研究では、子は親の投資を受動的に受け取る存在と見なされていたが、それは誤りだというのだ。「子が親子の相互作用の主体的な当事者であると考えれば」とトリヴァースは書いている。「生殖そのものの中心に、対立が存在していると仮定しなければならない。子が最初期の段階から、みずからの生殖の成功率を最大化しようと試みるなら、おそらく子の求める投資量は、親が与えようとする投資量よりも大きくなるだろう」

三つ子のいる母親を想像してほしい。その母親の持つ資源――食糧でも母乳でもお金でもなんでもいいが――は、三つ子がひとり立ちして自活できるようになるまで育てるのにかろうじて足りるだけの量だとしよう。母親の生殖上の成功からすれば、その資源を三つ子のあいだで均等に分けるのが最善策だ。そうすれば、子は等しく成熟し、全員が孫をつくる可能性が生まれるからだ。従来のモデルでは、三つ子は受動的な存在と見なされ、まさにこのとおりのシナリオが描かれていた。

だが、トリヴァースは現実を指摘した。現実の世界では、三つ子のめいめいが積極的に活動し、母親の資源を均等な分け前よりも多く手に入れようとする。それどころか、おそらくは母親が与えるよりも多くの資源を得ようと競いあい、母親の繁殖のチャンスをさらに小さくするはずだ。そして、そのそもそもの原因は、性の仕組みにある。

たとえば、その三つ子の父親がそれぞれ異なるとしよう。[11] 三つ子のうちの一匹の父親の伝えた遺伝子が、自分の子をほかの子よりも強奪的にする——たとえば、母親の注意を引くのに長けていたり、より力強く乳を吸えたりするような——ものなら、その子は母親の資源をより多く手に入れ、ほかのきょうだいを犠牲にしてすくすく育つ可能性が高くなる。その場合、この子はきょうだいと対立している——つまり、子がたがいに競いあっていることになる。

それだけではない。この強奪的な子が、母親が本来与えてるはずの資源以上のものを奪取するのに成功すれば、この子は母親を犠牲にして父親の生殖の成功率を高めたことになる。つまり、子と母親は、父親の遺伝子を介して対立しているのだ。そして、これは子が一匹しかいない場合にも起こりうる。子のゲノムが母親のゲノムと違っていれば、対立の可能性はつねに生まれるのだ。

トリヴァースの論文には、仲睦まじい家族生活の甘ったるさはかけらもない。だが、その主張には説得力があった。子を強奪的にする遺伝子を伝えた父親ほど、元気に成長して孫を残してくれる可能性の高い子を多くつくれる、というわけだ。

トリヴァースがこの研究の着想を得たのは、そろそろ乳離れさせようとしている母ザルに、もっと乳をくれとせがむ子ザルたちを見たことがきっかけだったらしい。だが、この自然の対立はそれよりも早い時期に、哺乳類の子宮のなかでもっとも本格的に現われることがのちに明らかになった。

アイオワ州立大学のフレデリック・ジャンセンとダニエル・ワーナーによる二〇〇九年の研究に倣い、ここでカメについて考えてみよう。カメを例にとれば、一定の投資量における母親の最善の生殖戦略を計算し、産むべき卵の数と大きさを導き出すことができる。母親は小さい卵を大量に産むこともできるし、中程度のサイズの卵を中程度の数で産んでもいいし、少数の大きな卵を産むという選択肢もある。卵が大きくなるほど、孵った子の生存確率は高くなるが、母親が産める卵の数は少なくなる。ジャンセンとワーナーの計算では、中程度のサイズの卵を中程度の数で産む戦略が母カメにとってはベストだという結果になった。そして、実際のカメを観察したところ、まさに計算どおりの行動をとっていた。これは、カメもニワトリと同様、ひとつひとつの卵に詰め込む資源量の決定権を母親だけが握っているからだ――カメの子たちは受動的で、そこに対立はない。

では、哺乳類はどうだろうか。一九八〇年代後半からの一連の論文のなかで、トリヴァースと同じくハーヴァード大学で生物学を研究するデイヴィッド・ヘイグは、哺乳類の妊娠期間中に母と子の対立が起こりうる無数の領域を調べ、見事なリストを作成した。[12] それによれば、哺乳類の胚が子宮壁に埋め込まれた瞬間から、父系遺伝子は胚を動かし、母親の利益よりも胚の利益を優先させることができるという。胎盤は受動的な存在ではないのだ。

ヘイグの論文によれば、妊娠のごく初期から、栄養膜細胞は母体組織を分解する酵素を分泌し、母体組織はその酵素を阻害する化学物質を分泌するという。さらに、胎盤が自身の発生を加速させる成長因子を分泌するのに対し、母体の脱落膜化間質細胞はその成長因子を中和するタンパク質を分泌する。最初の段階から、胎盤の作用と母体の反作用が存在しているのだ。ヘイグはこの動的な相互作用を、捕食者と被捕食者、もしくは宿主と寄生者のあいだに見られる軍拡競争に似たプロセスの産物ととらえている。一方の当事者が相手を出し抜こうとし、他方がその脅威を中和するために進化するというわけだ。

胎盤がしていることはほかにもある。母体血中にホルモンを分泌し、母体の生理機能を操作しているのだ。ホルモンは母親の身体に妊娠を「知らせ」、胚の、さらには胎児の存在に応じて生理機能を適応させているが、この内分泌チャンネルも子が親を操作するための手段になっている。たとえば、胎盤は母体のインスリン抵抗性を高め、ひいては血糖値を高めるホルモンを分泌している。だが、当然のなりゆきとして、母親の側もこのホルモンによる乗っとり行為に対抗し、胎盤の影響を弱める策を進化させた。母体でのインスリン産生量を増やしたほか、さまざまなホルモンの受容体も適応させたのだ。

この理論からすれば、ある特定の遺伝子が胎児の成長を加速させる機能を持つのに対し、別の――一部は母体組織、一部は胎児自身に存在する――遺伝子には胎児の発生を減速させるはたらきがあることは明らかだ。そこから生まれたのが、父と母のいずれから受け継いだかによって、子で発現したりしなかったりする遺伝子が存在する理由を説明する仮説だ。その遺伝子が胎児の成長を加速させるものなら、母親からすれば、子に受け渡すその遺伝子のスイッチを切り、複製させないほうが好都合かもしれない。遺伝子が成長を抑制するものなら、父親はどんな手段を使ってでも、自身の精子でその遺伝子のスイッチをオフにしておきたいだろう。「由来が重要になる」とヘイグは言う。子をつくるＤＮＡを用意する親の性別によって、子に受け渡されたときに、どの遺伝子がオンまたはオフになるかが決まるのだ。その結果、胎児は「父方の足をアクセルに、母方の足をブレーキにのせた」状態になるとヘイグは説明している。

こうした現象は、「遺伝的刷り込み《ゲノム・インプリンティング》」として知られる。有袋類と有胎盤類で見られるが、より広く見られるのは後者で、ヒトの刷り込み遺伝子は二〇〇を超える。現在では、子の哺乳類が子宮を出たあとも、それぞれの親に刷り込まれた遺伝子の影響が続くことがわかっている。

自分の卵をコントロールできるカメのメスと違って、哺乳類の母親は妊娠したほぼその瞬間から、自分の子とそこに含まれる父親由来の遺伝子とのあいだで動的な関係を持つことになるのだ。

母系遺伝子と父系遺伝子が、それぞれ胎盤を別の方向へ引っぱっている。このヘイグの説を踏まえれば、哺乳類の胎盤がこれほど多様である理由も説明しやすくなる。父系遺伝子が胎盤をある方向へ引っぱり、母系遺伝子がそれとは別の方向に引っぱっているのなら、胎盤はその歴史をつうじて頻繁に形態を変えているはずだ。そうした変化——近い関係にあるグループのあいだで劇的に変わることも珍しくない——こそ、哺乳類の系統の関係を推測する際に胎盤があまり役に立たない理由なのだ。

この器官はどう進化してきたのか。最初期の有胎盤類ではどんな姿をしていたのか。それをようやく検証できるようになったのは、遺伝的な手段により哺乳類の系統樹が解明され（第9章を参照）、胎盤の形態に関するデータをその系統樹にあてはめられるようになったあとのことだ。この研究は、ふたつのグループが試みている。胎盤が——胎児と母体の血液を隔てる組織の量、伸長部の形状、全体的な形状の面で——幾度となく劇的に変わってきたという点では、両者の見解は一致している。だが、一方のグループの結論では、最初期の有胎盤類の胎盤は母体に侵入する程度がきわめて大きかったとされているのに対し、他方のグループは、その侵入の大きさはせいぜい中程度だったと推測している。胎盤の力学とそこに潜む対立を考えれば、胎盤の根底にはつねに不確定性が存在しているのかもしれない。

さらに歴史をさかのぼり、そもそも胎盤はどこから生まれたのかを考えるには——もちろん——また単孔類にご登場いただくことになる。カモノハシとハリモグラが卵を産むという発見は啓示的なものだったが、じつを言うと、単孔類の卵はほかの有羊膜類の卵とは根本的に異なっている。カモノハシが排卵する幅四ミリの卵は哺乳類の基準からすれば大きいが、およそ一七日後――産卵する動物としてはかなり長いインターバルだ――にカモノハシが産む卵はさらに大きく、縦一六ミリ、横一四ミリほどになっている。つまり、カモノハシの卵は、母親の生殖器官のなかで大きく成長しているということだ。

カモノハシの卵では、卵黄を取り囲む膜（胚のほかの膜もそうだが）をつうじて、母親が子宮に分泌した物質が吸収される。この受精後の栄養の取り込みは、きわめて興味深いことを示唆している。胎生と母体依存型が進化する際には、普通ならまず、子宮内で卵が孵るようになる。子は孵化してはじめて、そこにある食糧を手に入れる方法を見つけ出す。だが、カモノハシの卵は、哺乳類の祖先が胎生よりも先に母体依存型を進化させたことを物語っている。[13]

単孔類の生殖の特徴については、もうひとつ注目すべき点がある。孵化した子が無力で、母親の世話に依存していることだ。おそらく、哺乳類の祖先もそうだったのだろう。哺乳類の胎生は、小型のトガリネズミのような種で出現したと考えられる。身体が小さすぎるせいで、その小さな骨盤から生存能力のある卵を産むことが現実的ではなくなったのだろう。体内孵化の初期形態ができた結果、小さな子を外へ出し、母乳で養えるようになった。したがって、この筋書きはおそらく、哺乳が先に進化したことで可能になったものと思われる。

ここで有袋類に目を向けてみよう。現在の有袋類の繁殖には、その系統だけで進化した特殊な特徴が数多く見られるものの、有袋類はいくつかの点で、有胎盤類の生殖進化の中間段階に似ている可能性が高い。受精してまもないごくごく小さな有袋類の卵は、まだ卵殻膜に包まれており、子宮の分泌物を吸収して成長する。だが、子宮内で孵化すると、子宮壁に埋め込まれ――哺乳類の各グループの命名法が意味するところとは裏腹に——一時的に胎盤が形成されるのだ。

ほとんどの有袋類の胚は、卵黄嚢膜だけを使って胎盤を形成する。だが、おもしろいことに、すべての有袋類の胎盤が卵黄嚢膜だけを使っているわけではない。バンディクートの胎盤は、尿膜を使って形成される。この膜は、殻の表面をつうじて呼吸（および排泄）できるようにするために、有羊膜類が進化させたものだ。そして、まさにこの膜を使って、有胎盤類も胎盤を形成している。

有袋類の胎盤は、有胎盤類のものと同じく母親の生理機能に影響を与えうるが、一部の有袋類の母親は、自分が妊娠していることにほとんど気づかない。母親の生理機能は、胚が存在していてもほとんど変わらないのだ。有袋類の胎盤が一時的にしか存在しない理由を説明する仮説のひとつが、有袋類では胚を母体の免疫系から守るメカニズムが進化しなかったというものだ。妊娠に伴う免疫寛容についてはまだわかっていないことも多いが（「免疫寛容」とは、自己の細胞や抗原に対して免疫反応を起こさないようなはたらき）、有胎盤類の系統で脱落膜化間質細胞が発明されたのは、異物である胚に順応した結果とも考えられる。いずれにせよ有袋類は、ごく小さな子を産み、母乳に頼って育てる生殖方法を選択した。

対する有胎盤類は、妊娠期間を徐々に長くしていく実験をした。そしてある時点で、卵殻膜の形成を完全にやめてしまった。胎盤はますます精巧になり、さらに長い妊娠期間が可能になった。この妊娠の性質の根本には遺伝子の対立があるのかもしれないが、母親と胎児の共通の目的が健康な子の誕生にあることは変わらない。そして、この動的な生殖戦略が有胎盤類に大きな利益をもたらすシステムだったことは、わざわざ証明するまでもない。

親子関係をめぐる常識の多くは、そのプロセスが基本的には親と子の対立によりかたちづくられているとするトリヴァースとヘイグの概念に照らして再検証する必要があるだろう。だが、この概念を受け入れたがらない風潮があるとヘイグは言う。たとえば、思春期の要求が生む衝突――これは精神的にも社会的にもわたしたちの目前で展開される――には誰も疑念を差し挟まないのに対し、胚が子宮に埋め込まれた瞬間から対立が生じるという考え方は、わたしたちを驚かせ、落ちつかない気分にさせる。親はいつでも自分の利益よりも子のニーズを優先させるという、よくある物語と矛盾するからだ。だが、家族がときに微妙な緊張を宿すことを、わたしたちは昔から知っていたのではなかったか？　ジョン・ハンターとウィリアム・ハンターの数々の成功と最終的な仲たがいは、どちらも兄弟の支えあいと対立が交錯して生まれたものではなかったか？

ヘイグは研究の早い段階で、胎児と母親のゲノムの対立を綱引きになぞらえる不朽の比喩をひねりだした。健康な妊娠では、綱はぴんと張った状態に保たれる。どちらも勝つことはできず、どちらも相手の力を相殺しなければならない。そしてもちろん、普通はどちらの側もそうしている。この相互作用は、長い長い年月にわたる適応と対抗適応によりつくられたものだ。母か子のどちらかが絶対的に有利になれば、それは種を害することになる。そして、対立に満ち満ちている一方で、忘れてはいけないのは、健康な子孫をつくるという根本的な共通の目的が母と子を結びつけているということだ。

とはいうものの、この進化的観点とその意味するところを産科医には理解してもらいたいとヘイグは強調している。自然選択は普通なら見事に適応したプロセスを生み出すが、ヒトの妊娠は厄介で危険なものだ。その原因は、直立というわれわれの普通でない姿勢にあるとされることが多い。だが、ヘイグによれば、遺伝的に異なるふたつの生命体がきわめて親密に共存することで、何が健康な生理機能で何が病的なのかという通常の医学的概念があいまいになるという。胎児にとって健康なことが母親にとっては病的だというケースもあるし、その逆もまた起こりうる。たとえば、子癇前症《しかんぜん》――母親の血圧が危険なレベルにまで高まる、妊娠後期によく見られる症状――と妊娠糖尿病は、胎児の要求に対する母体の感受性に起因しているとも考えられる。胎児は血圧を高める（それにより胎盤の血流を良くする）シグナル物質を母体の血中に放出し、母体の血糖値を操作するシグナル物質も分泌している。母体のインスリン抵抗性を高める物質もその一例だ。遺伝子対立の概念に着想を得て、そうした症状の新たな治療法が生まれている。

マリアナが生まれたときのことを思い返すと、あの胎盤について考えたことを見直さざるをえない。あの器官を生み出した我が子を、いまさら称賛するのはばかげているだろうか？　そうかもしれない。だが、わたしたちはいつだって自分の身体を称賛している。感染症に打ち勝てば免疫系を称えるし、骨折がうまく治れば骨を褒める……。わたしたちの子は自分なりの行動計画を持っていて、それが親の行動計画と衝突することもありうる。まちがいなく言えるのは、その現実を、わたしたち親はすぐに学習するということだ。

イザベラの早産について、クリスティーナの産科医は意外ではなかったと言っていた。「何かが起きていることはわかっていたので……」。だが、病理科が調べた限りでは、胎盤に悪いところは見つからなかった。「早産になった理由？」と産科医は続けた。「それはわかりません」

胎盤のない生は厳しい

イザベラを産むためにクリスティーナが入院した直後、注射器を手にした医師が現れた。注射器には合成ホルモンが入っていた。通常なら妊娠後期に増加して胎児に出産を準備させる、天然のホルモンを模倣したものだ。医師はクリスティーナの腿を綿棒で拭き、注射を打った。このホルモンのおもなはたらきは、液体で満たされた子宮内では休眠状態にあるしぼんだ肺を空気呼吸に備えさせることだ。

産道を通り抜ける哺乳類は、脊椎動物が何千万年もかけて成し遂げたことを数分で終えてしまう――水生動物から陸生動物への移行だ。必要なのは、肺の成熟だけではない。陸上で生きるために進化した、あらゆる器官と生理系を目覚めさせなければいけないのだ。肺がポンプ活動をはじめたら、循環系も変わらなければならない。腎臓と肝臓は、塩分バランスの維持と解毒をいきなり一手に担わされることになる。消化管は赤ん坊に食べものを供給しなければならない。免疫機能も活性化させる必要がある。そして、いまや赤ん坊には、自分の体温を自分で維持することも求められる。胎盤のない生は厳しいものなのだ。

第7章 ミルキーウェイ

乳腺は驚くべきもの

この章を本格的にはじめる前に、これからはじまるのは膨らんだ胸に関する話ではないということをはっきりさせておくべきだと思う。五五〇〇種近い哺乳類のうち、乳腺——現役で機能しているか否かにかかわらず——を膨らんだ胸に恒久的に収納しているのはヒトだけだ。科学者は一という数字を忌み嫌う。効用のはっきりしない形質が単一の種に固有のものである場合——それほどよくあることではないが——その形質が進化した経緯や理由を説明しうる共通の生物学的要素を探せる場所はどこにもない。[1]ライオンのメスとセイウチのメスにも膨らんだ胸があれば、顔に一風変わった体毛の生えたオスが均整のとれた胸を好む性質を進化させたと推測することもできるかもしれない。だが、ライオンにもセイウチにも膨らんだ胸はない。膨らんだ胸という形質——そして、それに魅了される形質——を持つ種は、われわれのほかに存在しないのだ。

とはいえ、進化生物学者がヒトの胸という難問を無視してきたわけではない。単に、難しい問題というだけのことだ。胸が大きいからといって、母乳の産生量が増えるわけではない。胸の大きさ――母乳をつくる乳腺そのものの大きさではなく、おもに脂肪と線維組織の量で決まる――と哺乳の能力に相関性はない（ただし、大きな胸のほうが母乳の貯蔵能力は若干すぐれているかもしれない）。したがって、膨らんだ胸は、ほぼまちがいなく、なんらかのシグナルを伝えるための装置であり、この章のテーマとはほんのわずかにかする程度の関係しかない。この章の主眼は、子を養うために母親の皮膚から分泌される、栄養たっぷりの白い液体の進化にある。

たしかに、自分のパートナーが母親になるのを見るという体験は、かつて存在していたはずの性的なシグナルを伝える謎めいた目印が、産業革命並みの大変革をくぐり抜けるのを目撃するに等しい。わたしはこれまでに二度、クリスティーナの胸が変容し、乳製品に特化した一組の工場を宿すのを目にした。そしてやはり二度、母乳とその供給が強迫観念化するのを経験した。

わたしの限られた役割は、そのミルク工場が消費する燃料の供給を助けることだった。その役割はわたしに向いていた。ストレスの多いときに料理をするのはわたしの習慣だ。可能なときには、煮だし汁を使う手間のかかったものをつくる。ことこと煮込まれる骨の芳香が、それを必要としている者になにがしかの力を吹き込んでくれる気がするからだ。イザベラを産んだあと、病院から帰宅したクリスティーナを迎えたのは、大鍋いっぱいのミネストローネスープだった。

料理をしながらよく考えたのは、この栄養の循環を維持するためにわたしたちがしていることの奇妙さだ。この料理をクリスティーナが食べ、なんらかのかたちで処理したら――かなりのエネルギーを消費するにちがいない――魅惑的な栄養液が吐き出されるのだ。鳥のつがいを思い浮かべることもあった。ぽっかりあいたひなの口に虫を放り込む二羽の鳥——母鳥と父鳥の姿だ。わたしは自分がきちんと役に立っているとは思えなかった。

だが、そういうものだ。娘たちには乳が必要だ。最初の六か月のあいだ、娘たちはそれ以外のものは何も口にしなかった。乳はいたるところに存在しているし、ヒトにはほかの哺乳類の乳を——朝食のシリアルやコーヒー、チーズやデザートで——摂取するのをいつまでもやめないという独自の習慣がある。そのせいで、ほかのすべての哺乳類にとって、乳は唯一無二の物質であり、生涯の初期段階を養うためだけに進化したものだという事実に目が向かなくなっている。

　哺乳類を自認すれば、自分はメスが乳腺を持つことから名づけられた——そしてそれにより区別される——動物グループの一員だと認めることになる。それは以前からなんとなく意識していたと思う。だが、「射乳反射」に関する学部時代の小論文を除けば、このテーマを掘り下げて考えてみたことはほとんどなかった。赤ん坊がたったひとつの物質だけを摂って育つ。それをまのあたりにしたわたしは、ヒトやほかの哺乳類の同胞がいったいどういうわけでこのやり方に頼るようになったのか、その経緯を調べてやろうと心に決めた。わたしのたどりついた結論はありふれたものだが、ありふれた理由からこう言っているわけではない——乳腺とは、驚くべきものなのだ。

いろいろな授乳スタイル

　ヒト固有の胸部の解剖学的構造は、哺乳類の哺乳システムがくぐり抜けた多くの適応の一例にすぎない。哺乳類は例外なく子に母乳を与えるかもしれないが、その与え方はきわめて多様だ。

有袋類は母乳に頼る期間が長い。それを考えれば、哺乳の第一人者が有袋類であっても意外ではないだろう。有袋類の新生児は自分の選んだ乳首と長きにわたる関係を築くが、それを支えているのが、独特の生理機能だ。有胎盤類の場合、乳頭を吸われると脳からプロラクチンが分泌され、すべての乳腺で母乳産生が刺激される仕組みになっている。だが有袋類では、プロラクチンはつねに血中に存在し、乳頭を吸われると、その乳頭の乳腺だけでプロラクチン受容体が発現する。したがって、子に吸われた乳腺だけが血中を循環するプロラクチンに反応し、母乳産生は子のとりついた乳腺に限られる。

アカカンガルーの新生児は、生後二か月まで休まずに乳を吸い、そのあとも袋のなかにとどまり、断続的に乳を吸いながらさらに四か月をすごす。そのあとは、外の世界を学んだり、袋に引っ込んでまた乳を飲んだりして暮らす。ときには、袋のなかで逆立ちをしてくつろぐこともある。乳を飲むときには、かならず最初に選んだ乳首から吸う。その乳首も、子と一緒に成長しているのだ。

有袋類の長い哺乳期間に欠かせない要素が、母乳組成の漸進的な変化だ。母乳の成分は子の成長に適したものであると同時に、成長を導くものでもある。生まれたばかりのカンガルーが母親の袋までよじ登ってみたら、先住のきょうだいがすでに乳首のひとつを使っていた、という状況はときどき起きるが、ひとつひとつの乳腺が個別にコントロールされる有袋類では、母親は成長段階に応じた母乳を一匹一匹の子に与えることができる。

この段階によって異なる母乳の影響は、ワラビーの子を入れ替える実験でたしかめられている。幼いワラビーをそれよりも年長のワラビーが使っていた乳首に移したところ、成長のスピードが速くなったのだ。

有胎盤類のなかで見事な哺乳戦略を進化させているのが、アザラシだ。まず、ズキンアザラシの哺乳期間は、哺乳類でもっとも短いことで知られている。このアザラシはアイスランド、グリーンランド、カナダ周辺の北大西洋と北極海に生息し、海に浮かぶ流氷の上で子を産むが、メスの授乳期間はわずか四日間だ。

一種の育児放棄なのではないかと心配する人もいるかもしれない。でも、安心してほしい。その四日のあいだに、出生時に重さ二二キロだった子アザラシは一日あたりおよそ七キロ体重を増やし、二倍の大きさに成長する。そして、この増加した体重は、すべて母親が身を削ったものだ。というのも、母親は哺乳期間中は断食しているからだ。この驚異的な成長と、おもに脂肪をたっぷりつけることで寒さに適応したアザラシのライフスタイルからすれば、ズキンアザラシがもっとも脂肪分の多い母乳の持ち主であるのも当然だろう。ズキンアザラシの母乳の脂肪分はおよそ六〇パーセントで、その濃密さはマヨネーズに匹敵する。

ズキンアザラシの「手早くすませる」式の哺乳システムの利点は、流氷の上での子育てに伴う危険に由来するものと考えられる。クジラやイルカやカバとは違い、子アザラシは水中で乳を吸うことができない。そして、そのために必要な水の外の足場は、安定した幼少期の環境とはとうてい言えない代物だ。

それに対して、オットセイ——アザラシやセイウチの系統とは別の枝に属する——は、沿岸部のしっかりした土台の上で交尾と子育てをし、哺乳期間も数か月におよぶ。だが、頭巾をかぶった親戚と同じく、オットセイの子も、やはり脂肪分のきわめて多い母乳を一日か二日で集中的に飲み、次の授乳まで命をつなぐ。母親は授乳のあいまに海に出て餌を漁り、エネルギーを補充する。種によっては、その遠征が数週間にわたって続くこともあるが、ここでひとつの問題が生じる。たいていの哺乳類では、哺乳を中断すると、乳管にたまった母乳から、そろそろ乳腺を「処女の」状態に戻す時期だというシグナルが発せられるのだ。

ミナミアフリカオットセイの母乳を調べたところ、ほかの種の母乳に広く見られる特定のタンパク質が存在しないことがわかった。このタンパク質には――少なくともペトリ皿のなかでは――乳腺細胞の死を誘発するはたらきがある。どうやらミナミアフリカオットセイは、その独特な暮らしを送るために、通常なら離乳期に蓄積した母乳から浸み出て乳腺の崩壊を促すはずのシグナル物質を手放したようだ。[2]

アザラシ以外では、母グマも冬眠用の洞穴を出ずに最長二か月をすごし、産んだばかりの子を育てる。そこにいるあいだ、母親は粥ならぬ我が子の排泄物を食べて生きながらえる。メスどうしが血縁関係にあるライオンの群れでは、メスは身近にいる子ライオンに分け隔てなく授乳する。イノシシも、我が子にもほかのメスの子にも授乳する。イノシシの群れ《サウンダー》（素敵な集合名詞のひとつだ）は、そうした子育てをしやすくするために、妊娠する時期をそろえているようにさえ見える。

そして、クジラだ。クジラとイルカは唇を持たないため、おなかをすかせた子の口に母乳を確実に押し込める特殊な筋肉質の乳腺を進化させた。そして、例によってシロナガスクジラでは、この活動の規模はすんなりと理解できる域を越えている。脂肪の層に隠れた腹部のふたつの乳頭から、シロナガスクジラのメスはアザラシのものに劣らず脂肪とカロリーたっぷりの母乳を供給する。しかも、一日あたり二二〇キロというペースだ。六か月の哺乳期間に、子クジラはヒトのおとな四〇〇人を六か月養うに足るエネルギーを摂取する。

ここまでに挙げた哺乳類は、どれもそれぞれ型にはまった授乳行動を持っている。そのため、ヒトについても「自然」なかたちを断定できるのではないかと考えるのは当然だろう。それを試みたのが、西オーストラリア大学のホリー・マクレランらの研究チームだ。マクレランらはその研究のなかで、「自然選択により進化した二種の哺乳類、（中略）家畜化され特定の形質が選択された二種の哺乳類（ブタとウシ）、分類が困難な一種の哺乳類（ヒト）」における哺乳を比較した。

だが、マクレランらの出した結論は、断定は不可能というものだった。ヒトの世界では、授乳の頻度、赤ん坊の母乳の摂取量、授乳の継続期間が社会によってまったくばらばらだったのだ。先進国世界を歪めた文化的な攪乱要素がなさそうに見える伝統的な人間社会でも、そのばらつきはきわめて大きかった。アフリカ南西部で遊牧生活を営むコイコイ族は数か月しか授乳しないが、アボリジニの幼児は六歳になるまで乳を吸いつづけることもある。どうやら、文化はあらゆるところに入り込んでいるようだ。

乳腺の起源と進化

母乳組成や哺乳期間がさまざまに異なるにもかかわらず、乳腺そのものは、現存するすべての哺乳類で驚くほど似かよっている。乳頭のない単孔類でさえ、基本的な設計は同じだ。この均一性は、われわれのよく知る姿の哺乳類が出現する前に、高度な哺乳システムが整っていたことを物語っている。それと符合するように、単孔類、有袋類、有胎盤類の母乳産生にかかわる遺伝子も、基本食品たる母乳のすべての主要要素がこの三系統の分岐以前にできあがっていたことを示している。

一方で、この均一性は、生物学者が調査すべき移行段階の形態がないことも意味している。母乳の原型と断言できる物質を出す、半分だけできあがった分泌装置を持つ動物が存在しないのだ。そして、哺乳類の肉質構造の例に漏れず、乳腺も化石として痕跡を残さない。母乳が保存されていた例は存在しないし、南極の永久凍土のなかにジュラ紀の半脱脂乳のパックが冷凍保存されていた、などということもない。そんなわけで、ここでもまた、比較発生生物学と遺伝学に頼りつつ、哺乳類の祖先がかつて直面していたであろう難題を推測しながら考えていくしかない。

乳腺の最初の仮想史は、一八七二年にチャールズ・ダーウィンが発表したものだ。だが、進化論にこのテーマを持ち込んだのは、ダーウィン本人ではなかった。哺乳に関するダーウィンの唯一の論考は、『種の起源』第六版に登場する。これは進化論への批判に対する長く慎重な反論の一環として書かれたものだが、ダーウィンはその批判を、自身の研究に対するもっとも徹底的かつダメージの大きい攻撃ととらえていた。

その批判は一八七一年、セント・ジョージ・ジャクソン・マイヴァートによる『種の創始（*The Genesis of Species*）』と題された書物の姿をとって現われた。マイヴァートは博士号を教皇から賜った熱烈なカトリックだった。聖《セント》を冠した名がついているが、実際に聖人というわけではなく——ドラゴン退治で有名な聖《セント》ゲオルギオス（ジョージ）の名をまるごともらっただけだ——彼の関心事も宗教的な性質のものではなかった。優秀で博識な生物学者であり、霊長類の骨格を専門にしていたマイヴァートは、進化が人間の知能をかたちづくったという点は例外としていたものの、進化の存在自体は信じていた。マイヴァートが受け入れられなかったのは、ダーウィンの唱える変化のメカニズムだった。[3]

マイヴァートの反論の主旨は、「有用な構造の初期段階を説明できない〝自然選択〟」と題された章で開陳されている。そして、マイヴァートが「有用な構造」のリストの上位に持ってきたのが、ほかならぬ乳腺だった。乳腺のない状態と、栄養豊富な流動食を供給する授乳用の管系とを結ぶ、一連の中間的段階を想像できない。マイヴァートはそう主張し、そのほかの例として翼と眼も挙げた。特に強調したのが、そうした構造が進化の最初期の段階では役に立たなかった可能性だ。一〇パーセントの翼でどうやって空を飛べるというのか？　哺乳については、こんな疑問を呈している。「偶然にも肥大した母親の皮膚腺から分泌されたほとんど栄養のない液体の滴に、偶然にも子が吸いついて死を免れる。どのような動物であれ、そのような状況が考えられるだろうか？」[4]

ダーウィンはマイヴァートの批判をきわめて重く受け止めた。『種の起源』の一八七二年版では、マイヴァートの挙げた問題点のひとつひとつに対し、さまざまな形質が段階的に進化するケースとして考えられるシナリオを提示している。哺乳については、「乳腺の相同器官である皮膚腺の改良や効率化により」、一部の腺が「ほかのものよりも高度に発達したにちがいない。やがて、乳房を形成するようになったが、当初は（カモノハシで）見られるように、乳頭はなかっただろう」と説明している。この論考は、乳腺進化の経緯をめぐるその後の一五〇年の研究をおおむね正確に言い表している。

だが、乳腺が進化した理由に関するダーウィンの推論は、それほど長くは生き延びられなかった。当時は、ほとんどの自然学者が有胎盤類は有袋類から進化したと信じており、ダーウィンも乳腺の起源は袋のなかにあるのではないかと考えていた。ダーウィンはその筋書きを、やはり袋のなかで子を育てるタツノオトシゴが採用している、よく似た給餌システムになぞらえて説明した。まず、とりたてて特徴のない皮膚腺からなんらかの液体が浸出するようになり、それを子がなめるようになった。やがて、程度もしくは様式という点で、もっとも栄養の豊富な」分泌物を持つ哺乳類が、「栄養状態の良い子をより多く」つくり、その近縁種よりも繁栄するようになった。ダーウィンはそんなシナリオを主張した。

現在では、有袋類と有胎盤類は、哺乳類の完成形へと至るひとつながりの段階ではなく、むしろ従兄弟のようなものと見なされている。また、有袋類の袋ができたのは、有胎盤類と分岐したあととされている。つまり、哺乳は袋を持たない祖先で進化したということだ。だが、それよりも問題なのは、ダーウィンが母乳の原型の栄養価を重視している点だ。母乳の原型は子に栄養を供給する分泌液だったとする説を唱えたダーウィンは、母乳の先駆物質は現在のわれわれが知る母乳よりも栄養価の低い、おおざっぱににじみでる液体だったと主張した。だが現在では、哺乳に関する権威者のほとんどが、母乳の原型または母乳の原型の原型は、栄養摂取とは関係のない別の機能を担っていたと考えている。

皮肉な話だが、その見方が正しければ、母乳の進化は、ダーウィンがマイヴァートをはねつけるのに使ったもうひとつの主張を実証していることになる。眼や翼や哺乳のような複雑なものを進化させるのは、途方もない大仕事だ。ダーウィンはその点を認め、複雑な形質の初期形態が現在とは同じ機能を持っていなかった例も、おそらくどこかにあるだろうと述べている。

それを説明するために例として挙げたのが、フジツボなどの蔓脚《まんきゃく》類だ。[5] ダーウィンはふたつの種を比較した。ひとつは、体表面全体でガス交換により呼吸し、卵を固定するための一組の皮膚のひだを持つ種。もうひとつは、卵を固定せず（頑丈な殻があるからだ）、肺に似た複雑な構造で呼吸する種だ。この肺のような構造と卵固定装置との類似性は「誰も否定できない」とダーウィンは述べ、肺に似た構造は卵固定装置から進化したものだと主張した。つまり、蔓脚類版の「肺」を生んだのは、呼吸能力を一段ずつ改良していく漸進的変化ではなかったということだ。そうではなく、最初は卵を固定するために進化し、あとになってから構造の表面部分が（卵を固定するという役目がなくなるのに伴って）拡大して複雑化した結果、呼吸装置として利用されるようになったというのだ。

母乳の由来を説明するという難問には、これまでに数々の進化生物学者が立ち向かってきた。だが、ダーウィン以後に登場した乳腺の起源をめぐるおもな仮説のうち、栄養摂取がそもそもの目的だったと主張したものはひとつもない。哺乳が蔓脚類の呼吸にあたるとすれば、探すべきは卵固定装置に相当するものなのだ。

実際のところ、この比喩は意外と悪くないかもしれない。単孔類で哺乳と卵生の両方——つまり哺乳が胎生よりも先に進化したこと——が確認され、最初の哺乳類はおそらく袋を持っていなかったことを示唆する証拠が見つかってからは、哺乳の原型をめぐる仮説では、腹部からにじみでる初期の分泌物が、哺乳類の祖先の卵の健康をどう向上させたのかという点に重きが置かれるようになった。[6] 一九一〇年には、腹部から分泌される粘液が卵を母親の下腹部に貼りつけていたとする説をウィリアム・キング・グレゴリーが唱えた。この空論を真に受ける人がいまだにいたのなら、卵固定装置の比喩は輝かしいものになっていただろう。

グレゴリーの説は、エルンスト・ブレスラウの研究を踏まえている。ブレスラウはそれ以前に、哺乳誕生のきっかけは、血管の高度に発達した抱卵斑《ほうらんはん》——密集した血管により高温に保たれる腹部の領域——が卵を温めるために進化し、そこからなんらかの物質が分泌されるようになり、その物質がさらに卵を温めやすくするために進化したことにあったとする仮説を立てていた。この仮説の問題は、温められた液体をよほど大量に流さなければ、卵を温めるどころか、むしろ蒸発により冷やしてしまうという点にある。とはいえ、ブレスラウとグレゴリーの説から気づかされるのは、親が卵を世話するためのなんらかの形態が哺乳よりも先に進化していたことはまちがいないという事実だ。

一九六〇年代から一九七〇年代には、さらに多くの説が生まれた。まず、二〇世紀の生物学の巨人J・B・S・ホールデンが、高温で乾燥した環境に暮らす哺乳類が水分により卵を冷やしていたとする説を唱えた。羽毛から滴る水を子に与えるインドの鳥に着想を得たホールデンは、哺乳類の祖先が身体に浴びた水で卵を冷やし、孵った子が母親の毛皮から水を、やがて汗を吸うようになり、最終的にその汗が栄養豊富な液体に進化したのだと主張した。

次に登場したのが、チャールズ・ロングとジェームズ・ホプソンだ。ロングが唱えたのは、親に抱かれた卵が分泌液から水分を、さらには栄養素を吸収していた――単孔類の卵が子宮内で分泌された養分を取り込めることを思い出してほしい――とする説だ。一方のホプソンは、温血化により卵が小さくなり、無力な赤ん坊が乾燥してしまう可能性が高まったために、余分な液体源が必要になったのではないかと考察した。

ここに挙げた説はどれも部分的にはまだ効力を持っているが、いまも現役として残っているのは、基本的にはふたつの説だ。どちらの説も哺乳類の祖先の卵の健康状態に着目したもので、ある意味では大きく相反するものではない。ひとつめの説は、コネティカット州トリニティ・カレッジのダニエル・ブラックバーンとマサチューセッツ州スミス・カレッジのヴァージニア・ヘイセンが一九八〇年代に提唱したもので、母乳の分子組成の理解が深まってから脚光を浴びるようになった。この説によれば、母乳は抗菌液として生を授かったという。

ふたつめの仮説は、オラフ・オフテダルの広範囲におよぶ研究から生まれたものだ。乳腺をめぐる生物学について調べようと思ったら、オフテダルは避けては通れない科学者だ。哺乳類とその前段階の祖先のさまざまな生物学的側面をつなぎあわせたオフテダルは――ホプソンの説を踏襲し――母乳の原型は当初、卵を乾燥から守るうえで重要な役割を果たしていたとする説を組み立てた。

私見を言えば、このふたつの説は、少なくとも部分的には相補的なものだと思う。というのも、卵に水分を補給している液体を活用し、その卵を攻撃する菌を殺すこともできれば便利だろうという発想に至るまでには、ほんの少しの想像の飛躍しかない気がするからだ。

オラフ・オフテダルはノルウェーで生まれたが、四〇年以上をアメリカですごしている。現在はワシントンのスミソニアン協会で研究に励み、乳腺をめぐる生物学を飽くことなく探究している。多くの種の哺乳の習性を明らかにしてきたのみならず、みずからの体験をもとにアザラシの母乳の味を「魚くさい」と報告もしている。乳腺の歴史の説明を試みるにあたり、オフテダルはおもに二本の糸を入念に織りあわせた。一本の糸は、乳腺の解剖学的構造に関する詳細な説明。そしてもう一本は、われわれの祖先が哺乳的行動を取りはじめたときに直面していたであろう難問の徹底した検証だ。

まずは解剖学的構造のほうから見ていくが、ひとつ警告しておくことがある。ここから先を読むときには、そこで話題になっているものとコーヒーに入れるものとをあまり結びつけないようにしてほしい。というのも、やむをえない事情から、あまり食欲をそそらない腺と乳腺とを比較しなければならないからだ。

腺とは、なんらかのものを分泌する生物学的構造を指す。副腎のような体内の腺もあれば、皮膚腺と呼ばれる体表面の腺もある。哺乳類の身体は腺で覆われている。ヒトは四〇種類を超える腺を持っている。ありがたいことだ。たとえば、あなたがいままさに唾液や鼻水や耳あかを産生しているのは、口と鼻と耳のなかにある腺のおかげだ。暑いところにいる人は、汗をかいているかもしれない。あなたの眼の水分が保たれているのは、複数の腺の連携によるものだ。髪の毛の根元にある小さな腺は、その髪に栄養を供給し、耐水処理を施している。そして、あなたが性的に興奮しているなら……いや、それならこの本を読んではいないだろう。

皮膚腺のうち、もっとも大きくて複雑なものが、機能しているときの乳腺だ。種によって異なるが、一本から三〇本を超える管が乳頭の開口部から乳房組織へ走っている。乳管という単純明快な名がついたこの管は、胸部で枝分かれし、腺房と呼ばれる空の嚢に至る。実際に母乳をつくるのは、この腺房の内側を覆う細胞で、みずからが取り囲む空洞にさまざまな手段で母乳の成分を分泌する。母乳を乳頭に向かって押し出すのは、腺房の周囲にある平滑筋の層だ。この筋肉は、乳児が乳首に吸いついたときに母親の脳が分泌するホルモン――オキシトシン――に反応して収縮する。この反応が、わたしが大学で小論文のテーマにした射乳反射だ。そのシステム全体のエレガントさに衝撃を受けたことを、いまでも覚えている。

進化の観点から見て生じる疑問は、どの腺が最初に生まれたのか、それぞれの腺がたがいにどう関係しているのか――どの腺がどの腺から派生したのか、というものだ。乳腺については、ほかの腺のもとになった原始の腺の候補に挙がったことは一度もない。したがって問題は、乳腺よりも単純な腺のうち、どれが乳腺に変化したのか、ということになる。

この由来の解明でも、中心的な役割を果たすのは、各構造の発生の過程だ。身体を覆う外層は、最初のうちは、同一の細胞からなる均一な一枚のシート（外胚葉と呼ばれる）のかたちをとっている。その後、外層のすぐ下にある細胞から出る局所的な信号により、外胚葉の細胞の小区画でアイデンティティが発現する。これは全身で起きる現象で、この方法で形成されるのは腺だけではない。歯も髪も外胚葉から発生する。

初期の細胞集団が形成されたら、その集団はいずれかの腺のアイデンティティを身につけはじめ、それぞれに特徴的なやり方で変形し、歪んでいく。その後、周囲の細胞の発する、絶えず変化するメッセージに反応し、腺を構成する細胞が新たなアイデンティティを帯び、そのたびにより高度に、より成体の形態に近いものになっていく。

乳腺の場合、この構築プロセスは、胚の「乳腺堤《ミルクライン》」と呼ばれるところではじまる。乳腺堤は鏡像をなす一組の皮膚肥厚《ひこう》で、腋の下からヒトの乳頭がある場所を通り、腹部までまっすぐ走っている。乳頭の数や、ヒトのように胸部にあるのかウシのように腹部にあるのかにかかわらず、哺乳類の乳頭はすべてこのラインに沿って配置されている。たとえば、ハツカネズミは胸部に三組、腹部に二組の乳頭がある。[7]

乳腺の発生は三部構成の物語だ。第一部の胚の段階では、乳腺堤に沿って一部の細胞が皮膚から突出したあと、また周囲の組織のなかに押し戻され、潜伏したままその下の脂肪細胞の層に枝を送り込む。そして、ぴたりと動きを止める。発生が進むのは、それがメスの身体であり、かつ種々雑多な思春期のホルモンが第二段階の拡大を誘発したときだけだ。そして、最後の第三段階が加わるのは、そのメスが妊娠したときに限られる。妊娠時に殺到するさらなるホルモンに反応し、ようやく乳腺が完全な機能を獲得するのだ。

乳腺とほかの腺の比較では、最初期の発生段階が重視されてきた。ダーウィン以降、乳腺は基本的には肥大した汗腺だとする考え方が定着しているが、二種類ある汗腺のどちらから乳腺が生まれたのかという点については、堂々めぐりの議論が続けられてきた。ふたつの汗腺のうち、エクリン腺はヒトの特徴である水っぽい汗を分泌するが、霊長類以外の哺乳類ではまれな存在だ。乳腺の起源は、そのエクリン腺なのだろうか？　それとも、毛幹の近くから出る、よりタンパク質の多い汗を産生するアポクリン腺なのか？　アポクリン腺はヒトでは希少な存在だが、もっとも多く見られるのが腋の下だ。[8]

オフテダルは、疑いの余地はないと断言している。乳腺の起源は、アポクリン腺にあるというのだ。アポクリン腺は三要素からなる構造の一部として発生し、体毛と皮脂腺とともに複合体を形成している。アポクリン腺が体毛に沿って汗を分泌し、皮脂腺が皮膚の潤滑油と防水剤として機能する皮脂を分泌するという仕組みだ。一〇〇年以上前の話だが、エルンスト・ブレスラウ――哺乳の抱卵起源説を唱えた彼だ――が有袋類の乳腺の初期発生を調べたところ、胚の乳腺も三要素構造の一部をなし、毛嚢および皮脂腺と結びついていることがわかった。カンガルーとオポッサムでは、初期発生段階で体毛が抜け落ち、乳頭に毛は残らなかったが、コアラの場合は体毛がそれよりも長く残り、乳頭が最初に皮膚から顔を出したときには、まだそこから体毛が突き出ていた。

体毛の生えた領域から母乳がにじみでるカモノハシとハリモグラの成体では、乳管と毛嚢の関係がしっかり残っている。にじみでた母乳の流路を体毛が形成しているのだ。有袋類の観察結果と考えあわせれば、この方式が祖先の形態であることは確実だ。

興味深いことに、アポクリン腺は乳腺房と同じく、平滑筋細胞の層に包まれている。したがって、乳腺の進化にあたって母乳を押し出すメカニズムをつくる際には、おそらくゼロから発明する必要はなく、微調整を施すだけですんだだろう。

発生生物学者たちは目下のところ、乳腺発生の指示を出す信号伝達経路を特定しようと試みている。その試みの一部は純然たる自然科学研究だが、一部は乳がんの原因に関連している。この信号伝達には、多くの要因がはたらいている。たとえば、「ここを乳頭にしよう」と指示し、初期段階の皮膚の肥厚を誘発する信号もあるし、「さあ、細胞たちよ、枝分かれした管系をつくるのだ」と命令を出し、陥入を媒介するものもある。自然の構造がおのずからできあがる仕組みは、その片鱗をうかがうだけでもじつにたいへんなことなのだ。

神経科学者だったわたしにとって愉快だったのは、脳のシナプス形成の調節でおなじみの分子が、乳腺形成にも欠かせないものだとわかったことだ。われわれの身体は、まったくやりくり上手だ。乳腺の進化の歴史は、その進化をつうじて組みかえられた配線経路のなかに刻まれている。進化論の前に立ちはだかる最大の障壁は、アポクリン腺の発生に関する知見が比較的少ないことだ……デオドラント製品のメーカーに頼めば、研究資金を調達できるかもしれない。

汗が母乳に変化したわけ

汗を滴らせるAが母乳をつくるBに変化した経緯について納得のいく説明をするためには、そもそもこのアップグレードがなぜ起きたのか、その理由に立ち返る必要がある。もうしばらくオラフ・オフテダルのもとにとどまり、卵の乾燥を防ぐために腹部の汗の産生量を増やしたことが哺乳の先駆けだったとする彼の説を検証してみよう。オフテダルによれば、それが起きたのは、正真正銘の哺乳類が登場するはるか以前のことで、卵を産んでいたわれわれの祖先の温血化がきっかけだったという。問題は、その祖先の卵の殻が水漏れしやすい点にあった。代謝率が上がり、動作温度が高くなるのに伴い、卵は壊滅的な量の水分を失う危険にさらされることになった。

鳥類は石灰化した硬い殻を持つことで、この問題を回避している。その硬い殻は、水の移動を妨げる頑強なバリアとして機能する。だが、なんらかの理由から、哺乳類の系統はそうした殻を進化させなかったようだ。太古の恐竜や鳥類の卵の化石が大量に見つかっている一方で、哺乳類やその祖先が産んだ卵の化石は、いまだかつて発見されたことがない。透水性の卵は、おそらく祖先の有羊膜類から引き継がれたものだろう。冷血動物では、そうした卵はそれほど問題にならない。同様の問題に直面する現代のヘビやトカゲやカメは、土や砂に埋めることで卵の水分を保っている。だが、活動時の体温を徐々に高くしていた哺乳類の祖先にとって、卵を土壌温度で放置するのはいい方法ではなかっただろう。現代のヘビやトカゲのなかには、卵が孵るまで体内にとどめておく種も存在する。これは合理的な方法に思えるし、すでに書いたように、この方式は過去に何度も進化してきた。だが、哺乳類の祖先はその道を選ばなかった。一部の先哺乳類はそうしていたようだが、彼らは絶滅の運命をたどった。

オフテダルの説によれば、哺乳類王朝の先駆けとなる動物たちが選んだのは、自分で卵を温めながら水分を補充する方法だった。現存する一部のカエルとサンショウウオは、温血動物ではないものの、皮膚にある粘液腺でそれと同じことをしている。そして、おそらく鍵を握っていたのは、祖先の有羊膜類ゆずりの腺のある皮膚を哺乳類が維持していたことだろう。哺乳類の祖先たちは、当初はアポクリン腺に似た腺から液体を分泌し、卵が水分を失わないようにしていた。それを発端として、ますます専門化した分泌装置が進化していった。やがて、卵から孵った小さな子がその分泌物をなめるようになり、徐々に食糧供給源へと進化していったというわけだ。

ここからは、抗菌派の説を見ていこう。一九八五年に発表された二本の論文のなかで、母乳の成分を調べたダニエル・ブラックバーンとヴァージニア・ヘイセンは、その多くがほかの皮膚腺から抗菌目的で分泌される化学物質に似ている――もしくはまったく同じである――ことを明らかにした。そこから導き出されたのが、「抱卵斑から出る分泌物の抗菌特性により、卵の生存率が高まる」という選択的優位性が哺乳進化の第一歩だったとする説だ。

わたしたちの身体には、細菌と闘う二種類の免疫系が存在する。「適応免疫」は、特定の細菌の認識方法を学習して記憶する賢いシステムだ。これのおかげで、感染症に対する反応の精度が上がり、同じ風邪を二度ひかずにすむ。もうひとつの「自然免疫」は適応免疫よりも古い防衛システムで、植物や動物が異質な細胞を攻撃して身を守るための多数のメカニズムで構成されている。

自然免疫の一部の細菌処理機構が頼みにしているのが――ダダーン♪ドラムロールをどうぞ――腺分泌物に含まれる化合物だ。ヘイセンとブラックバーンがまず着目したのは、母乳のラクトース合成で重要な役割を果たしているα-ラクトアルブミンが、自然免疫にかかわる分泌物の主要成分であるリゾチームと近い関係にあるという事実だった。それをもとに組み立てたのが、α-ラクトアルブミンの祖先にあたる分子はもともと卵を感染症から守るために母乳に存在していたもので、あとになってから糖を生成する特性を獲得したとする説だ。ヘイセンらはさらに、ほかの母乳成分にも抗菌作用があると指摘している。この説は二〇〇〇年代なかば、さらなる遺伝学研究により、炎症反応を調節する腺と乳腺が多くの信号伝達経路を共有していると判明したときに脚光を浴びた。特に注目を集めたのが、XORと呼ばれる酵素だ。この酵素は免疫分泌物中では細菌を殺すはたらきをするが、母乳に存在するときには「乳脂肪球」の形成を媒介する。乳脂肪球は、脂肪を子に届けるための手段だ。

つまり、まとめるとこうなる。哺乳類の祖先で温血化が進んだ結果、卵をつきそいなしで放置しておくことができなくなった。卵を温めるために、腹部の特定領域で血管が高度に発達し、そこにある一部の腺が卵に少量の液体を分泌するようになった。この液体はおそらく、生存に有利な抗菌作用を持っていたのだろう。そして、しだいに温度が高く(そして小さく)なっていった卵は、徐々に量が増える分泌物の恩恵を受け、乾燥を防止できるようになった。やがて、孵った子がこの分泌物をなめるようになる。つまり、卵の保湿剤と孵化後の飲食物を兼ねるようになったわけだ。時とともに、この分泌物の栄養価が高くなった。この改革を実現したのが、かつては細菌を殺すことだけを役目としていた成分の変化だ。祖先の系統が真の哺乳類に向かって進み、身体がしだいに小型化し、その子が頼りないものになるにつれ、哺乳はますます生命維持に欠かせない要素になった。最終的に、胎生が進化して卵がもはや問題ではなくなった時点で、母乳は食糧としてのみ維持されることになった。そしてさらにあとになって、乳頭が進化したというわけだ。

ヘイセンとブラックバーンは一九八九年、「哺乳と母乳の起源に関しては、確認可能な事実が乏しいことから、どのようなものであれ、進化をめぐる説明は推論的にならざるをえない」と述べ、「ここで提示しているものも例外ではない」とつけくわえている。分子遺伝学と発生生物学の進歩はさまざまな事象の解明に貢献している。だが、哺乳の起源はこの先も、母親による食糧供給をめぐる一度限りの実験として、太古の歴史に埋もれて眠りつづけるのだろう。

哺乳の大きな利点とは?

これで幕引きにしてしまうと、哺乳を正当に評価したことにはならないだろう。母乳の進化がなぜ有益だったのかをまとめたところで、母乳が進化させるべき有益なものだった理由を説明することはできないからだ。

哺乳が哺乳類の生態におよぼした副作用のうち、おそらくもっともよく言及されるのが、歯への影響だろう。ほとんどの脊椎動物では、生涯にわたり新しい歯が生えつづけ、必要に応じてすり減った歯が新しいものに交換される。サメの歯は一生のあいだに何千回も生え代わる。だが、哺乳類には二セットの歯しかない。いわゆる乳歯と永久歯だ。哺乳類の歯のおもな特徴は——第9章で詳しく説明するが——成体では上下の歯が完全に噛みあうという点にある。それができるのは、成熟した大きさの顎に歯が生えているからだ。乳を吸う子どものあいだは噛みあわせの悪い乳歯で十分にこと足りるが、ひとたび顎が完全に育ったら、哺乳類固有の歯の構築にとりかかれるようになるというわけだ。

だが、考えなければいけない点は、ほかにも山ほどある。「哺乳類の進化における哺乳の重要性」と題した一九七七年の論文のなかで、オックスフォード大学（当時）のキャロライン・ポンドは、この独特の摂食様式が哺乳類の生態をかたちづくった経緯を詳細に掘り下げ、哺乳類の重要な適応形の多くは哺乳を基礎として発達したと結論づけている。

ポンドがまず指摘したのは、乳児期の哺乳類には「調達、咀嚼《そしゃく》、消化、解毒の必要がない、栄養価の高い食糧源が与えられて」おり、「呼吸と排泄」しか必要ないという点だ。そのため、物理的には母親から切り離されていても、哺乳類の子は胎児のときと同じような状態で栄養を摂取し、成長することができる。そして、この方式は母子の双方に利益をもたらしていると思われる。母親がどのみち子を養いつづけなければならないのなら、子の体重という重荷を負っていないほうが、自分の餌を追跡したり捕食者から逃れたりするのはずっと楽になるはずだ。そして子のほうは、出産後の初期段階の成長を、みずからの限られた狩猟採集能力ではなく母親の能力に頼ることができる。そうした環境は、卵から孵ったらすぐに独力で生きていかなければいけない爬虫類の直面する厳しい現実とはまったく違う。

だがその結果、エネルギー消費という面では、この時期の哺乳類の母親は妊娠中以上のものを求められることになる。妊娠中の哺乳類のエネルギー消費量は通常よりもわずかに多い程度——ヒトの場合は約一〇パーセント増——だが、哺乳中のエネルギーの流出量は五〇パーセント（ヒト）から、多いケースでは一五〇パーセント（ラット）も増加する。それどころか、多くの哺乳類では、妊娠中に摂取した余分なエネルギーの大半が脂肪として蓄えられ、それがのちに母乳に変換される。乳児期の子は、子宮にいたときよりも速いペースで成長する。そして、哺乳類の子の多くは、成体の大きさにかなり近くなるまで母乳で育てられる。

この方式のおかげで、哺乳類は同じ大きさの爬虫類に比べ、ずっと速く生殖可能な状態に成熟する。ポンドは先述のものに続く論文のなかで、哺乳類はコロニー形成に適した繁殖の速い生物であり、動物界の雑草のような存在だと主張している。これはわたしの探し求めていた哺乳類像とは言えないが、ポンドは核心をついている。

子が急速に成長する様式の進化において哺乳が中心的な役割を果たしていたことは、実際に化石として記録されている。モルガヌコドン——どことなく小型のオコジョのおもむきがあるごく初期の哺乳類——は、二億五〇〇〇万年前から二億年前のあいだにきわめて多くの化石を残している。そのおかげで、おもしろい方法で成長過程を分析することができる。ロンドンの住民全員の身長を測定するケースを想像してみてほしい。データポイントの大多数は成人の平均身長付近に集中するだろうが、一八歳未満の住民のデータはそこから外れる。この外れ値は、若年層の個体がまだ成長中であることを示唆している。すべてのデータを検証すれば、ヒトは成長し、やがて一定の成体サイズに到達して止まると推測することができる。いつまでも成長しつづけるのなら、グラフの形状はまったく違うものになるはずだ。また、ロンドンっ子の成長速度についても、ある程度の結論を導き出せる。ヒトが一〇歳までに成体の大きさに達するなら、成体よりも小さい測定値はもっと少なくなるはずだ。モルガヌコドンはそこかしこにいる動物だったので、このタイプの分析をするだけの化石の断片が見つかっている。そして分析の結果、この初期の哺乳類が急速に成長し、一定の成体サイズになっていたことがわかったのだ。

だが、化石の威力はそれだけではない。隣あう歯の摩耗パターンを比較すれば、化石化した歯でも、それらの歯が均等に摩耗しているのか、それともすり減り方が違っているのかを知ることができる。すり減り方が均等なら同じ経年、違っているのならそれぞれの歯の古さが違うということになる。モルガヌコドンの化石からわかるのは、この動物の歯が一度しか生え代わらなかったことだ。この事実は、成長の速いモルガヌコドンの子が母乳で養われていたことを示唆している。それに対して、モルガヌコドンよりもやや古い祖先のサイズ分布の研究では、成長が比較的遅く、成体になってからも育ちつづけていたことがわかっている。歯はどうだったか？　一本一本の歯が一生をつうじて生え代わっていた。

つまり、母乳を燃料とする初期段階の急速な成長のおかげで、哺乳類は生まれたばかりの危険な状態を急いで通り抜け、より速く性的に成熟した状態に達することができる。このふたつの利点こそが、哺乳への投資を有利なものにしているのだ。

子の食糧を母親が供給する方式のもうひとつの利点としてポンドが指摘しているのが、必要なカロリーの摂取時期と放出時期を母親が自分でコントロールできるという点だ。成長する子の食のニーズを満たすためには、絶えず新鮮な食糧を探す必要がある。爬虫類なら子が自力で、鳥類なら親が子に代わって食べものを調達しなければならないが、哺乳類の場合は、母親がエネルギーを脂肪として蓄え、子が必要になったときにそれを少しずつ与えることができる。

この方式にはふたつの利点がある。まず、一日に手に入れられる食糧の野放図な変動を防ぎ、子を飢えの危機からつねに一歩か二歩は遠ざけておける。コンピューターによる最近のシミュレーションでは、この緩衝作用の価値は、とりわけ食糧が間欠的かつ不確実にしか手に入らない時期に高くなることが示唆されている。第二に、「いま食べて、あとで繁殖する」というアプローチが可能になることで、長期的な生殖戦略でも恩恵が得られる。四日間の授乳期間に三〇キロも減量するズキンアザラシの母親を思い出してほしい。このときに流出する資源は、それよりもずっと長い時間をかけて蓄積されたものだ。母グマは前年に脂肪を蓄えておいたからこそ、産んだばかりの子と洞穴にこもって冬をしのぐことができる。そのおかげで、子グマは実り豊かな春に餌のとり方を学べるのだ。

ポンドは論文の全編にわたって哺乳類の生活を乳腺のない生きもののそれと比較しているが、哺乳進化の最後の利点は、ナイルワニとの比較で説明されている。卵から孵ったばかりのナイルワニは全長が二五センチほどしかないが、すぐに自分で餌をとらなければならない。[9] サンディエゴ動物園によれば、成体のナイルワニは「動くものならほぼなんでも」食べる。野生の世界ではおもにレイヨウやヌー、カバの子などを食べているが、そうした食品は、体長二五センチの生物に調達できるものではない。その代わりに、孵ったばかりのワニの子はまず昆虫を、ときどきはカエルやカタツムリを食べる。少し育つと、齧歯類や鳥やカニを食べるようになる。そのため、多様なタイプの食糧が手に入る環境でなければ、ワニ（ほかの爬虫類もそうだ。トカゲやイグアナも子と成体の食事内容が同様に異なっている）は生涯の全段階を維持できず、生息場所がつねに制限されている。

それに対して、哺乳をする哺乳類は、おとな向けの食べものと母乳さえあればやっていける。その意味するところはとてつもなく大きい。それはつまり、きわめて特殊な餌に専門化できるということだ。ひとつの食糧源に絞って適応すれば、その調達競争でより有利に立てるし、新たな生息環境の可能性も拓かれる。爬虫類の一族の選択肢には入りえない、食糧の乏しいあらゆる場所を自由に開拓できるのだ。[10]

さらに、ポンドの主張によれば、哺乳とそれが可能にするライフスタイルは、小惑星による恐竜絶滅後の哺乳類の爆発的な発展のかなめになったという。あの小惑星は、ありとあらゆる気候上の大混乱を引き起こした。そうした状況ではおそらく、食糧供給はこれ以上なく間欠的で不確実なものになるだろう。その状況下で、一部の哺乳類の系統が母乳に頼って生き延びた可能性があるというのだ。

哺乳をするためには、哺乳類の母子が胎盤に頼らない絆を築かなければならない。次章では、その事実に改めて触れ、世代間の交流をさらに掘り下げるつもりだ。

なぜオスは哺乳しないのか

パートナーのクリスティーナが娘のイザベラに授乳しているところをはじめて目にしたときの気持ちは、けっして忘れられない。わたしはあのとき、自分の生物学的限界を突如として強烈に意識した。

オスによる乳汁分泌が真剣に主張されたのは、医学的ななんらかの作為が明らかに関係しているヒトのケースを除けば、一九九〇年代の二例だけだ。ひとつは注目を集めたマレーシアのダヤクフルーツコウモリに関する報告、もうひとつはパプアニューギニアのマスクオオコウモリの事例だ。オスのダヤクフルーツコウモリの顕微鏡による分析では、オスにもよく発達した乳腺組織と乳管があり、少量だがまちがいなく乳汁が含まれていることが明らかになった。

二〇年が経ったいまでも、この二件の報告は議論の的になっている。問題視されているのは、それを哺乳の証拠と呼ぶことの妥当性だ。哺乳という用語には、子に積極的に食糧を与えるという意味が含まれている。オスの胸部に存在していた乳汁は、哺乳するメスが産生する量のわずか一・五パーセントほどだ。また、オスの乳頭は、哺乳に使われるもののように「角質化」してはいなかった。そして、これが重要なのだが、オスの授乳している姿が観察された例はない。可能性としては、問題のコウモリが食べた果実に、雌性ホルモンに似た化合物が高濃度で含まれていたことも考えられる。いまのところ、裁定はまだ下されていない。そして、これが進化生物学の問題である以上、仮に指摘されている事例がオスの哺乳のはじまりだったとしても、裁定が下るまでには何万年も待たなければならないだろう。

実際のところ、哺乳類でオスの哺乳が進化する時間的余裕はあったのだろうか？　このテーマを詳細に検証した一九七九年の論文のなかで、オンタリオ州マクマスター大学のマーティン・デイリーはそんな問いを提起している。「なぜ哺乳類のオスは哺乳をしないのか？」と題した論文のなかで、デイリーはまずオスの哺乳を妨げる身体的な障壁が克服不可能か否かを評価し、生理機能とホルモンの面で明らかに必要とされるのは比較的ささいな調整だけだと結論づけた。なんと言っても、オスにも――ラットとマウス、ウマ以外は――乳頭があるし、胚発生期には未発達の乳腺もあるのだ。進化で対応できないものがあるとはとうてい思えない。[11]

デイリーの論文発表後にほかの研究者たちが指摘したのは、哺乳に必要なホルモン修正を施すと、狙いとは違う部分でもメス化効果が生じ、オスがオス的役割をまっとうしにくくなるという可能性だ。スープをかきまぜるわたしならともかく、テリトリーを守らなければいけないテナガザルには深刻な問題かもしれない。

では、いったい何がオスの哺乳の進化を止めているのだろうか？　第一に、哺乳類の九〇パーセントでは、父親が我が子となんの関係も持たないという事実がある。それから、父親の不確実性だ。体内での妊娠期間が長く、複婚制をとるケースも多い哺乳類では、オスが哺乳に時間とエネルギーを費やすと、ほかのオスの子に多くを投資してしまうという深刻なリスクを抱えることになる。

　とはいえ、実際に子育てをしている父親も多い。父親の資本投入は、少なくとも哺乳類の九つの目で個別に進化してきた。それが進化した種は決まって単婚型――オスが父親であるという確信を比較的持てるシステム――だ。そうした種の育てる子は少数で、一度に一匹しか育てないケースもある。だが、そこにこそ、オスの哺乳を妨げる大きな障壁があるのかもしれない。父親の手助けが実際に与えられている――父親による哺乳が実現可能な――ケースでは、乳の供給量が子の成長の制限要因になることはめったにない。したがって、子がもう一組の乳腺から利益を得ることもないだろう。[12]

　デイリーが最後に対峙したのは、ハトの問題だ。平等に子育てをする鳥類のスタイル――父親と母親が交代で虫を放り込むイメージ――に感嘆したときのわたしは、ハトが父親も母親も原始的な形態の乳をつくるという事実を知らなかった。フラミンゴとコウテイペンギンも同じことをしている。このいわゆる「ハト乳（素嚢乳《そのうにゅう》）」は鳥類の喉から剥離する細胞からなり、質感で名前を決めるのなら「ハト・カッテージチーズ」と呼ぶほうがふさわしいかもしれない。鳥類界に広く普及している現象ではないが、少数ながら採用している種ではしっかり根づいており、哺乳類以外が哺乳に近いところまで到達した実例と言えるだろう。

　デイリーの主張によれば、鳥類で決定的だったのは、乳の供給が進化するよりも先に両親による子育てがはじまっていたことだという。したがって、ハト乳が進化した背景には、もともと父親が子育てをするシステムがあったわけだ。それに対して、最初に哺乳をした哺乳類は、ほぼまちがいなくシングルマザーだった。父親による投資はあとになってから、しかも一部の種で進化したにすぎない。そしてその進化は、オスであることに特化した身体で起きたものだ。その結果、父親による貢献は、たとえばテリトリーの防衛や餌探しや捕食者の見張りといった別のかたちをとることになった。その一方で、おそらく鳥類では、石灰化した卵殻がすでに存在していたため、温血動物化したときに卵を脱水から守る必要はなかっただろう。歴史の偶然は、何が進化可能なのか、そして実際に何が進化するのかを左右する重要な要素なのだ。

ハト乳を吐き出す鳥の姿を見ると、本能的に「うえぇっ！」と反応してしまうかもしれない。われわれとはまったく違う、羽毛を持つ動物の奇妙な形質のひとつとして片づけてしまうのも簡単だろう。だが、哺乳類の母乳が、汗として抗菌液を分泌して卵にかけていた一部の動物から進化したらしいことも思い出してほしい。われらが勇敢な小さい祖先たちが子の上にかがみ込み、腹から出した粘液をなめさせている。その姿を同時代に生きていたディプロドクスが見たら、どう思うだろうか。そんなことを想像せずにはいられない。きっと彼も――それができたらの話だが――「うえぇっ、なんておかしなことを」と思ったにちがいない。

ここで性差に関する話を少し――西洋文明が何世紀にもわたって徹底した家父長制を維持してきたにもかかわらず、われわれが「哺乳類」と呼ばれているのは、奇妙な話ではないだろうか？　ヒトも含まれる誉れ高き動物のグループが、メスの形質にちなんで名づけられているのは、どういうわけなのか？

さらに言えば、この名前の由来になった構造は哺乳類の片方の性しか持っておらず、その機能は――機能することがあるなら――所有者の生涯のわずかな期間にしか発揮されないのだ。[13]

カール・リンネはみずからの用語選択について何も説明しなかったので、この点についてはつねに憶測がつきまとう。リンネの名づけ方針がかならずしも崇高な科学原理にしたがっていたわけではないとくれば、なおさらだ。たとえば、リンネの教師や先輩の多くは、魅力的な植物には自分にちなんだ名を与える一方で、雑草には自分の最大の強敵の名をつけていた。スタンフォード大学で科学史を研究するロンダ・シービンガーは、リンネの研究の背景にあった歴史的状況を詳細に調査した。その結果わかったのは、リンネが乳母制度をめぐる熾烈な社会政治闘争にかかわっていたことだった。一七〇〇年代中盤から後半のヨーロッパでは、富裕層の圧倒的多数は子を代理母に委ねていた。現役の医師であり、七人の子の父でもあったリンネは、乳母制度の廃止をめざす運動に傾倒していた。乳母制度がおそるべき高さの乳幼児死亡率に寄与していると確信していたリンネは、一七五二年——哺乳綱という語を考案する六年前——に複数の観点から乳母制度を攻撃する論文を発表した。リンネはこの論文のなかで授乳の自然さを訴え、ライオンやトラ、クジラといった雄大な獣たちでさえ母親が子をやさしく養っていると強調し、おおいなる自然そのものが「愛情に満ちたつつましい母」であると力説した。リンネの名前の選択は、そうした政治的信念から生まれたものだとシービンガーは考えている。

わたしは科学者として、さまざまな形態の哺乳が切り拓いた生態学的ニッチを、哺乳の開発した哺乳類の生態を、そして何よりも哺乳が新世代の成熟を促す仕組みを見てきた。その経験から言えば、「哺乳類」はいい名前だと思う。そして、父親として幼いふたりの娘を見ていると、彼女たちが人生最初の六か月間にとった行動のすべてが——娘たちが発した甘い声も、その顔に広がる、歯茎をむきだしにした心を溶かす笑みも——母乳を原動力にしていたことを思い出す。わたしの記憶にあるのは、母親の胸に抱かれる娘たちの姿だ。哺乳はいわば助産師のように、数限りない深遠な親の感情を引き出しているのだ。そしてカール・リンネに、僭越ながら私見をひとつ――その動機がどこにあったにせよ、われわれを体毛のあるものとか、四室の心臓を持つものとか、中空の耳を持つものと名づけていたら、それはきっと、あなたのおかした過ちのひとつになっていただろう。

第8章 夫婦が先か、子育てが先か

交尾未経験のメスは子を嫌う

ラットはレバーを押すのがうまい。とりわけ、レバーを押すとご褒美をもらえると学習させられた実験用ラットは、レバー押しの達人だ。行動神経学の研究では、レバーを押す頻度をもとに、その動物の価値観を推測する。レバーを押す頻度が高いほど、そのレバーがもたらすご褒美を求める気持ちが強いというわけだ。ラットの場合、常習性薬物や糖分の多い食べものを得るためなら半狂乱でレバーを押すが、ご褒美が子ラットになると、個体によって反応が二極化する。オスと交尾未経験のメスは、子をもたらすレバーにはこれ以上ないほど無関心になるが、子を産んだばかりの母親は一時間に一〇〇回という猛烈なペースでレバーを押し、多いときには二〇匹もの新生児を自分の巣に集める。

専門的に説明すれば、交尾未経験のメスは子を嫌悪対象と見なしている、ということになる。通常は単に避けるだけだが、ときには踏みつけたり攻撃したりすることもある。だが、母親になると、脳内でなんらかの深遠な変化が起き、子を受け入れるようになる。

「それはおもしろい。人間にもあてはまるよね」と考える人もいるかもしれない。だが、齧歯類のデータをヒトに適用する際には、慎重にならなければいけない。ヒトは単に拡大したラットではないのだ。齧歯類とヒトでは、母親の子に対する反応にかなりの違いがあることを、神経生物学者は知っている（実際、ヒトの場合、交尾未経験者の多くが赤ん坊に強い好意を示す）。とはいえ、わたしもこの研究に行きあたったときには、かつて経験したことがないほどラットに共感を覚えた。

わたしのとある女性の友人は、わたしが彼女の息子を抱こうとした――そして抱くのを楽しんでいるふりをしようとした――わたしのようすを思い出すと、もう一〇年も経っているというのに、いまだに爆笑する。わたしはがんばった。たしかにがんばったのだが、まったくの無駄骨だった。ほかの人たちを真似て、「うわぁ、なんてかわいらしい、食べちゃいたい！」と猫なで声で言おうとしたが、まごついてしまった。何をしたいって？　赤ん坊を食べたい？

その後、いまさら言うまでもないが、わたしにも娘ができた。親になるという体験は、変化をもたらすものだ。それはすでに述べたが、驚くべきは、その変化があまりにも唐突だということだ。イザベラが生まれた夜、わたしは新生児集中治療室に入り、生後一時間の娘と面会した。殺菌した指を娘の小さなてのひらに押しつけ、その指に娘が自分の指を巻きつけた瞬間が、まさにそれだった。ものの見方、優先順位が引っくり返った。もはやわたしは、ひとつだけの視点から世界を見てはいなかった。そしてもはや、わたしはその世界の最重要人物ではなかった。「ぼくたち、たいへんな一日をすごしたよね」とわたしは娘に言った。「まったく、なんて日だろうね」

イザベラのほうも、その瞬間から、それまでとは違うかたちで両親とかかわることになった。カロリーという点だけから言えば、乳腺が中心的役割を担うようになる。だが、誕生と同時に、数々の新たな世代間の交流チャンネルも娘の前に開かれることになったのだ。

親の経済学

一九六〇年代以降、動物が子の世話をするかどうか――そしてする場合には、どの程度の世話をするのか――という問題は、数字という硬く冷たい言語で表されてきた。母親や父親の献身がどれほど心の琴線に触れるか、なんてことには自然選択はまったく関知しないし、生物学者もそうあるべきなのだ。親による子の世話には、より強く健康な子――つまり、孫を残す確率を高めてくれる子をつくるという点で、いくつかの明らかな利益がある。だが、自然の生み出した無限にも思える多様な親の行動を数学的に表そうとするときに、理論家たちの前に大きな問題として立ちはだかるのが、そうした親による世話は親側のコストを伴うという事実だ。

理論家たちの方程式では、コストと利益のトレードオフから親が得る成果のほどが表される。利益は、子の生存率とその後の生殖成功率の向上として現出する。究極的には、それが全体として親の生殖成功率を高めることになる。一方のコストは、親が子育てに費やす時間とエネルギーから発生する。親が子から離れ、さらなる生殖にとりかかる機会が制限されることになるからだ。このふたつの力の相互作用をもとに、自然選択は子の世話とさらなる子づくりとのあいだで妥協点を見出している。[1]

こうした研究から生まれたのが、ロバート・トリヴァースの「親子の対立」理論だ。そして、トリヴァースが乳離れ期の子ザルで見たものは、コストと利益が親におよぼす影響を見事に表している。授乳中の母親は、母乳により子の成長を速めることでみずからも利益を得ているが、それは母親のコストにもなる。というのも、母乳を提供しているあいだ、母親は別の子をつくれないからだ。

ここで重要なのは、コストと利益が不変ではないことだ。どちらも時とともに変わっていく。生まれたてのサル(どの哺乳類でもいいが)への母乳供給は、どうあっても欠かせない。この場合、利益は絶対的なものだ。だが、子が育ち、自分で自分の面倒を見られるようになるにつれ、母親側が哺乳から得る利益は小さくなり、やがて母乳産生への投資がそこから得られる見返りを上まわる。

そして、これがあてはまるのはサルだけではない。この理論が示唆しているのは、すべての哺乳類種の哺乳様式――前章で見たあらゆるバリエーション――が、その動物に固有の生態に応じて変わるコストと利益のセットによりかたちづくられるということだ。たとえば、繁殖期に豊富な餌が手に入る哺乳類では、資源の乏しい哺乳類よりも一日あたりの母乳産生量が多くなるが、哺乳の期間は後者のほうが長くなる。わずか四日の授乳期間に一日あたり七キロもの母乳を送り出すズキンアザラシの方式は、北極の温度条件かつ流氷の上で暮らすという特異な現実に対応したものだ。オラウータンの六年から八年にわたる授乳は、霊長類ならではの濃密な社会的集団を背景にしている。そうした集団では、母と子の関係は、単なる栄養供給以上の価値を持っている。

それと同じことは、親による投資のあらゆる面にも言える。親が子育てをするのか、する場合にはどの程度なのか。それを決めるのは、その特定の種が置かれている環境だ。たとえば、少し枠を広げて、魚類や両生類、爬虫類で散発的に進化した子育てに目を向けると、子育てを進化させた種は、危険な環境や予測不可能な環境、とりわけ捕食者が多くいる環境に生息しているケースが多い。そうした条件下では、卵や子を守ることから得られる親の利益が、コストを凌駕するほど大きくなるのだ。

哺乳類と鳥類の場合、生まれたばかりの子や孵ったばかりのひなには親の世話が絶対に不可欠だ。温血動物の生理機能を維持するためには、親が栄養を供給したり、多くの場合は温めたりしてやらなければならない。それがなければ、子は死んでしまう。哺乳類のすべての種——そして鳥類の大多数——では、母親が子の世話をする。したがって、エネルギーだけに関して言えば、子がエネルギー的に赤字の状態で生きている——自分で調達するエネルギーよりも消費エネルギーのほうが大きい——のに対し、母親は自分ひとりを養うのに必要なエネルギー以上のものを調達しているということになる。これは興味深い事実だ。

その一方で、鳥類と哺乳類には大きな違いもある。鳥類の種の九〇パーセントでは、パートナーのオスが母親に協力するのに対し、すでに書いたように、哺乳類のおよそ九五パーセントでは、父親は子育てをまったくしない。一般的には、鳥類で父親による子育てが広く見られる理由は、二羽の成体がいなければひなのエネルギー需要を満たせないからとされている。鳥類は多くの場合、かなりの距離を移動しながら広い範囲で餌を集める。また、授乳をする哺乳類の母親のように、事前に集めておいたエネルギーを蓄え、それを食糧として供給することは、鳥類の母親にはできない。さらに、鳥のひなは捕食者の餌食になりやすいため、片方の親が餌を探し、もう片方がひなを守るという方式には明らかな利点がある。

われわれヒトの父親のほとんどは、自分を役に立つ存在だと思いたがっている。それを考えれば、哺乳類の現状はきまりの悪いものかもしれない。だが、何度も言うようだが、われわれの気持ちなど、自然選択は気にしないのだ。哺乳類の父親による子育ての欠乏状態は、ふたつの疑問を提起している。第一に、父親が原則として子育てに参加しないのはなぜか？　そして第二に、少数派の五パーセントが存在するのはなぜか？

まず、体内受精は一般に父親の資本投入には不利にはたらくという事実がある。目の前で放出された卵に自分の精液をかけたトゲウオのオスなら、自分の守っている子が我が子だとはっきりわかる。だが哺乳類の場合、ことを終えたあとにメスが走り去ってしまえば、彼女が次に何をするかはオスにはわからない。ゆえに、そのあとにメスの産む子が我が子だというオスの確信は揺らぐことになる。自分を父親と確信できないのなら、オスは子育てにエネルギーを投資しようとはしないだろう。

それに加えて、哺乳類が進化させた生殖の様式も、オスの影の薄さに拍車をかけている。メスの妊娠中や授乳中は、オスにできる手助けは限られている。そのため、父親による資本投入の利益はあまり大きくない。片親よりも二親のほうが、子を守るうえで大幅に有利になるだろうか？　父親は母親に教えられないスキルを子に教えられるだろうか？

しかも哺乳類の場合、父親による子育ての利益は大きなものでなくてはならない。というのも、オスにとって子育てのコストがきわめて大きいだからだ。単刀直入に言おう。ひとりの女性が一か月のあいだに一〇人の男性と寝る場合と、ひとりの男性が同じ期間に一〇人の女性と性交するケースを考えてみてほしい。前者のケースでは、女性が産める子の数は増えないが、後者では一〇人の子の父親になれる可能性がある。オスの生殖上の可能性はベッドの支柱に刻んだ印の数とともに増えるが、メスの場合はそうではない。

この両性の生殖効率の違いは、ほぼあらゆる動物に見られる。その原因は、自然選択が卵を大きくする一方で、低コストですぐにできる精子を大量につくってきたことにある。だが、哺乳類ではそれが特に際立っている。この相違は、それぞれの性の生殖行動に大きな影響を与えている。そして、哺乳類のオスにとって、新しい交尾相手を探しにいくことに潜在的な利益がある以上、その場にとどまるのは大きなコストということになる。

行動の進化を考えるのは、ときに難しい。われわれホモ・サピエンスには、行動を意志にもとづくものと見なす傾向があるからだ。わたしたちの概念からすれば、脳という器官には動物の行動を決定する能力がある。だが、カモノハシのオスは、噛みつくべき尾がほかにあるからという理由で性交後にメスを捨てることを、能動的に選択しているわけではない。ヒヒは子づくりと子育てのありようをじっくり考えているわけではないし、ラットが自分の生殖戦略を合理的に練っているわけでもない。ヒト以外の種では、行動にある程度のばらつきはあるものの、その中心的な機能は固定されている。九五パーセントの哺乳類では、自然選択が繁栄させたのは、子のそばにとどまって世話をする者を犠牲にし、さらなる生殖上の出会いを探し求めるオスだったということだ。

ではいったいなぜ、ヒトのオスをはじめとする五パーセントの哺乳類の父親はそうしないのか？　父親による子育ての第一の前提条件は、どうやらオスが子の母親と一夫一婦的な関係を築くことにあるようだ。母親と父親がステディな関係にならない種で父親による子育てが確認されているのは、マングース、マーモセット、キツネザルの三例しかない。

哺乳類はさまざまな社会的構造のなかで暮らし、さまざまな交尾パターンを持っている。集団内の性比も多様だ。オスが複数のメスとつがうこともあるし、メスが複数のオスと交尾することもある。社会的な地位が鍵を握るケースもある。多くのオスはメスを獲得するために、枝角にひびを入れたり、頭を激突させたり、歯をむきだしにしたり、陰嚢を目立たせたり、くさい分泌物を風に乗せたり、首をぶつけあったり、吠えたり、ボクシングをしたりと、あらゆる種類の行動をとる。性的な邂逅がごく限られた時期――たとえば、ヤマアラシのメスは一年のうちわずか一二時間しかオスを受け入れない――にしか起きないこともあれば、年中無休で起きることもある。数ある方式のどれをとっても、ことのなりゆきを決めているのは、オスとメス双方のコストと利益のパターンだ。そして、この不協和音を奏でる数限りない生殖戦略のどこかに、一夫一婦制をとる少数派の哺乳類が潜んでいる。

哺乳類における一夫一婦制の進化については、ふたつの主要な説がある。ひとつはおもに地理的な事情に関するものだ。そしてもうひとつは、哺乳類のとるもっとも忌まわしい行動に関係している。

哺乳類の少なからぬ種では、オスが別のオスの子を殺し、死んだ子の母親と交尾する。子殺しは驚くほどありふれた行動だ。一部の種では子の最たる死亡原因になっているほどだ。子殺しはおもに、子が死ぬとメスが発情状態に戻り、それにより殺し屋がそのメスと交尾できるようになる種で見られる。そうしたことから、一夫一婦制は子殺しを防ぐためのオスの戦略として進化したとする説がある。

また、父親による子育てが――同種内での子殺しの防止のほかに――子の生存や成長に好ましい影響をおよぼした結果、父親も子育てをする一夫一婦制の利益が、父親のほかのメスとの交尾機会の喪失というコストを上まわるほど大きくなったとも考えられる。

もうひとつの説は、メスが地理的に広範囲に散らばっていたり、繁殖期のほかのメスに「不寛容」

だったりする種において、オスが配偶者を確保するための戦略として進化したというものだ。このケースでは、オスが警戒しているのは、ほかのオスが自分のパートナーと交尾することだ。

　このふたつの説を検証するために、ケンブリッジ大学のディーター・ルーカスとティム・クラットン＝ブロックは二〇一三年、二五四五種という膨大な数のヒト以外の哺乳類を調査し、繁殖行動と父親による子育ての程度を哺乳類の系統樹に書き込んだ。そしてそれをもとに、哺乳類全体の九パーセントにあたる二二九種で一夫一婦制が進化した条件を推測した。

　まず注目すべきは、その一夫一婦制をとる二二九種のうちの九四種では、オスが子育てになんら寄与していないという点だ。たとえば、ディクディク（アフリカ南部に生息する小型のレイヨウ）は完全な一夫一婦制だが、オスは子を守らないし、給餌も教育もしない。[2]ここで重要なのは、一夫一婦制をとる種の総数が、オスも子育てに参加する一夫一婦制の種の数よりも多いことだ。この事実は、父親による子育てが出現したのが一夫一婦制の進化よりもあとだったことを示唆している。別の可能性として考えられるのは、父親による子育てが――一夫一婦制の関係の外で――先に進化したあと、父親と母親のあいだで独占的関係が構築されたというパターンだが、それならば、父親が子育てをしても一夫一婦制ではない種が存在するはずだ。

　まず夫婦が生まれ、そのあとでオスが子育てをするようになった。それを示唆する調査データを得たルーカスとクラットン＝ブロックは、一夫一婦制の進化を促した要因の探索に乗り出した。そこからわかったのは、メスが広範囲に散らばって単独生活をしている種で夫婦の絆が発達したということだ。メスが広範囲に拡散していると、オスは複数の交尾相手を確保することができず、したがって特定のメスとつがうことが最善の生殖戦略になるようだ。あるコメンテーターの言葉を借りれば、「メスが基本原則を定め、オスがその分布地図にあわせてみずからを配置した」というわけだ。

唯一の例外はキツネザルで、この種では一夫一婦制は社会生活から進化したと見られている。ヒトが第二の例外にあたるかどうかは、議論の余地が残されている。

哺乳類の父親による子育ては、霊長目と食肉目でもっとも多く見られるが、ほかの目にも散在している。オオカミとリカオンには熱心に世話をする父親が多く、やわらかく噛み砕いた肉を子に食べさせる。サルの仲間のダスキーティティの子は、おもに父親に抱かれて守られている。母親のもとへ行くのは、毛づくろいをするときと乳を飲むときだけだ。ルーカスとクラットン＝ブロックの研究では、もうひとつ、父親による子育てに味方するデータが得られている。父親がなんらかのかたちで協力する一夫一婦制のカップルのほうが、父親が子育てをしない一夫一婦制のカップルやメスが単独で子を育てる種よりも、一年あたりにつくる子の数が多かったのだ。

ホルモンからの解放

親になると哺乳類はどう変わるのだろうか。そこに話を戻すために、母親になったばかりのラットの脳と、それがくぐり抜ける変化を改めて見ていこう。

ラットの妊娠は――どの哺乳類の妊娠もそうだが――適応生理学の驚異だ。そのプロセスの中心を、網の目のようなホルモンのネットワークが担っている。主役を演じているのは、性ステロイドホルモンのプロゲステロンとエストロゲン〔ともに女性ホルモン〕、それに脳底部から分泌されるふたつのペプチドホルモン、プロラクチン——母乳産生で重要な役割を果たしている——とオキシトシンだ。

これらのホルモンのおもな出どころが胎盤だ。つまり、ここでも胎児の遺伝子がシステムに作用し、子の有利になるようにはたらいていると言える。だがとりあえずは、母と子が健康な子をつくるという共通の目的を持っているとする無難な前提にもとづいて話を進めよう。血液が運ぶホルモンは、まず子宮の環境をコントロールし、母体によるエネルギーの貯蔵と消費を調節し、乳腺が活動する準備を整える。そして時が来たら、子の体外脱出を指揮する。そこで生殖ホルモンの役目が終わるわけではない。出産後も生殖ホルモンは流れつづけ、乳汁分泌や母親の代謝、そして母親の脳を調節する。

実際に、妊娠中のホルモンは神経回路に作用し、子育てに必要な行動を母親にとらせている。たとえば多くの種では、出産が迫ると母親が巣をつくる。そして妊娠期間の終わりには、ホルモンが脳に「プライミング（下準備）」処理を施し、本格的に母親になるための準備をさせる。このプライミングにより、出産を誘発するホルモンの津波に脳が反応しやすくなる。

オキシトシンというホルモン名は、「突然の出産」を意味するギリシャ語に由来する。オキシトシンが急増すると、それが引き金となり、出産が誘発される。オキシトシンが子宮の平滑筋に作用をおよぼすことは昔から知られていたが、一九七九年、ノースカロライナ大学のコート・ペダーセンとアーサー・プランゲが、オキシトシンを交尾未経験のラットの脳に注入する実験をおこなった。その結果は？　ラットの多くが母親のようにふるまいはじめたのだ。そして、オキシトシン投与に先立ってエストロゲンでプライミングし、擬似的な妊娠状態をつくりだすと、行動の変化がより頻繁に生じることもわかった。

現在では、オキシトシンとエストロゲンをはじめとする特定の伝達物質が連携し、視床下部と呼ばれる脳の領域にはたらきかけていることがわかっている。ホルモンの作用を受けた視床下部では、脳の「報酬回路」に伝わる信号が増加する。それが合図となり、子ラットに対する母ラットの反応が改変されるというわけだ。

報酬回路は発達の余地を残した脳の領域で、その機能は外界の物体や動物に――プラスかマイナスかを問わず――価値をつけることにある。動物が何かに出くわしたとき、それを避けるか受け入れるかは、この回路が左右している。嫌悪感のなかには、生まれつき備わっているものもある。たとえば、マウスはキツネの尿を本能的に警戒する。だが、対象に伴う価値が変わることもある。母親の脳では、複数の生殖ホルモンが力をあわせ、妊娠前に抱《いだ》いていた子に対する嫌悪感を小さくすると同時に、子を魅力的なものにするための脳の回路を活性化させているようだ。この仕組みにより、オキシトシン急増の結果、出産後の子とすぐに絆を結ぶ母親ができあがる。

オキシトシンはその後も、一介の分子としては驚くほど大きな注目を浴びてきた。オキシトシンが悪意を溶かして愛情を高めるという単純な見方を助長してきたのは、このホルモンが「愛の分子」「ハグホルモン」「抱擁物質」といった名で呼ばれてきたことだ。メディアを賑わせたある研究では、「信頼ゲーム」の参加者の鼻にオキシトシンをぴゅっと噴射すると、人を信じる気持ちが強くなることが報告されている。だが、これは複雑な行動をただひとつの分子の量で説明しようとする試み全般に言えることだが、話はそれほど単純ではない。現在では、オキシトシンはむしろ、重要な意味を持ちそうな出来事が進行していることを知らせ、そうした出来事に伴う光景や音、においに脳がより強く反応するよう促すための化学物質ととらえられている。

オキシトシンが母親の脳の報酬回路におよぼす作用は大きいが、そのはたらきは子の出す信号と連動している。たとえば、オキシトシンが活性を調節するふたつの脳の領域は、母親が我が子のにおいを認識するための学習に関係している。齧歯類では、嗅覚は社会的にきわめて重要な感覚で、においにまつわる情報は報酬回路に投入される。また、二〇一五年のある研究では、オキシトシンが聴覚中枢に作用すると、我が子の超音波域の鳴き声に対する母マウスの反応が強くなることがわかっている。

母ラットで起きた変化とわたしが娘の手をはじめて握ったときに起きた変化は、よく似ているように見える。その類似性も、ホルモンで説明がつくのだろうか？　残念ながら、つかないだろう。第一に、イザベラに対面する前のわたしは、妊娠期のホルモンのジェットコースターが影響をおよぼす対象ではなかった。そして第二に、こと親の行動の誘発に関しては、哺乳類のあいだでおもしろいほどのばらつきが見られるからだ。

ラットのオスを使って父親の行動を研究することはできない。ラットのオスは子育てに参加しないからだ。だが、父親による子育てと実験における齧歯類の有用性に関心を寄せる研究者たちは、スナネズミ、ジャンガリアンハムスター、カリフォルニアシロアシマウスに父親の子育てが存在するという事実を利用している。こうした動物たち——そして数は少ないが、霊長類の父親——の研究では、オスのホルモン量も父親になると変化することがわかっている。プロラクチンの増加は広く観察されているが、興味深いのはテストステロン〔男性ホルモンのひとつ〕が減少することだ。オスのホルモンの変化は、メスのそれに比べると、種による違いがはるかに大きい。また、メスの場合ほど行動の変化と密接に結びついていない。父親業は母親業とは違い、哺乳類の不変の要素ではない。それを考えれば、それぞれの系統で異なるメカニズムにより父親業が個別に出現した可能性はあるだろう。また、オスのホルモンがもたらす父親の生理機能や行動の変化は、メスのそれよりもとらえにくいという面もある。その変化は、オスが提供する育児に特化したものだ。実際、父親の育児参加の方式は多様だ。つきっきりで世話をするダスキーティティや餌を持ち帰るオオカミがいるかと思えば、家族のテリトリーを守るテナガザルの父親のように、それほど直接的ではない協力のかたちもある。

ヒトのオスの研究では、われわれもまた、父親になるとテストステロン濃度を急降下させることが確認されている。しかも、濃度がもっとも低くなるのは、子の世話を一日に三時間以上する父親だ。この事実は、ヒトのオスの生態がたしかに父親による子育てを前提に設計されていることを示唆している。そしてこれもまた、オスが子育てをしないラットとヒトとの違いを浮き彫りにしている。一方、母と子の絆の基礎をめぐる神経内分泌学研究は、わずかながら齧歯類以外の哺乳類でも実施され、霊長類や――妙な選択だが――ヒツジについても調べられている。そこから浮かび上がったのは、母子の絆は長らく維持されてきた根元的なものだが、その基礎となるメカニズムはそれぞれの動物にあわせて紆余曲折を経てきたという構図だ。

脳の小さい小型の哺乳類――おそらく原始の哺乳類をもっともよく反映しているだろう――の場合、出産後の子の世話は、ある意味では妊娠期間の延長ととらえることができる。子は眼も見えず、耳も聞こえず、たいして動けない状態で生まれてくる。母親は子を巣に運び込むが、その巣の機能は、暖かく湿った小さな環境をつくることにある。そのあとの母親のおもな務めは、母乳と体温を提供し、我が家から這い出てしまった子を連れ戻すことだ。母親は複数の子を区別せず、通常は離乳期までしか世話をしない。あとで触れるように、行動面での重要な相互作用はあるが、こうしたかかわりが起きるのはしばらく経ってからだ。

それに対して、ヌーの子は生後二分か三分のうちにみずからの足で立ち、五分後にはもう群れと一緒に走っている。あたりをうろつくライオンやチーターが、のんびり成長するという贅沢を許してくれないのだ。母親に影のようにつきしたがうことは、子が生き延びるための必須条件だ。母親とはぐれ、無防備に鳴きながらさまよう子のほとんどは、最終的にはネコ科の捕食者たちの腹に収まる運命をたどる。ヌーなどの有蹄類の動物は、母子の絆をただちに築かなければならない。ほとんどの大型哺乳類の子には(ヒトは注目すべき例外だ)、幼少期に巣でごろごろしている暇などないのだ。

ヌーの子ほど印象的ではないものの、生まれたばかりのヒツジも、すぐに自力で体温を保ち、動きまわれるようになる。母子の絆の形成に関してヒツジが調べられたのは、そういうわけだ。バリー・ケヴァーンとキース・ケンドリックの研究では、妊娠中の生殖ホルモンが引き続き母親の行動の中核にあることが明らかになっている。たとえば、交尾未経験のヒツジでも、エストロゲンとプロゲステロンをあらかじめ投与しておくと、オキシトシンを与えたときに母親らしい行動をとるようになった。母ヒツジと子ヒツジの絆の形成では、においも大きな役割を果たす。だが、ここで重要なのは、出産から一時間か二時間のうちに、母ヒツジが我が子とのあいだできわめて選択的な絆を築き、ほかの子ヒツジに対しては攻撃的になるという事実だ。ヒツジもヌーも、ほかの子の世話はしない。子全般ではなく、個体のにおいを認識しているのだ。つまり、有蹄類では社会的なにおいの情報処理がより複雑で、より多くの脳力が求められるということだ。

　また、霊長類とヒトに関する論文を検証したケヴァーンは、齧歯類とのさらなる違いを発見している。ヒトはたしかに赤ん坊のにおいを好む。だが、ヒトでは嗅覚の役割が縮小している一方で、視覚認識の重要性が高くなっている。さらに重要な点は、霊長類では、母親の行動がもはや妊娠中に分泌されるホルモンの奴隷ではないことだ。たとえば、一度も妊娠したことがないメスもしばしばほかのメスの子を育てる。ケヴァーンによれば、それは「ホルモン中心の母性行動の決定から、感情面の報酬による活性化へと移行する進化」であり、ホルモンからの「解放」だという。霊長類では、脳の報酬回路が重要である点は変わらないものの、大脳皮質の関与が大きくなっている。大脳皮質は霊長類で拡大し、ヒトで巨大化している領域だ。生殖ホルモンの役割縮小は――少なくとも部分的には――霊長類が妊娠後のより長い期間、数か月やときには数年にわたって子育てをするために適応した結果とも考えられる。

　ヒトの母親がどの種よりも生殖ホルモンから解放され、感情を制御する回路と連動する脳の演算力を活用しているのなら、オスの入り込む余地は大きいのではないだろうか。もしかしたら――あの無鉄砲なホルモンたるテストステロンの急降下に助けられ――われわれオスも同じような手段で子との結びつきを、いまだにわたしを日々感動させている絆を築くことができるのかもしれない。わたしの娘たちと祖父母との絆や、わたしたちが雇っているベビーシッターたちの与えてくれる優れたケアも、ある程度まではホルモンからの解放で説明できそうだ。ふたりの幼い女の子を養子にしたわたしの友人の例もある。コストと利益のあいだで揺れ動く自然選択では、母親による子育てが圧倒的に優位を保ち、哺乳類全体で定着してきた。だが、そこから先、子殺しと我が友の娘たちの幸福をともに生み出しうるプロセスにどう対峙するかは、われわれに委ねられているのだ。

模倣と社会的集団

とはいえ、親による子育ては一方通行のものではない。出産は母親を変えるが、生まれたばかりの哺乳類のほうにも、自分の世話係と絆を結ぶための本能的な行動が備わっている。子は一般に、すぐに母親とほかの成体を区別できるようになり、母親の近くにとどまろうとする。ほとんどの子は、ひとりで残されたら抗議の意を示し、その状況が長引くと絶望したようすを見せる。ラットからイルカに至るまで、たいていの母と子は、相手との身体的な接触を保とうとする。

母乳は母親による出産後の子育てのかなめと言えるかもしれない。ツバイなどの一部の種では、母親は授乳時以外はほとんど子と接触しない。だが、キャロライン・ポンドが力説しているように、哺乳が生み出す二匹の動物の連帯は、学習の源でもある。健康な精神の発達には母親による子育てが欠かせないことは、多くの哺乳類種の研究で明らかになっている。

哺乳類は大きな脳(詳しくは第12章で触れる)を持ち、さまざまなことを学習する能力を備えている。そのため、哺乳類の行動は、変更不可能な本能だけに限定されていない。本能的行動はあらゆる動物で見られる。そうした行動は、特定の刺激に対する反応としてあらかじめ組み込まれた不変のもので、乳頭を吸われたら乳腺が母乳を放出する現象と変わらない。たいていの場合、そうした行動は適応上の価値が一目瞭然だ。そして、この点が重要なのだが、学習する必要がない。穴を掘れない実験室で育てたマウスを成体になってから自然環境に戻すと、その種に特有の穴やトンネルを掘りはじめるのは、その一例だ。だが、より高度な神経系のはたらきがあれば、動物は本能の不動の枠を越えて行動を学習し、その幅を広げることができる。

学習にはいろいろな方法がある。そのうちのひとつが、とりあえず試してみて、どうなるか見てみるという方法だ。この試行錯誤方式の学習は、二〇世紀なかばの行動心理学の発展に寄与してきた。おもにレバーを使って動物の脳の報酬回路を刺激する研究では、動物は自分の行動が良い結果につながるのか、悪い結果を招くのかをたしかめることで学習しているとする考え方に主眼が置かれていた。報酬をもたらす行動は身につき、望ましくない結果を伴う行動はしなくなるというわけだ。

試行錯誤による学習は、現実におこなわれている重要な学習方法だが、孤独で時間のかかる活動でもあり、あらゆることをゼロから学ばなければならない。それはときに危険を伴う。ホエザルの赤ん坊は試行錯誤をつうじてボアコンストリクター〔ボア科ボア属に分類される大型のヘビ〕を避けることを学べるかもしれないが、ヘビに締めつけられ《コンストリクト》てしまえば、その知識は将来的にはほとんど役に立たないだろう。

捕食者を認識するスキルは、経験を積んだ年長者から学ぶほうがずっと効率がいい。たとえば、サルやカンガルーの子は、特定の侵入者に対する成体の警戒行動を見てそれを学ぶ。この社会的学習をつうじて、個体間や世代間で行動を伝えていくことができる。

そうした伝承をどんな種よりも盛んにおこなっているのが、われわれヒトだ。文化の多様性やエラズマス・ダーウィンが子と孫に与えた影響から、わたしがうっかり口にした品のない言葉を真似する娘まで、その例はいたるところに転がっている。それはヒトという種の特徴だが、哺乳類界全体に見られるものでもある。たとえば、ラットの子は母親から餌の嗜好を学ぶ。ラットはほぼなんでも食べるが――

ヒトのまき散らした残骸のなかでこれほど繁栄している一因でもある――新しい餌を試すことに対してはきわめて慎重だ。子ラットはまず、母親の好物のにおいを母乳から知り、その味を覚える。子が大きくなると、母親のあとについて餌を探しに出る。さらに、母親は口にあう食べものに化学シグナルで印をつける。こうして、子ラットは一族の食習慣を継承していく。

イスラエルでは、そうした摂食指導を受けたラットが、新たな生態学的ニッチの侵略まで成し遂げている。マツ林の林床は不毛の地だ。栄養のあるものと言えば、マツの種子くらいしかない。ところが、その種子はマツかさのなかに埋もれている。リスは種子の取り出し方を知っているが、たいていのラットはそれを知らない。だが、イスラエルではリスの数が少ないため、ラットがマツ林に住みつく余地があった。その地に暮らすラットたちは、マツかさのうろこを剥き、なかの種子を食べている。

テルアヴィヴ大学のオフェル・ゾーハルとヨセフ・テルケルの研究では、マツ林に生息していない成体のラットは、マツかさを剥く複雑な手順をほとんど知らないことがたしかめられた。そうしたラットをかさ剥きに熟達したラットと一緒に飼育しても、特に効果は見られなかった。だが、マツ林在住のマツかさを剥く母親に育てられた子ラットは、すぐに種子の取り出し方を身につけた。おそらく、このマツ林に生息する特異なラット集団の創設者は、かさを剥くテクニックを偶然見つけた一匹のラットだろう。その流れをくむ集団が、世代をまたいだ行動の伝承により維持されているのだ。

直観的に、子が母親の真似をするのだろうと考える人もいるかもしれない。われわれヒトには、模倣を文化継承の中心と見なす傾向がある。だが、じつを言えば、模倣はきわめて高い認知能力が求められるプロセスだ。ある行動を真似るためには、それをしている者の姿を視覚的にとらえ、その情報を頭のなかで一連の筋肉指令に変換し、動きを再現しなければならない。厳密な意味での模倣が見られる範囲や、どの動物にその能力が備わっているかについては、議論の余地が残されている。だが、社会的学習はかならずしも模倣を必要としない。世界のどんな特徴に注目するだけの価値があるのか、環境をどういじれば自分の利益になるのか。それは他者の行動の観察をつうじて学ぶこともできる。たとえば、マツ林に生息しないラットの大半は、マツかさになんの関心も示さないか、関心を示しても見境なく齧るだけだ。だが、マツ林に住む子ラットの場合、観察をつうじて、まずマツかさは食糧源だと学び、やがてかさ剥きの糸口になる部位を知り、かさを剥こうとしはじめる。おそらくそのときにはじめて、試行錯誤の学習方式を採り入れ、報酬を手に入れるのだろう。ほかの哺乳類も同様に、学習した行動を社会的集団のなかで伝承している。チンパンジーは棒を使ってシロアリを「釣り上げる」方法を子に教えるし、ニホンザルはサツマイモを海で洗ってから食べることを学習する。一九八〇年代には、魚を一網打尽にする新テクニックを教えあうザトウクジラが目撃されている。

哺乳類の社会的交流は、ほかの脊椎動物ではめったに見られないほど複雑なものになることがある。社会性が種を代表する特徴になっているケースも少なくない。だが、哺乳類の繁殖様式に関するディーター・ルーカスとティム・クラットン＝ブロックの二〇一三年の分析では、最初期の哺乳類は独居性の動物だった可能性が示唆されている。現在でも、多くの種は独居性だ。したがって、集団生活を哺乳類の流儀と言うことはできないだろう。

社会生活は過去に何度も進化してきたもので、哺乳類のさまざまな目で見られる。血縁関係にあるメスを中心に集団を形成し、オスは散りぢりになって新たな交尾機会を探すというパターンがもっとも多い。また、社会性がもっともよく見られるのは、大型の、したがって大きな脳を持つ種だ。社会生活がいちばん広く普及しているのはクジラ目、食肉目、霊長目だが、この規則性は絶対的なものではない。実際、昆虫レベルの社会性――超個体的な生物コロニー――にもっとも近いものを手に入れたのは、齧歯目だ。ハダカデバネズミとダマラランドデバネズミは地下ネットワークで暮らし、生殖に関与しないコロニーのメンバーが女王に仕えている。ハダカデバネズミの女王が一度に産む子の数は、哺乳類でも一、二を争う。通常は一一匹ほどだが、二八匹もの子を産むこともある。

社会的集団はいつ、どのように進化したのだろうか。それを解明するための試みも、やはりコストと利益の数学的な検証が中心になっている。無数の議論を生んできたのが、集団の利益のためにみずからの幸福を犠牲にしているかに見える動物の行動をどう説明するのかという点だ。一般論から言えば、集団の利益としては、捕食者に対する警戒が厳重になる、餌を調達したり守ったりしやすくなる、身体的要素の影響を和らげられる、生殖効率が上がる、社会的学習を促進できる、といったことが考えられる。ライオン一頭ではスイギュウを倒せないが、群れでならしとめられる。獲物になりやすい動物たちは、群れで暮らしていれば、捕食者の見張りと餌探しを分担し、群れ全体の防御力を高められるかもしれない。たとえばジャコウウシは、成体のオスを外側に、子を内側に配した円陣を組む。小型の哺乳類では、寄り集まって寒さをしのぐ姿がしばしば見られる。一方、集団生活に伴うコストとしては、病気や寄生虫が蔓延しやすくなることが挙げられる。また、種のなかでの資源競争が激しくなるため、社会的集団ではときに餌をめぐる激しい衝突も起きる。集団内の地位が低い個体が繁殖機会を得られないというコストもある。

霊長類はもっとも複雑な社会的力学を持つと同時に、母親による子育てがもっとも長いグループでもある。母親は多くの場合、集団内での娘の地位確立に大きな影響を与える。集団内での地位は、交尾機会を得るための重要な要素になる。サバンナモンキーでは、母親が集団内にとどまっているメスのほうが、母親が集団内にいないメスよりも多くの子を持っている。

一夫一婦制も一種の社会的絆と言える（恋愛やロマンスは、動物学の文献では遭遇しない言葉だ）。そして、一夫一婦制をとる哺乳類の絆をめぐる神経生物学研究では、オスとメスの結びつきが母と子の絆を確立するための基礎としてはたらいているらしいこともわかっている。

遊びの意味

息を切らしたヒトが手を使わずにボールを動かし、ネットのなかに入れようとするゲームにわたしが参加していなかったら、この本は存在していなかっただろう。イザベラはいまのところ、そっけないながらも略式サッカーにつきあってわたしを喜ばせてくれていれるが、どちらかと言えば手作業のほうが好きだ。マリアナは人形の世話をするのが気に入っている。ふたりともダンスやお医者さんごっこをするし、一緒に見事なカフェを営んだりもする。もちろん、相手を怒らせるのに忙しくなければの話だが。ヒトは遊ぶ。だが、それはけっしてわれわれだけがすることではない。わたしたちの飼っているイヌやネコを見ればわかると思うが、哺乳類はみな遊ぶ。イヌと同じように、カンガルーもクマもラットも格闘遊びをする。プロングホーンなどの有蹄類はぶつかりあいをする。オオコウモリは追いかけっこをする。アザラシは浅瀬でごろごろする。アイベックスやシロイワヤギの子は、落ちたら死ぬほど高い岩壁でじゃれあう。水のなかを見れば、カバが後方宙返りをしている。ニホンザルは石を打ちあわせる。さらに、おとなのバイソンも、凍った湖に駆け込み、喜びの雄叫びのようなものをあげながら湖面を滑る。

ごくおおざっぱに言えば、もっともよく遊ぶ哺乳類は、霊長類やゾウ、クジラ、有蹄類、食肉類のように、大きな脳を持つ傾向がある。ただし、齧歯類の多くもよく遊ぶ。種のレベルになると、遊びと脳の大きさの相関関係は崩れる。むしろ、齧歯類と霊長類では、子でいる期間の長さのほうが遊びの複雑さとの相関性が高そうだ。

ひところには、遊びは哺乳類と一部の鳥類にしか存在しないという説が唱えられていた。だがこの説は、動物の行動を擬人化することへの過剰な警戒心から出てきたものかもしれない。ロバート・フェイゲンの一九八一年の著書『動物の遊び行動（*Animal Play Behaviour*）』により、ヒト以外の遊びが正統な科学の分野に引き戻されてからは、動物の遊びはいたるところで観察されてきた。カメもワニもタコもスズメバチも遊ぶ。つまり、この形質もまた、哺乳類でひときわ高度に発達してはいるものの、哺乳類だけが持つものではないということだ。

遊びで厄介なのは、それが何かを正確に定義することだ。遊びはつかみどころのない現象で、アメリカ連邦最高裁判所のポッター・スチュアート判事によるポルノの判別方法に通じるものがある――「見ればわかる」というやつだ。だが、その方法はまじめな学術研究にはふさわしくないだろう。そこでテネシー大学のゴードン・バーグハルトが考案したのが、遊びを判別するための五つの判断基準だ。

①遊びとは、その実用性が不完全で、明白な何かを成し遂げないものである。
②自然に発生する、自発的で満足感の得られる行為である。遊びの研究者は、ほかのどの学術分野の研究者にも増して、「楽しむ」という言葉の意味に向きあわなければならない。
③「真剣な行動」とは明らかに異なっている。
④繰り返されるが、病的な反復ではない。
⑤ストレスにより阻害される。

さらに、遊びの形態として、単独での自発的運動、物遊び、社会的遊びの三つが存在することも明らかになっている。だが、それぞれの形態の遊びは、個別に解釈する必要があるのだろうか？　それとも、らくがきから格闘遊びまでのあらゆる遊びを、共通の目的にかなうひとつのプロセスとしてまとめることができるのだろうか？

ハーバート・スペンサーは一八七二年、遊びは温血動物が過剰なエネルギーを発散するためのものだとする説を唱えた。それに対して、カール・グロースが一八九八年に主張したのは、遊びをつうじて成体になったときの重大行動を練習し、鍛えているとする説だ。遊びの重要な特徴のひとつとして、動物の一生における特定の未成熟期に限定されることが多いという面がある。遊びの存在理由をめぐる論争はいまも続いているが、このふたつの説はたびたび顔を出す。とはいえ、このふたつはたがいに相容れないものではない。一日一日の遊びは余分なエネルギーを消費するためのものでも、その活動の究極的な機能は、うまく生き延びられる成体をつくることにあるのかもしれない。

遊び好きの子のほうが成功するおとなになる——遊びには明確な生存上の利点がある——と証明するのは難しい。とはいえ現在までに、その相関性を裏づけるデータがジリス、クマ、ウマの野生集団から得られている。実験室での遊びの研究はさらに難しい。子ラットをほかのラットと隔離して遊びを妨げることはできるが、それには無数の交絡要因がつきまとう。薬剤を投与して遊べない状態にした相棒を被験者に与えれば、そうした問題をある程度までは緩和できるかもしれないが、その効果は未知数だ。

グロースの練習説をごくシンプルに解釈した場合にぶつかる問題は、子のときに遊びを妨げられた哺乳類も、成体になると種固有の行動を見せるようになることだ。たとえば、子ネコのときに転がして遊べる物体を奪われても、ネコは成熟したら普通に狩りをする。別の研究では、遊びのピーク期は脳の発達が経験に影響されやすい時期と一致することが示唆されている。遊びにより、脳の配線を微調整している可能性があるというわけだ。この手の説ではおもに、運動の制御や技巧を司る脳の領域が注目されている。そのほか、社会的交流の型をつくるうえで遊びが重要な役割を果たしているとする説もある。

哺乳類に限って言えば、二〇〇一年にマーク・ベコフ、マレク・スピンカ、ルース・ニューベリーの三人が、遊びの統一原理は予期せぬ出来事に備えることにあるとする説を唱えている。彼らの主張によれば、哺乳類はしばしば、遊びのなかで制御できない状況を意図的につくりだしているという。遊び好きの哺乳類の目的は、あえてバランスや姿勢を崩したり、感覚情報の取得という点で不利な状況に身を置いたりすることで、そうした制御できない状況に慣れることにあるというのだ。この説の根底にあるのが、現実世界の予測不可能性だ。捕食者や獲物や生殖上のライバルはさまざまな形態で現れ、予見できない行動をとる。不規則な地形に出くわすこともあれば、事故が起きることもある。遊び——とりわけ「自分にハンデを課す」タイプのもの――は、子がより臨機応変な成体になるのを助けているとも考えられる。

ベコフ、スピンカ、ニューベリーの三人は、驚きを御する方法を学ぶという感情的要素も強調している。災難やショックは動物をうろたえさせるが、パニックになるのはまずい。遊びの一環として制御できない状況をつくりだせば、危険な状況でも過剰反応を起こしにくくなるかもしれない。さらに、安全な状況のなかで遊びながら、その状況に屈するスリルとそれを克服する喜びを味わうという要素が、「楽しむ」というとらえどころのない遊びの特徴を生んでいる可能性もある。

遊びの本当の目的がなんであれ――このテーマはいまや、それにふさわしい真剣さで扱われているようだが――哺乳類をはじめとする複雑な行動を持つ動物に広く見られるという事実は、遊びが起こりうる状況をつくるためには、神経系を念入りに鍛え上げる必要があることを示唆している。さらに、親による世話がそれに一役買っている可能性もある。三〇歳になるまで脳が完全に成熟しないわれわれヒトが、二〇年近くにわたって子ども時代を続ける事実を、それ以外にどう説明できるというのか？　そう考えれば、わたしが子育てに費やす時間の大半が、遊びに参加するか、遊びを監視するかですぎていくことにも合点がいくというものだ。

ある土曜日の朝、ソファにぐったりと横たわるわたし――断然、参加モードではなく監視モードだった――のかたわらで、娘たちがおもちゃからおもちゃへ飛びまわっていた。わたしが何かを読もうとしていたとき、歩けるようになったばかりのマリアナがよちよちと近づいてきた。娘を迎えながらわたしがぼんやり感じていたのは、時間と発達の概念と、人生の一方通行性だ。娘はおとなに、つまり身体的な全盛期に向かって進んでいる。そしてわたしはと言えば、自分の全盛期から遠ざかっている。マリアナとその姉ができる限り優れた人間になるのを、できる限りの方法で手助けする。それがわたしにできる何よりも大切なことなのだ。

第9章 歯と骨と恐竜

生命の樹

一本の木――たとえばオークとしよう――をじっと見ると、幹が枝に分かれ、その枝がさらに小さい枝に分かれ、それを何度も繰り返した結果、その木の形状ができていることがわかる。だが、一本の木を知るには、その木としての性質を把握するだけでは足りない。知らなければならないのは、成長して枝分かれするという生来の欲求が、特定の時間と場所でどのように現れているかということだ。現実の木には、たとえば一九八七年の嵐で折れた大枝の残した傷がある。つい最近の病気で枝がなくなってできたすきまがある。かつての病気の犠牲者が去ったスペースに別の枝が伸び、すきまがなくなっている場所もある。風は木の枝を特定の方向にむける。太陽の描く弧や周囲の木々との位置関係により、木の片側だけがたくましくなることもある。現実の木を理解するためには、木の生態と環境がどう衝突しているかを知らなければならないのだ。

図9–1 ダーウィンの「ノートB：転成」の36ページ。「わたしはこう考える（I think…）」ではじまる有名なスケッチが書かれている。（出典：Mario Tama/Getty Images）

わたしは二八歳のときにマンハッタンに移り住み、その最初の週にアメリカ自然史博物館へ行った。思うに、なじみのある顔に誘い込まれたのだろう。その博物館では、チャールズ・ダーウィンの生涯をたどる展覧会が催されていた。展示の順路は時系列に沿っていた。一歩先へ進むごとに、来館者はダーウィンの人生を一年か二年進むことになる。少年時代の桁はずれの収集物があり、紆余曲折を経た雑多な教育がそれに続き、やがて物語全体のかなめとなる書簡に至る――船長の話し相手兼自然学者としてビーグル号で旅をしないかと誘う、予期せぬ手紙だ。

その質素な船の模型の隣には、遠大な航海を描いた海図が置かれていた。それを見ると、意外なことに、歴史に名高いガラパゴス諸島は四年半の旅のわずか五週間しか占めていなかったことがわかる。船室いっぱいに詰め込まれた標本やスケッチのあとは、イギリスに帰国した当時のダーウィン――腰を落ち着けて出世したいと願う若者の姿が紹介されていた。そして、その隣のガラスケースに収まっていたのが、種の転成に関するノートシリーズの「ノート

B」だ。
一八三七〜三八年の日付がついた革装丁の手帳が、開いた状態で展示されていた。ページのいちばん上には「わたしはこう考える……」と書かれている。その下にあるのが、ダーウィンがためらいがちに描いたらしい、種が時とともに分岐する可能性を表す線図だ。
この図が有名だということはあとになってから知ったが、当時のわたしにとっては、はじめて見るものだった。わたしはしばらくその前に立っていた。はやる思いでロンドンを離れてニューヨークに来た人間が、ヴィクトリア朝時代の英国の遺物の前で畏敬の念に打たれている姿には、どこか皮肉なものがあったかもしれない。だが、そのときのわたしは、一枚の紙に、ごくごく単純な線図に、そしてかろうじて判読できるダーウィンの走り書きに釘づけになっていた。その走り書きは四方八方に広がり、みずから描いた図の意味するところを探ろうとしていた。そこにあったのは、新たな領域へ旅立とうとしている知能が実体化したものだった。ほんの数本の線からなる図とともに、そのページから飛び出したにちがいない興奮だった。[1]
ノートBから二〇年を経て出版された『種の起源』に唯一含まれていた図版が、このスケッチを緻密にしたものだ。第2章でも触れた折り込みページで、ダーウィンは仮説上の生物を使い、種の経時的な変化をめぐるみずからの考えを図にしている。特定の系統樹を詳しく述べることは、その本の要点ではなかった。ダーウィンの狙いは、進化が起きているという理論を確立し、その根拠を説明しうるメカニズムを提示することにあった。だが、その目標が達成されるや、『種の起源』はひとつの難問をはっきりと浮かび上がらせた。あらゆる生物の形態が関係しているのなら、その関係の歴史をひとつの系統樹で描くことができるはずではないか？

科学界では一五〇年以上にわたり、この偉大なる生命の樹をあやふやに描いてはまた描き直す試みが繰り返されてきた。コンテンポラリー絵画さながらの現代版の系統樹では、名前も聞いたことがないような無数の単細胞生物が描かれ、なじみのある多細胞の生物形態は、ごく小さな枝に登場するだけだ。この本では、その枝のうちの一本の細部を扱っているにすぎない。いくつにも枝分かれした哺乳類の系統を含むこの枝は、およそ三億一〇〇〇万年前に本流の幹から分岐したものだ。

ダーウィンその人も、プライベートではこの枝に考えをめぐらせていたようだ。ノートから破りとられた一枚のページ——おそらく一八五〇年代はじめに書かれたもの——には、「有袋類と有胎盤類の祖先」から伸びる哺乳類の線が描かれ、このふたつのグループをつなぐ「中間的な形態がない」ことを強調するメモが付されている。そして一八六〇年、『種の起源』出版から一年と経たないころ、イーストボーンで家族と休暇をすごしていたダーウィンは、友人のチャールズ・ライエルに手紙を書き、この樹について意見を仰いだ。偉大な地質学者であるライエルに対し、ダーウィンは哺乳類の単一起源説を受け入れてほしいと懇願し、「哺乳類の大枠を、外面と内面の両方から全体的に」考慮すれば、「すべての哺乳類が単一の祖先の流れをくんでいるとわたしがこれほど強く主張する理由を、あなたにもわかっていただけるはずです」と訴えている。

だが、ダーウィンはふたつの系統発生論を提示し、ライエルに比較検討を求めてもいた。そのふたつのおもな違いは、樹の根元部分にある。ダーウィンが知りたかったのは、すべての哺乳類の起源が「発達の程度が低い」有袋類の祖先集団にあるのか、それとも有袋類と有胎盤類が「真の有袋類でも真の有胎盤類でもない哺乳類」から生まれたのか、という点だった。どちらの説も、等しく可能性がありそうに思えた。つまり、ダーウィンはこのライエルに宛てた手紙のなかで、いまに至るまで続いている系統学の難題を先どりしていたことになる。考えられる複数の歴史解釈から、どれかを選ぶという難題だ。

系統発生の比喩として樹を使うなら、芽や葉は現存する種にあたり、硬い枝のラインはすでに世を去った祖先たちということになる。[2] 芽にあたる現生種は現在でも手に入る。現生種を系統学的に分類すれば、その類似性の程度をもとに、それぞれの種がどれくらい近い関係にあるかを推測することができる。チンパンジーとヒトは明らかに近縁関係にあるが、チンパンジーとボノボはそれよりもさらに類似性が高い。したがって、チンパンジーとボノボは、より近い時代に生息していた共通祖先を持つと考えられる。

さらに、現存する種からは、とうの昔に姿を消した共通祖先の持つ性質を推測することもできる。たとえば、ライオン、トラ、ネコの共通祖先として思い浮かぶのは、ひと目でネコ科とわかる動物だろうが、彼らとオオカミの最後の共通祖先はどうだろうか？　この世からいなくなって久しい、そうした動物たちの真の姿を知る手がかりは、岩石のなかに保存された彼らのごく一部の断片に隠されている。「化石は……」とジョージ・ゲイロード・シンプソンは一九四五年に書いている。「ある一定の時間の、大局的な系統発生の観点からすればまったくもって本質的ではない時間の成果物のみに頼って歴史を研究するという制約から、われわれを解き放ってくれる文書である」

シンプソンは『分類学の原理と哺乳類の分類（*The Principles of Classification and a Classification of Mammals*）』

のなかで、現存する動物型のあいだに「かなりの断絶」が存在する現代は、哺乳類の関係を研究するには「最悪の時代だ」と述べている。化石が垣間見せてくれる太古の動物たちは、その断絶に橋をかける存在だ。そして、化石はときに目覚ましい仕事をする。アンブロケトゥス（ラテン語で「歩くクジラ」を意味する）は、そうした発見のひとつだ。この動物の一連の化石により、陸生の四足動物が優雅な海の生きものに変化した過程が示されたおかげで、クジラをカバやウシの近縁とする説がずっと飲み込みやすいものになった。

ここでは、序文で触れた三つの時代区分にあてはめて哺乳類の系統発生を考えてみよう。最初の区分は、哺乳類前夜の時代——哺乳類と爬虫類の祖先が分岐した三億一〇〇〇万年前からの一億年だ。この時代に残された骨の形態学的変化をたどっていくと、爬虫類に似たはじまりの動物から哺乳類が現れ出るのを目にすることになる。身体を構成するさまざまな骨に注目し、それぞれの要素がどのような変遷を経て、二億一〇〇〇万年前ごろに誕生した最初の真の哺乳類たる生物にたどりついたのかを検証しようと思う。

第二の区分——哺乳類の誕生から、六六〇〇万年前に小惑星が恐竜王朝を終わらせる瞬間まで——は、哺乳類の歴史の最初の三分の二にあたる。この時代、体毛は動物界の下層階級にいる動物の印だった。だが、この時代の哺乳類の化石が続々と発掘されるにしたがい、抑圧されていたとおぼしきわれらが祖先の物語は色あざやかさを増しつつある。

第三の、そして最後の区分は、恐竜後の時代だ。小惑星が地球に衝突した翌日に目覚めた哺乳類を迎えたのは、まったく新しい世界だった。その世界はやがて、常軌を逸した哺乳類の増殖と多様化を、そして哺乳類的特性の徹底的な探究をまのあたりにすることになる。そして、哺乳類のうちの一種が、総勢五〇〇〇種あまりの親戚の起源を示す家系図をまとめようとしているのも、この時代だ。

最初のふたつの区分の物語は、ほぼ全編が、石化した歯と骨の形状に刻まれている。第三の区分も化石ではじまるが、現存する哺乳類の関係の解読には、それよりもはるかに多くのデータを使える。シンプソンは一九四五年にこんな見解を述べている。「形態学的データと古生物学的データ（たいていの場合は形態学的でもあるが、絶対ではない）は、これまでつねに（まったく思いがけない、かつめったに起きない他分野のいくつかの功績を別にすれば）系統発生学研究のもっとも重要な基礎であったし、この先もそうありつづけるだろう」

とはいえシンプソンは、そのほかの四つの情報源——遺伝学、生理学、発生学、地理学——にも果たすべき役割があるとも述べている。地理学については、「共通の地理的起源を持たずに、共通の祖先を持つことなどありえないのは明らかだ」と指摘している。動物の生息する場所と化石の見つかる場所には重要な意味がある。隣りあう地域で見られるふたつの類似した種は、地球の表と裏に住むふたつの種に比べれば、近い関係にある可能性が高い。「分類学者のなかには……」とシンプソンは書いている。「地理学と発生系統のかかわりを否定する者もいるが（中略）そうした見解を真に受けてはならない」

この発言にどれほどの先見性があったかは、いずれわかる。その一方で、一九四五年当時には「思いがけなく、かつめったに起きない」と思われていたことが、ほどなくして別の分野で現実に起きることになる。第3章で見たように、DNA配列が歴史的な関係を探る新たな手段になったのだ。

哺乳類の定義

わたしは哺乳類の定義として、もっとも広く用いられているものを採用している。歯骨と鱗《りんじょう》状骨からなる顎関節を持つものを哺乳類とする定義だ。それに対して、ほかの有羊膜類では、ふたつの別の骨が顎関節を形成している。正直に言えば、骨と化石は難しい。この定義は基本的に、哺乳類の下顎がひとつの骨（左右対称の歯骨）で構成され、すべての下歯を支えるこの歯骨が、頭骨のひとつである鱗状骨と直接つながって関節を形成していることを意味する。たいていは、この鱗状骨がほかの頭骨と融合している。歯骨と鱗状骨の結合点は、哺乳類の顎の回転軸になっている。ヒトの場合は、耳のすぐ前あたりだ。

わたしが昔から骨との接触を避けてきたのは、名前のなじみのなさに加え、死と結びついたイメージがしみついていたからだと思う。解剖学教室に吊るされた骨格標本は、生命の対極にあるようではないか？　生命という動的なプロセスと骨格には、弱々しい結びつきしかないような気がしていた。まわりで興味深いことが起きる受動的な足場、それが骨だと考えていた。

いまのわたしは、骨の熱狂的な愛好家として名乗りを上げたとまでは言わないが、以前よりはファンになっている。先ほどの顎関節に話を戻そう。たしかに、この顎関節は便利だ。たいていは化石化しているこの解剖学的目印を使えば、古生物学者は化石を哺乳類か先哺乳類、あるいは非哺乳類に分類することができる。だが、この関節はきわめて重要なものでもある。この歯骨と鱗状骨の顎関節のおかげで、哺乳類は高度な咀嚼運動をこなせる強力な顎を手に入れたのだ。

哺乳類が温血化するにつれ、必要なエネルギー量はますます膨大になっていった。哺乳類は同じ大きさの爬虫類の約一〇倍もの餌を食べなければならない。したがって、そのライフスタイルの燃料を得るためには、迅速かつ効率的に、そしてできる限り徹底的に、食糧からカロリーを解放する必要がある。その手はじめが噛むことだ。咀嚼は哺乳類の生態には不可欠な要素だ。化石化した哺乳類や先哺乳類の顎の構造は、単なる無味乾燥な分類上の目印ではなく、その動物がいかにうまくものを噛み、いかに巧みにカロリーを摂取し、いかに切実にエネルギーのすばやい解放を必要としていたかを物語っている。

ニューヨークでノートBの前に立っていたときにわたしが感じた興奮――一八〇年前に燃え上がった創造性の炎を体感しているような心持ち――は、熟練の目が化石から引き出すものに似ている。骨と歯の断片は、見る者がそれを十分に理解していれば、生きていたときの動物の姿を呼び起こしてくれる。温血なのか冷血なのか、昆虫食なのか植物食なのか、木に登るのか穴を掘るのか。そのすべてを、後世に残された身体の硬い一部から知ることができる。骨格は受動的な足場などではない。その保持者の生をかたちづくり、またそれによりかたちづくられているものなのだ。

したがって、哺乳類の夜明けへと至る一億年に目を向ける狙いは、さまざまな関節を形成する骨の名前を淡々と論じることではなく、その骨を所有していた動物の姿をよみがえらせることにある。生きている動物にとって、その肢の構造は何を意味するのか？　大昔に死んだ動物の肋骨の配置は、その動き方や呼吸の仕方の何を物語っているのか？

オックスフォード大学の古生物学者トム・ケンプは、この時代に生息していた哺乳類の祖先たちの研究にキャリアを捧げてきた。著書『哺乳類の起源と進化（*Origin and Evolution of Mammals*）』では、そうした動物たちを連続する「グレード（段階群）」として並べている。最初のグレードは同時代に生きていた爬虫類の祖先とほとんど見分けがつかないが、グレードがひとつ進むたびに哺乳類らしくなっていく。ごくおおざっぱに言えば、先哺乳類にはおもに三つの段階がある（ただし、ケンプは最大一〇のグレードを定義できると考えている）。簡単に言うと、最初に登場したのが盤竜類、次が獣弓類、その次がキノドン類だ。キノドン類と真の哺乳類のあいだのあいまいな領域にいるのが、哺乳形類だ。

こうした連続するグレードに関しては、押さえておくべき重要なポイントがある。ここで話しているのは、爬虫類に似た出発点から終着点の哺乳類へと進んでいく一本の細い系統ではない。第2章でも触れたように、各グレードは「放散」（図2-2を参照）と呼ばれるものを伴っていた。盤竜類や獣弓類という用語は、哺乳類という語と同じく、核となるさまざまな特徴を共有する動物を指している。そこに含まれる動物たちは、現在の哺乳類と同じく、さまざまな形態――小さいもの、大きいもの、植物食、肉食、昆虫食、雑食――をとっていた。興味深いことに、ケンプの化石の解釈によれば、新しいグレードはいずれも、重要な進歩を遂げた小型の肉食動物からはじまっているという。そのたびに一点から放射するように多様化していき、最終的には次に続く放散がそれ以前の放散に取って代わった。つまり、哺乳類の生態に何歩か近づいた新しいタイプの動物が多くの種に放散し、古いグレードの動物たちとの競争に勝利したということだ。

こうしたグレードを検証するにあたり、ここでは前から後ろ――歯からその後ろの顎、そして頭骨へ――の順に、太古の骨格を見ていこうと思う。そのあとは頭骨のさらに先へ進み、背骨、肢、肋骨に目を向ける。こうした構造の進化の経緯は、どれをとってみても、順々に登場した動物の類型のなにがしかを物語っている。

歯の分業

哺乳類の古生物学では、歯は重大事だ。何よりも、哺乳類の歯は信じられないほど丈夫な物体だ。そのエナメル質のコーティングは、哺乳類の身体のなかでもっとも鉱化された物質で、最高の硬さを誇る。そのため、大昔の哺乳類の身体のどこよりも歯は化石化しやすく、いい状態で保存されている。第二に、歯は信じられないほど多くの情報を与えてくれる。専門家なら、一本の歯を調べるだけで、その哺乳類が何を食べていたのか、ひいてはどんなライフスタイルを送っていたのかを突き止められる。また、その哺乳類の大きさもわかる。[3]

そして第三の、おそらくもっとも根本的なポイントは、哺乳類がほかのどの動物グループにも増して歯列を多様化させ、口を単なる狩りの道具ではなく、消化プロセスに欠かせない貢献者にしたことだ。

現代人の多くは、動物の生活の中心に歯があるという事実を直観的に飲み込めないかもしれない。われわれヒトは、歯や口を使って外の世界とかかわりあうことはめったにない。歯や口でじかに食べものを調達することもまれだ。わたしたちには手があり、ナイフやフォークがある。だが、われわれ以外のほぼすべての動物を見ると、食べものとの最初の接触——唯一の接触であることも珍しくない——は、口を介している。たしかに、ヒト以外の霊長類も手を使うし、一部の齧歯類も前肢を使う——かぎづめや爪で狩りをする鳥類や食肉類もいる——が、動物が餌をとる際の最優先手段は、たいていは口と歯で構成されている。

ここで打ち明け話をしなければならない。こうした諸々について考えはじめたとき、机の前に座っていたわたしは、オレンジの皮を剥き、皿の上で分解した——この手順をわたしの機敏な指で実行したことは認めるが——あと、手を使わずにそれを食べてみた。わたしはなんとなく照れながら作業を進めた。口が皿から数センチのところまで来ると、完全にばかばかしい気分になった。だが、歯をオレンジの房にかけると、事態は興味深い展開を見せた。オレンジをすくい上げるのに使った門歯は、食べものを引き寄せて噛み切る、正面に生えたシャベルのような歯だ。次に、口に入れた房を口の奥に移動させて咀嚼する。臼歯の精巧な歯冠を使ってオレンジをすりつぶし、細かく切り分けるのだ。そうしているあいだに、唾液に含まれる消化酵素がわたしのおやつにしみ込んでいく。ときおり、舌が房を口の前方にひょいと動かすと、また前歯がそれを噛み切る。しばらく経ってようやく、飲み込む準備ができる。オレンジの房は、どちらかと言えば不活発な食べものだ。わたしの犬歯（能力の限られたものではあるが）のすばやい一撃でとどめを刺す必要はない。犬歯は門歯の脇を固める歯で、ネコやイヌなどの肉食の哺乳類や吸血鬼では長く伸びている。この一連の体験の自然さと効率は、じつに心地のいい驚きだった。驚きのあまり、ふたつめの房も同じ方法で食べたほどだ。

この分業が、哺乳類の歯を理解するための鍵になる。先ほど挙げた三つの主要カテゴリー——門歯、犬歯、臼歯（大臼歯と小臼歯に分かれる）——は、それぞれの目標を達成するために専門化されている。とりわけ臼歯は精巧だ。哺乳類はこの歯を進化させたことで、単に噛み切るだけだった祖先の歯に、徹底的な咀嚼という機能を追加したのだ。

脊椎動物の歯は、魚類で最初に進化した。魚類の多くは、口全体と喉のなかにまで無数の歯を生やしている。両生類の歯はそれよりも少ないが、それでも多いことに変わりはない。爬虫類ではさらに少なくなり——このレベルの一般論で言えば——哺乳類がもっとも少ない。この数の減少と並行して、歯の生える場所が相補的な上下のふたつの弧に収まるようになる。原則として、爬虫類の歯は、釘に似た同じ構造が連なるように配置される傾向がある。この多数の同じ歯が並ぶパターンは、最初の陸生の有羊膜類と同じものだ。[4]

先哺乳類の系統をたどるなら、絶好のスタート地点になるのがディメトロドン（二億九五〇〇万年前から二億七〇〇〇万年前に生息していた背中に帆のある盤竜類で、恐竜によくまちがえられる）だ。手がかりはその名前のなかにある。「ディメトロ」は「二種類」を、「ドン」は「歯」を意味する。だが、ディメトロドンの歯列からすれば、トリメトロドンと名づけたほうがよかっただろう。ディメトロドンは大きな門歯のような歯を持ち、その脇を突出した鋭い犬歯が固めていた。その後ろには、また別の鋭さを備えた、のこぎり状の弓なりの歯が生えていた。それぞれの歯が獲物をつかまえ、とどめを刺し、しっかりくわえ込んでいたのだろう。やはり背中に帆のある別の盤竜類は、それよりも小さい釘のような歯を持っていた。そうした歯は、硬い植物をすりつぶすほうがずっと得意だ。したがって、そちらの種はほぼ確実に植物食だったと考えられる。

真の哺乳類に徐々に近づいていく動物たちの歯列を調べると、歯の分業がしだいに顕著になっていくことがわかる。盤竜類の次のグレードにあたる獣弓類では三種類の歯の違いがさらに目立つようになり、初期のキノドン類の歯列は明らかに哺乳類に似ている。なかでも、犬歯の後ろに控える歯が著しく複雑化し、とりわけ最奥部の歯——大臼歯の原型——では、ひとつの大きな咬頭《こうとう》〔それぞれの歯のもっとも高い部分〕とそれに付随する複数の咬頭が進化した。二億五五〇〇万年前の動物たちの口のなかを覗き込むと、臼歯が食物処理の主要拠点になっていたことがうかがえる。

獣弓類の多くは、おそらく昆虫を食べていた。現在でも昆虫食の哺乳類の多くがしているように、前歯で挟んで昆虫を捕らえていたのだろう（オレンジの房をすくい上げるよりもはるかに技巧を要する仕事だ）。だが、昆虫は優れた栄養源ではあるものの、おいしいところは硬い外骨格の下にある。ものを砕いてすりつぶす奥歯の進化は、その硬いコーティングを破って内臓を取り出したい動物にはありがたかったはずだ。

キノドン類の咬頭のある臼歯は、現在の哺乳類のように完全に噛みあってはいないものの、それに近づきつつあった。ものを噛み切る前歯でも咀嚼する奥歯でも、咬合《こうごう》――上歯と下歯の精密な位置調整――しだいで歯の効率はがらりと変わる。「はさみでものを切るところを想像してほしい」とアーカンソー大学の歯の専門家、ピーター・アンガーは書いている。「二枚の刃の位置がずれているはさみだと、どうなるか」。噛み切るにしても咀嚼するにしても、上下の歯の精密な位置調整により、効率が大きく向上するのだ。

咬合の精密化を促したのは、このあとで説明する顎の進化と、初期の哺乳類で歯の生え代わる回数が減少したことだ。哺乳類の系統では、生える歯が乳歯と永久歯だけになった結果、生涯のパートナーとなる上下の歯を同時に発達させ、完璧に噛みあせることが可能になった。

歯の化石の研究者は、歯に残された傷跡を綿密に調べ、食事中にどのように動いて噛みあっていたのかを推し測る。そうした痕跡からわかるのは、歯だけを取り上げて論じても意味がないということだ。餌をとらえ、巧みに噛み砕くためには、歯の収まっている顎がそれを適切に使いこなせなければならないのだ。

顎と聴覚の密接なかかわり

指でこめかみをやさしく押しながら上下の歯を食いしばると、筋肉が収縮するのがわかる。さらに、指を耳のすぐ下に動かしてまた歯を食いしばると、別の大きな筋肉が収縮するのを感じるはずだ。現代の哺乳類が顎の動きをごく精密にコントロールできるのは、これらの筋肉のおかげだ。このふたつの筋肉はそれぞれ別の方向に骨を引っぱるので、われわれは口を開け閉めするだけでなく、下顎を左右に動かすこともできる。この左右の動きは哺乳類の咀嚼の鍵となるもので、進化におよそ一億年の時を要した。

盤竜類の下顎は、前後に伸びる三つの骨で構成されていた。筋肉は顎の内側にひとつ、外側にひとつあるだけで、下顎は上下にしか動かなかった。これらの筋肉は、頭骨との付着点から下顎のすぐ後ろまで走っていた。そのため、噛む力はあまり強くなかったはずだ。箸を持っているところを思い浮かべてほしい。端を持って動かすと——盤竜類の顎を動かしていた筋肉と同じ形状だ——食べものをつかむ側には限られた力しかかけられない。だが、真ん中あたりを持てば、箸の先端をずっと強く押しつけあうことができる。

盤竜類から獣弓類、キノドン類に至る進歩では、まず噛む力が強くなり、次に動きが巧妙化するという流れが見てとれる。顎の外側の筋肉が拡張し、下顎に巻きついて吊り下げるような格好になった。つまり、箸の端だけを持って動かす方式から、真ん中から引っぱる方式に移行したということだ。下顎を構成する最大の骨（歯骨）で、まず筋肉の付着性を高める突起が進化し、やがて骨全体が大きくなった。顎の外側を走る、第二の筋肉群ができはじめた。こめかみを触ると感じられる筋肉は昔からあったが、その下にある咬筋は哺乳類の発明品だ。この筋肉は獣弓類で最初に登場し、キノドン類では重要な機能を担うようになった。

歯骨の拡大とそれに付着する筋肉の拡大は、どちらも噛む力の強化に貢献した。そして重要なのは、この顎の形状の変化により、筋肉の力が顎関節から離れ、力をより有効に活用できる場所、すなわち歯をつうじて大きな力をかけられるようになったことだ。つまり、先哺乳類は進化すればするほど、あまり噛まれたくない相手になっていったというわけだ。

咬筋の進化の過程でまず得られたのは、顎が安定するという効果だ。だが、この筋肉はさらに変化し、顎の左右の動きの精密な制御を、ひいては新しい様式の咀嚼を可能にした。精巧さを増していた臼歯の並ぶキノドン類の口は、強力だが精密に制御された顎の動きのおかげで、あらゆる食べものからいっそう効率的にカロリーを解放できるようになったにちがいない。

ここから完全な哺乳類へ至るためには、歯骨に戻る必要がある。なんといっても、顎の一部をなすこの骨こそが、哺乳類を定義しているものなのだ。歯骨が下顎の主要な骨として歯を支えていることは昔から変わらないが、当初は複数ある下顎の骨のひとつにすぎず、正面に位置する、どちらかと言えばほっそりとした骨だった。先哺乳類の系統が進化し、筋肉がしっかり付着するようになるにしたがい、歯骨は厚さを増し、後方へ広がりはじめた（次ページの図9-2を参照）。その結果、歯骨の後ろの骨——そのうちのひとつは当初の顎関節を形成していた骨だ——がどんどん小さくなり、その顎関節の重要性も低くなっていった。新たな筋肉配置により、当初の顎関節にかかる力が小さくなったためだ。最終的に、歯骨が頭骨に直接つながり、哺乳類固有の顎関節を形成するようになった。

長いあいだ、従来の顎関節の消失と、歯骨と別の頭骨（鱗状骨）がつくる新たな顎関節への移行は、

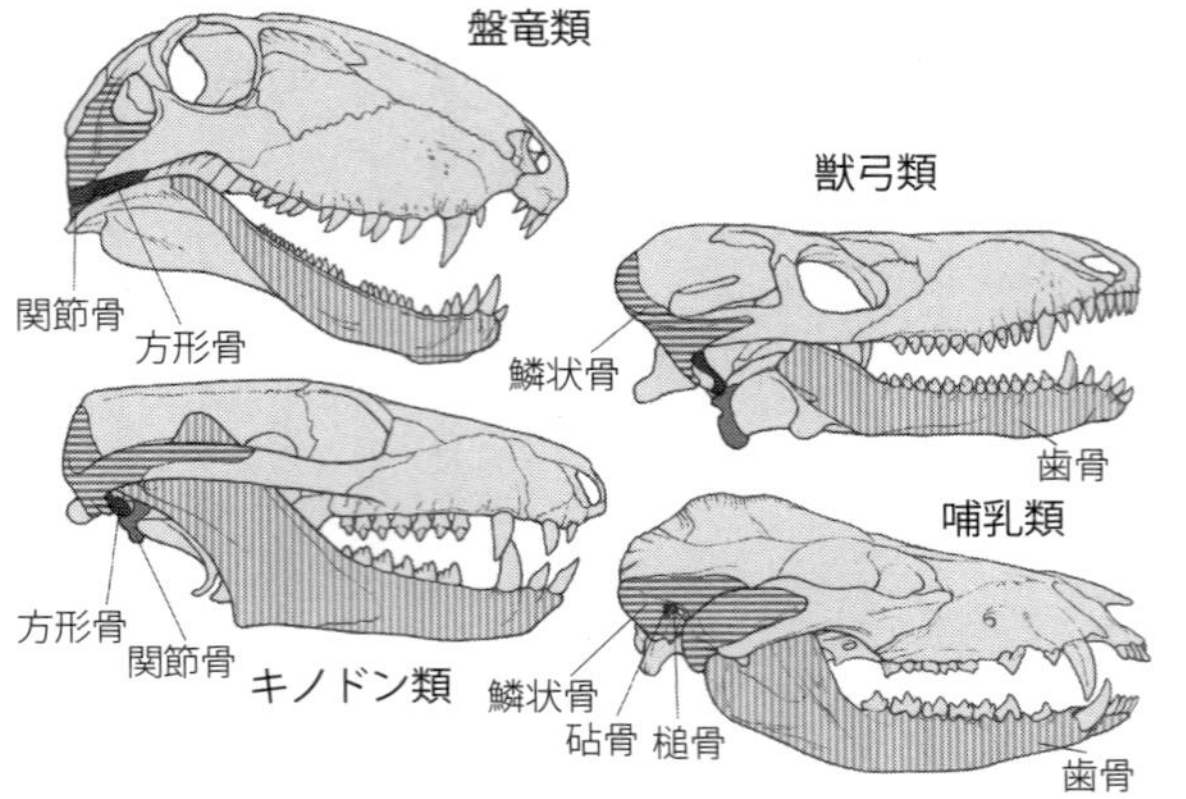

図 9–2　新たな顎関節が進化し、真の哺乳類が誕生した。

とうてい起こりそうにない形質転換だと思われてきた。当初の顎関節にかかる力がしだいに小さくなっていった経緯の解明が進んだ結果、その機械的な重要性が低下し、変化の可能性が生じることも説明がつくようになった。とはいえ、一九七〇年にアルゼンチンで発見されたプロバイノグナトゥスの化石は、過去に発掘されたどんな化石よりもエレガントに中間形態を体現するものだった。このキノドン類の化石には、ふたつの顎関節が存在していた――哺乳類方式の新しい顎関節の隣に、爬虫類方式の古い顎関節があったのだ。

　新しい顎関節がより大きな動きを可能にし、左右方向の咀嚼運動を担う筋力の新たな回転軸になったことはたしかだろう。だが、それとは別の選択圧がこの進化を促した可能性もある。新たな関節が確立されたあと、歯骨の後ろの小さな顎骨たちは、哺乳類の中耳の一部として、なんとも驚くべき第二のキャリアを歩むことになった――この物語は第11章で取り上げる。とはいえ、これらの骨の振動は、顎の一員ではなくなる前から聴覚に寄与していた可能性がある。したがって、顎の再構成と中耳の登場は密接に結びついていたと考えられる。正確な咬合と優れた聴覚——とりわけ高周波域の聴覚——の選択圧が同時にはたらき、この形態学的変化につながったのかもしれない。

エアコンのような鼻甲介

鼻のほうへ向かうと、そこには特記すべき最後の口腔改革が控えている。あなたでもわたしでも、現存するほかのすべての哺乳類でも、鼻腔と口腔は完全に分離された空間になっていて、奥のほうでつながっているだけだ。呼吸はどちらを使ってもできるが、鼻はにおいを嗅ぎ、口はものを食べることもできる。だが、最初からそうだったわけではない。かつてはひとつの腔しかなかった。ほとんどの爬虫類は、いまでもその形式を維持している。哺乳類の祖先は、第二の骨口蓋を進化させた。オープン構造の大きなビルに中二階を組み込むかのように、上顎のふたつの側面から伸びた部分が中央で融合し、独立した口腔と鼻腔を形成したのだ。[5]

だが、第二の口蓋が進化した理由については、まだ論争が続いている。問題は、その口蓋に複数の有益な機能があることだ。まず、上顎を強くするという機能だ。顎にかかる力が大きくなっていったことを考えると、この点が進化の最初の原動力になった可能性はある。だが、第二の口蓋には、食事と同時に呼吸するのを可能にするという機能もある。われわれ哺乳類の場合、窒息を防ぐには、ものを飲み込むあいだだけ息を止めていればいい。つまり、食べものと酸素を同時にむさぼり、温血動物の燃料の両輪の摂取速度を上げることができるのだ。

第二の口蓋は、乳を飲む際にも欠かせない。哺乳類の子は、この口蓋を使って母親の乳首のまわりに真空状態をつくりだし、母乳を吸い込む。それ自体は第二の口蓋がなくてもできるが、真空システムを使って乳を飲み、同時に呼吸もするためには、第二の口蓋が必要だ。

この口蓋の上にある鼻腔（哺乳類の鼻腔は大きい）には、においを嗅ぐ機能のほかに、呼吸の機能もある。そして哺乳類の場合、このふたつの機能は、どちらも鼻腔に並ぶ鼻甲介という渦巻き状の骨を利用している。どちらの機能にしても、この巻紙のような骨が、鼻腔の表面積を拡大する役割を果たしている。においの検知を促進する鼻甲介は、空気を伝わる化学物質と結合する感覚細胞で覆われている。この骨が多くなるほど、感覚細胞も多くなり、ひいては嗅覚が鋭くなるというわけだ。鼻甲介の呼吸部は、粘液を分泌する細胞に覆われている。こちらは空気のメインルートに配置され、天然のエアコンディショナーのような役割を果たしている。

鼻に入る空気は汚く、冷たく、乾燥していることが多い。だが、鼻甲介の呼吸部の上や周囲を通過すると、空気は温められ、汚れが粘液に付着し、水分の蒸発により加湿される。そのすべて（とりわけ加湿機能）が、肺の受ける衝撃を和らげている。さらに、空気を吐くときには、呼気に含まれていた水分が鼻甲介の上でまた凝縮されるので、そのまま吐き出されて失われずにすむ。

このプロセスは昔から知られていたが、従来は乾燥した環境で水を節約するための適応とされていた。だが一九九〇年代はじめ、オレゴン州立大学のウィレム・ヒレニウスが、鼻甲介の呼吸部が進化したのは高速での換気に対応するためだったとする説を唱えた。高速での換気は温血動物には必要なものだが、なんらかの対応をしなければ甚大な水分喪失につながりかねない。実際、やはり温血性の鳥類も、複雑な鼻甲介を持っている。さらに、ヒレニウス率いる研究チームは、鼻甲介の進化時期を特定すれば、哺乳類の系統が温血動物になった時期がわかるはずだと主張した。獣弓類に鼻甲介があるとしたヒレニウスらの主張は、当初はやや根拠が心もとなかったものの、その後の複数の発見では、獣弓類が鼻腔に節水装置を備えていたことが裏づけられているようだ。

大きな脳

鼻の上にあるのが、脳を収める頭蓋だ。脳については第12章で扱うので、ここではごくごくわずかに触れるだけにする。ひとつだけ、ここで言っておくべき単純なポイントがある。それは、哺乳類が大きな脳を持ち、しかも真の哺乳類が進化したときにはじめて大きくなったらしいということだ。それ以前のキノドン類も、その祖先よりいくらか大きい脳を持っていた可能性があるが、それを証明するのは難しい。というのも、キノドン類の脳は硬骨ではなく、頭蓋内の軟骨でできたケースに収まっていたからだ。

加速と方向転換

先哺乳類の「頭蓋後方」部分の化石は、おもにふたつのメッセージを伝えている。第一に、その動物の呼吸方法に関するさらなる重要情報が手に入る。そして第二に、その動物がどのように動いていたかがわかる。哺乳類が呼吸と食事を同時にできるメカニズムを発達させたことは重大事だが、それに劣らず大きな影響があったのは、走りながら呼吸する方法を進化させたことだ。

えらから進化したばかりの肢を使って四足動物が乾いた大地に踏み出したとき、その肢は身体の横に広がるように生えていた。走るときには、祖先の魚類から引き継いだ方法を採っていた。身体を横方向に揺り動かし、その勢いで肢を前へ出していたのだ。トカゲはいまでもこの方法で走っている。彼らの腰の湾曲は、歩幅の長さに貢献している。だが、この横方向に身体を曲げる動きは、ひとつの問題を生む。肢を前へ出すたびに、左右の肺が交互に圧迫されるのだ。この方法で走っているときには、動物は呼吸をすることができない。圧迫された肺から反対側の圧迫されていない肺へ空気が移動し、次の一歩でまたもとに戻るだけだ。

興味深いことに、この横方向の屈曲は早い段階で姿を消した。盤竜類の脊柱の連結様式を見ると、もはや背骨を左右に曲げられないことがわかる。われわれが背を曲げてつま先に触るときのような、前後の屈曲もできなかった——これはあとになって生まれた機能だ。だが、盤竜類の脊柱は、彼らが新しい様式で走り、おそらく同時に呼吸もできたであろうことを物語っている。

その後、下部脊椎を前後に曲げる能力を手に入れた哺乳類は、高速で跳ねるような新しい足どりを体得した。そして、この走り方は呼吸を助けるものでもあった。ふたつの肺を同時に収縮・膨張させることができるからだ。

呼吸をめぐるもうひとつのポイントは、化石化しない哺乳類固有の特徴に関係している。胸腔の基底部に、胴の端から端まで伸びる筋肉質の横隔膜があるのは、哺乳類だけだ。この筋肉の板は、肋間筋と連動して肺を空気で満たしている。肋骨が持ち上がると、横隔膜が下がって胸腔をさらに広げ、より強力に空気が引き込まれるという仕組みだ。

横隔膜が最初に進化した時期を直接的に知ることはできないが、それは肋骨が教えてくれるかもしれない。盤竜類と初期の獣弓類の肋骨は骨盤まで連なっていたが、後期の獣弓類の肋骨は胸腔の端までしかない。この事実は、後期の獣弓類が有益な筋肉の板を持っていたことを示唆している。

四足動物の動き方を理解するには、彼らの動きを手押し車のようなものと認識することが重要だ。本質的な類似点は、手押し車の前輪が、四足動物の前肢と同じように、前方への動きの原動力になっていないことだ。前方へ押し出す力は、すべて後方の肢に由来する。前肢の主たる目的は――手押し車の前輪と同じように――前方へ進む身体が地面に落ちないように支えることにある。

脊柱の変化のほかにも、哺乳類の運動の進化をめぐる物語の本筋に絡む問題がある。トカゲの肢のように身体の横に広がっていた祖先の二組の肢が、どのような経緯で身体の下に収まったのかという問題だ。この変化により、前肢は以前よりも機動的に動物を前方へ導くようになり、後肢は新たな角度でその動きに動力を供給するようになった。

これには無数の関節、肢の骨、それに付着する筋組織の段階的な変化が関係している。そして、肩や腰、肢の骨の化石からは、哺乳類の動きのメカニズムをめぐるさまざまな推論を引き出せる。トム・ケンプは古いものから新しいものへと移り変わっていく化石を頼りに、この変化を媒介した一連の出来事を推測した。

盤竜類は脊柱を変えたかもしれないが、その横に広がった鈍重な肢では、それほど著しい動きの変化は起きなかったはずだ。前肢は巨大な肩帯につながり、肩帯自体は肋骨にしっかり結合していた。後肢の動きも同様に制限されていた。ケンプによれば、盤竜類に続く初期の獣弓類は「現代の水準からすれば、動きが遅く、ぎこちなかったことは疑いようがない」ものの、いくつかの根本的な変化が起きはじめていたという。身体の前方では肢が依然として横に突き出ていたが、肩帯は「それほど巨大ではなくなり」、自由に動くようになった。また、肩関節の性質が変わり、前肢の可動性がそれまでよりもはるかに大きくなった。前肢には身体を前方へ押し出す力はないとはいえ、その機動性は、動物の全体的な運動能力を大きく左右する。

そして、獣弓類の身体の後方では、まさに抜本的な変革が起こりつつあった。一九七八年、ケンプは「二元歩行」仮説を発表した。すばやく動く必要がないときの獣弓類は、祖先と同じように四本の肢を横に広げて歩いていた。だが、機敏に動く必要に迫られると、後肢が身体の下に移動し、膝が前方を向き、現在の哺乳類に近い方式で走っていた、というのがケンプの主張だ。同じような二元性は、現代のワニやイグアナでも見られる。まっすぐ下に伸びる後肢と横に広がる前肢というこの説が、手押し車の印象をますます強くするものであることはたしかだ。

獣弓類に続くキノドン類では、はじめのうちこそ進歩は鈍かったものの、最終的に後肢は恒久的に身体の下にまっすぐ伸びるかたちになった。さらに後期のキノドン類では、前肢もその配置に移行した。肩関節と骨盤も完全に哺乳類式になった。「加速と方向転換の能力がしだいに高くなっていった」とケンプは見ている。

複数の要素が同時進化する

本書の冒頭でも話したが、この本の章立ての候補のひとつとして、哺乳類のさまざまな特性をめぐる一連の章を、それぞれの形質が進化した順に並べることも考えていた。この章で見てきた内容は、それが不可能であることをありありと示している。哺乳類前夜の一億年のあいだに、摂食、走行、呼吸の各メカニズムは並行して進化していった。哺乳類を定義するさまざまな形質が、同時発生的にじわじわと出現していたのだ。

ひとつの大きなシステムのなかで、複数の要素が同時に進化する。その現象をもっともわかりやすく示しているのが、摂食の進化だろう。硬いものをすりつぶせる複雑な臼歯の出現を、画期的な出来事と見なすのは簡単だ。だがその臼歯も、それを補う顎の骨と筋系が進化していなければ、なんの役にも立たなかっただろう――それどころか、存在さえしていなかったかもしれない。

この歯を支える強力で可動性の高い顎の出現は、先哺乳類がエネルギー消費の激しい動物へと向かう流れの一環でもあった。食糧をより効率的にとらえ、より効率的に消費できるようになる。咀嚼するあいだ、息を止める必要がなくなる。大きくなった鼻腔に渦巻き状の骨が備わり、温かい呼気に含まれる水分の喪失を防げるようになる。走りながら呼吸できるようになる。横隔膜のおかげで、肺いっぱいの空気を出し入れできるようになる。そのすべての流れは、高速化した代謝に動かされる活動的な動物へ、そして最終的には大きな脳に操縦される動物へと向かっている。

しだいに哺乳類に近づいていく各グレードの姿勢と歩行の変化は、より速く、より力強くなっていく動物を浮かび上がらせているようにも見える。長いあいだ、肢が身体の下に伸びる哺乳類の姿勢は、爬虫類の低姿勢よりも優れていると見られてきたが、爬虫類の動きを詳細に分析したところ、速さと効率という点では変わらないことが明らかになった。ケンプは哺乳類の足さばきについては、肢に選択圧がかかった結果、より機敏になり、厳しい地形にうまく対応できるようになった可能性を主張している。

最後に、この祖先たちの生息していた場所に注目するのもおもしろいだろう。堆積岩は、歯や骨の遺物を隠しているだけではない。その岩が形成された当時の気候も教えてくれる。盤竜類は赤道付近に生息していた。当時は、すべての陸塊がひとつに寄り集まり、パンゲアと呼ばれる超大陸を形成していた。そこはつねに暖かく、湿度も高かった。比較的最近——地質学的にはということだが——水を出たばかりの動物にとっては、ありがたい気候条件だ。

それに対して、獣弓類は赤道から離れ、より気温の低い、季節のある気候条件のなかで進化した。そのため、冷たく乾燥した空気に順応していたにちがいない。その後、数々の苦境のなかで進化した獣弓類は、ふたたび赤道地域に戻り、盤竜類のあとを継いだ。

だが、気候条件は緯度や季節によって変わるだけではない。地球の日々の回転に応じても変化する。陽光がなくても生きられる能力は、初期の哺乳類が新たな生態学的ニッチに進出するのを助けたはずだ——夜というこのニッチは、同時代に生きる爬虫類の暴君たちを避けるには欠かせない戦術だった。

ジュラ紀の爆発的な変化

最初の盤竜類が進化すると、彼らはまたたくまにその時代を支配する陸生脊椎動物になった。同じように、獣弓類もすぐに広い地域に進出し、繁栄した。だが、やがてある事件が起きる。およそ二億五二〇〇万年前、地球史上もっとも過酷な大量絶滅が発生し、海洋生物種の九五パーセント、昆虫の大部分、そして陸生脊椎動物の推定三分の二が絶滅に追いやられたのだ。このペルム紀末の大量絶滅を引き起こした原因は定かではないが、巨大かつ継続的な火山噴火が大規模火災を煽り、大気と海の化学平衡が崩れたとされている。地球温暖化が猛烈に進み、生態系全体が崩壊した。この大惨事後の化石記録を見ると、新時代の中生代で生物多様性が回復するまでに一〇〇〇万年を要したことがわかる。

一部の獣弓類とキノドン類がこの大変動を生き延びられたのは、哺乳類に近い生理機能を進化させていたからだろうか？　その点については議論の余地がある。たとえば、一部のエネルギー収集能力は役に立ったかもしれない。また、興味深いことに、大量絶滅直後の時期に群を抜いて多かった有羊膜類は、リストロサウルスと呼ばれる、穴を掘るブタに似た獣弓類だった。だが、彼らとともにどこかで生きていたのが、やがて恐竜に進化することになる生存者だ。さらに言えば、当時は進化の一大饗宴が繰り広げられていた。現代のトカゲ、カエル、カメ、ワニにつながる系統は、すべてこの時代に端を発している。

世界の構造ががらりと変わった。そして、その混沌のなかから恐竜が現れ、陸の動物の支配者になった。盤竜類や獣弓類とは裏腹に、二億一〇〇〇万年前に進化した真の哺乳類は、陸地に君臨する動物相を築くまでに一億四五〇〇万年ほどの時を待たなければならなかった。

この本の狙いは哺乳類の定義を問い、それが現代のヒトの生をどうかたちづくっているかを探ることにあるが、ときにその場の勢いに流され、賛美的な語り口になってしまうことがあるのは自覚している。それは哺乳類がほかよりも優れた動物だという印象を与えるかもしれない。だが、哺乳類がその存在時期の三分の二を恐竜の脇役としてすごしてきたという事実ほど、その印象が正しくないことを思い知らせてくれるものはない。わたしは哺乳類をとても高く評価しているが、この世界で暮らしを立てる方法はひとつではない。そして長いあいだ、恐竜の生態が哺乳類の生態に勝《まさ》っていたことは認めなければならない。

では、その一億四五〇〇万年のあいだ、哺乳類は何をしていたのだろうか？　ごく最近までの一般的な見解を言えば――たいしたことはしていなかった。爬虫類の君主たちを避けながら真夜中に昆虫を食べ、その単純な生にしがみついていたと最近までは考えられていた。かなり限られた数の化石記録から見えていたのは、かなり限られた種類の動物たちだった。だが、ここ二〇年ほどで、この世界観は覆された。

適切な製造年代の哺乳類を探すことは、すなわち適切な堆積岩を探すことを意味する。長きにわたり、古生物学者たちはそれを求めてゴビ砂漠へ赴いてきた。だが最近では、グリーンランド――北極圏の発掘現場はホッキョクグマのせいでリスキーだが――や南アフリカなどの探索がおもしろい展開を見せている。特に目を引くのが、現在の中国北東部にある、およそ一億六〇〇〇万年前の周期的な火山噴火によりできた堆積岩だ。

グリーンランドと中国の発掘現場で見つかった大量の哺乳類の骨格は、彼らがきわめて多くの生態学的ニッチを占有していたことを示している。ある化石からは、その動物がビーバーのような尾を持ち、手には水かきがあり、魚をとるのに適した歯を持っていたことがわかっている。別の化石には、アリを吸い上げるのに使っていたであろう口吻があった。同じ時代には、木に登るものもいた。さらに別の動物は、前肢と後肢のあいだに、現在のムササビに似た滑空生物を思わせる膜があった。昆虫が重要な食糧源だったことはたしかだが、食生活は多様だった。哺乳類学者たちに人気の発見は、およそ一億二五〇〇万年前に生息していた、小型の恐竜を消化している最中に死んだ哺乳類だ。中生代にアナグマや小型犬よりも大きい哺乳類がいたことを示す証拠はないが、当時の哺乳類は多種多様な動物からなる一団であり、現代の小型哺乳類がしていることのほとんどをすでにしていたのだ。

最近になって、数千にのぼる中生代の哺乳類の化石——全身骨格もあるが、顎の断片や歯のほうが多い——を残らず比較して中生代の系統樹を構築し、当時の哺乳類が進化したスピードを推測する研究がおこなわれた。その結果、オックスフォード大学のロジャー・クロースを中心とするチームにより、ジュラ紀の中期にあたる一億八〇〇〇万年前から一億六〇〇〇万年前ごろに、哺乳類のあいだで爆発的な形態学的変化が起きていたことが突き止められた。

注目すべきは、その時代の哺乳類の身体が、恐竜王朝末期の一〇倍のスピードで変化していたことだ。クロースはこう述べている。「何がこの爆発的進化を引き起こしたのかはわからない。環境変動が原因となった可能性もあるし、胎生や温血性、体毛といった哺乳類の〝重要なイノベーション〟が〝臨界質量〟に達し、その結果さまざまな生息環境で生きられるようになり、生態学的に多様化したとも考えられる」。この創造性豊かな時期は、有胎盤類と有袋類の祖先にあたる、現在知られている限りでは最古の獣亜綱の哺乳類が生息していた時期と一致する。だが、そのころに多種多様な哺乳類の系統が存在していたことも、堆積岩は明らかにしている。そのほとんどは——三〇〇〇万年前まで生き延びていた翼歯類に似た系統のような例外はあるものの——中生代の岩に埋もれた。いまさら言うまでもないが、進化の実験は容赦のないものなのだ。

獣亜綱の哺乳類の繁栄を導いた要素として考えられるのが、歴代の臼歯に連なる新たな臼歯を進化させたことだ。いわゆる「トリボスフェニック型臼歯」は、獣亜綱の放散の根元で出現した。片側の咬頭でものを噛み切り、反対側の咬頭ですりつぶすこの臼歯は、まさに歯の世界の傑作だ。ジュラ紀には、新たに進化した顕花植物が繁栄しはじめていた。トリボスフェニック型臼歯は、その種子や果実を利用するときに特に威力を発揮しただろう。初期の哺乳類は、かつての超大陸パンゲアの分裂も生き延びた。当時は、地球の陸塊が徐々に現在の大陸配置に近づきはじめた時代でもあった。

中生代の哺乳類にスポットをあてた自然史博物館のジオラマでは、哺乳類は恐竜に囲まれたすばしっこい小動物として描かれている。全体的な光景は、目をみはるほど、そしてぞくぞくするほど異質な世界だ。それに対して、過去六六〇〇万年の光景を再現したジオラマは、一見するとなじみがある。じっくり眺めてみてようやく、見慣れないものが見えはじめる。サイに似た獣の頭部はどこか奇妙で、捕食者の歯は異様に長い。ウマは小さすぎ、アルマジロは大きすぎ、レイヨウの角はあまりに風変わりだ。そんなふうに細部に異質さはあるものの、哺乳類の基礎的な型の多くはおなじみのものに見える。

わたしたちが識別できる型は、一七ほどの目に対応している。現存する五〇〇〇前後の有胎盤類はこれらの目に分類され、それぞれの目は特定の生態を持つ哺乳類のグループを表している。門歯が伸びつづける齧歯目、空を飛ぶ翼手（コウモリ）目、霊長目、食肉目、食虫動物の集まった目などのほか、センザンコウ、ツチブタ、ヒヨケザルだけでそれぞれ構成される極小の目もある。話が現代に近づくにつれ、ひとつの疑問が浮かび上がってくる。現存する目の祖先にあたる小さな動物たちは恐竜の時代から存在していたのか、それとも運命の小惑星が恐竜を絶滅させたあとにはじめて現在の目が出現したのか、という疑問だ。[6] K-T（白亜紀-第三紀）境界と呼ばれるその大変動は、たしかに哺乳類の歴史上の大事件だった。だが、現代の哺乳類たちを生み出した動物学的創造性の本質は、依然として驚くほど深い謎に包まれている。

引っくり返った系統樹

ダーウィンはチャールズ・ライエルに宛てた手紙のなかで、大昔に姿を消した哺乳類の系統の起点をめぐる疑問を投げかけた。その疑問が、複数の歴史の筋書きからどれかを選ばなければならないという、生物学者がつねに直面する難題を予見していたとするなら、その難しさを十二分に立証したのは、形態をもとに現生種の関係を体系的に推測しようと最初に試みた者たちだった。

最初の系統樹を発表したのは、セント・ジョージ・ジャクソン・マイヴァートだった――そう、進化から乳腺が生まれる可能性に疑問を差し挟んだ、あのセント・ジョージ・ジャクソン・マイヴァートだ。ダーウィンに刺激を受けたマイヴァートは、霊長類の相互関係の解明に乗り出した。まず、脊柱の類似点と相違点をもとに関係を探り、一八六五年、ヒトを含めた二九種の系統樹を発表した。

だが、マイヴァートはその後、第二の系統樹を発表した。これもやはり霊長類の関係を図にしたものだが、今回は肢をもとに関係を推測した。その結果できあがったのは、最初のものとはまったく異なる系統樹だった。

現生種を比較して歴史を再構築する難しさが、いきなりあらわになったというわけだ。より正確に真の系統を明らかにしているのは、脊柱と肢のどちらなのか？　それをどう判断できるというのか？　そして、種々雑多なデータセットをどう組みあわせればいいのか？　提案された解決策はいつも同じ――データを増やしてさらに分析することだった。脊柱であろうが肢であろうが、はたまた胎盤であろうが、ひとつの形質だけを頼りに、混沌とした現在の哺乳類をそれぞれの系統に沿って並べることはできない。どの種がどの種に近いのかを推し測るためには、現生種と絶滅種のさまざまな面——形態、発生、分布、生理機能、遺伝——を把握しなければならないのだ。

だが、ジョージ・ゲイロード・シンプソンが一九四五年の先駆的な哺乳類分類論のなかで指摘しているように、最大の問題は収斂進化にあった。たとえば、有袋類と有胎盤類の放散は、きわめてよく似た動物たちを生み出した。フクロオオカミ——いわゆるタスマニアオオカミ（またはタスマニアタイガー）——が有胎盤類のオオカミと共有する特徴は、カンガルーとの共通点よりもはるかに多い。だが、フクロオオカミがカンガルーと共有する形質（生殖様式など）は「より基本的、もしくは重要、もしくは本質的」なものであり、したがってはるかに大きな重みを持つ。

シンプソンが編み出した分類は、続く半世紀にわたり、哺乳類系統学の基準となってきた。シンプソンは現存する哺乳類を一八の目に割り振った——ひとつを単孔類、もうひとつを有袋類にあて、有胎盤類を一六の目に分類した。目は一般に、きわめて異論の少ない確立されたグループで、霊長目、齧歯目、長鼻目（ゾウとその絶滅した近縁種）などがある。それよりも厄介なのは、そうした目どうしのつながりを見極めることだ。シンプソンはそのために、大きさに偏りのある四つの「コホート（仲間のグループ）」に有胎盤類を分類した。ひとつはクジラ目のみが属するもの、ひとつは齧歯目とウサギ目、その近縁で構成されるもの。われわれヒトは、霊長目の親戚たちとともに、第三の大きなグループに入る。このグループには、食虫類や南アフリカに住むナマケモノ、アリクイ、アルマジロ、さらにはアジアに住むセンザンコウも含まれる。第四のグループには、それ以外のすべてが収まる。たとえば、有蹄類（蹄を持つ哺乳類）や食肉類（ネコ、クマ、オオカミ、アザラシ）などだ。ここに含まれる動物たちは、発見されている化石を見る限りでは、近い関係にあるように思われた。

一九五〇年代以降、系統発生学はますます統計学的になり、シンプソンの分類に対しても小程度から中程度の修正案が周期的に出されたが、全体としては揺るぎない立場を保っていた。マイケル・ノヴァチェックが一九九二年に発表した画期的な系統発生論も、シンプソンのものとかけはなれていたわけではなかった。「哺乳類の系統発生：樹を揺るがすもの」と題した論文のなかで、ノヴァチェックはシンプソンの系統樹とともに、その立証や反論を試みるために採用されたさまざまな新テクニックを検証した。その後まもなく、モルモットは齧歯類ではないとか、有袋類がまず有胎盤類から分岐し、そのあとで有袋類から単孔類が分岐したなどと主張する分子学的研究が出てきたことから、ノヴァチェックはタンパク質とDNA配列の研究に対して賛否両論の立場をとるようになった。

とはいえ一九九七年までは、遺伝学的データが樹を揺るがす力は、主枝の位置を大きく変えるほどの強さではなかった。この年、「系統樹を揺るがすアフリカ固有の哺乳類」と（遊び心たっぷりに）題された新たな研究論文が『ネイチャー』に掲載された。この研究により、形態的な共通点をもとに確立されていたふたつのグループが解体され、地理学を根拠とした新たなグループが構築されることになった。

この研究以前に、表面的には異なるゾウ、ツチブタ、マナティ、ジュゴンの類似点が突き止められ、そうした動物たちがひとつのグループにまとめられていた。その後、この動物グループは、得体の知れないハイラックスという動物――ずんぐりとした小型の植物食動物で、ウサギの胴体にリスの頭と四本の短い肢をくっつけたような姿をしている――とも結びつけられた。だが、突如として彼らに仲間ができたのだ。

ハネジネズミ——英語名はエレファントシュルー（ゾウトガリネズミの意）だが、これはその長い鼻からついた名で、巨大なトガリネズミというわけではない——は昔から食虫目とされ、トガリネズミ、ハリネズミ、モグラと同じグループに入っていた。それに対して、キンモグラとテンレックは齧歯目とするのが一般的だった。だが、マーク・スプリンガーを中心とするカリフォルニア大学リヴァーサイド校の研究チームは、多くの哺乳類種で五つの遺伝子のＤＮＡ配列を徹底的に解析し、ハネジネズミ、キンモグラ、テンレックともっとも近い関係にあるのは、ゾウ、ツチブタ、マナティ、ジュゴンであることを明らかにした。彼らを結びつけているのは、アフリカだった。

遺伝学的データによれば、この多種多様な哺乳類のグループは、単一の祖先に端を発する哺乳類の単系統群を構成している。アフリカ大陸は数千万年にわたってほかの大陸から切り離されていた。この哺乳類たちは、そこにあった多くの生態学的ニッチを埋めるように進化した。この単系統群には、あらゆる哺乳類とまでは言わないが、多くの動物が含まれている。有袋類と有胎盤類のあいだに収斂的な形態が見られるのと同じように、アフリカのグループでも、ほかの大陸で個別に進化した哺乳類とよく似た動物たちが生み出されたのだ。

そして二〇〇一年、スプリンガーの研究チームは、さらに徹底的かつ全面的に改訂した哺乳類の系統樹を発表した。同時に、アメリカ国立がん研究所のスティーヴン・オブライエンを中心とするチームも、まったく同じ結論に達した研究結果を発表した。大量の遺伝学的データ——まとめるのにほぼ一〇年を要したほどの量だ——を検証したこの二チームによれば、有胎盤類は次の四つの単系統群でもっとも的確に表せるという。

①アフリカ獣上目。アフリカに起源を持つグループに与えられた新しい名称。
②異節上目。南米に生息し、貧歯類とも呼ばれるナマケモノ、アリクイ、アルマジロで構成される。
③ローラシア獣上目。現在の北米、グリーンランド、欧州、アジアの大半で構成されていた超大陸ローラシアから名づけられたグループ。ローラシアでは、食虫類、食肉類、有蹄類、クジラ、センザンコウ、コウモリの祖先たちが進化した。コウモリが霊長類と引き離されたのも大きな驚きだった。両者は長らく近い親戚と考えられていた。
④真主齧上目《しんしゅげつ》。ヒトはここに含まれる。この単系統群は、霊長類とその近縁、齧歯類、ウサギとその仲間で構成される。[7]

DNAが形態学に勝《まさ》っているのは、疑問の余地のないデータを大量に得られるところだ。どれほど多くの配列でも、ひとつひとつの塩基は絶対にA、C、G、Tのいずれかだ。そして、種を比較する際には、すべてのA、C、G、Tがひとつの形質としての役割を果たす。

さらに、そうしたデータのほとんどは、形態学につきもののただし書きから解放されている。たとえば、遺伝子変化は表現型への影響があいまいなので、自然選択からは無視される。そして、おそらくそれよりも重要なのは、自然選択は動物の形態を収斂進化させるが、その変化が同じ遺伝子変化によって達成される可能性はごくごく小さいという点だ。

この二本の論文は、哺乳類の系統樹を完全に引っくり返すものだった。現存する哺乳類の遺伝子を掘り下げていった結果、突如として地理学が前面に押し出されたわけだが、それは完璧に筋が通っていた。そして、その結果わかったのは、哺乳類がそれぞれ独自の手段を駆使し、よく似た形態を収斂進化させたということだ。

だが、この新しい系統樹にも悩みの種《たね》はある。たとえば、アフリカ獣上目を「アフリカ獣上目」と分類するための目印となる形態学的特徴はひとつも見つかっていない。さらに、遺伝学で何もかもが明らかになるわけではない。疑問はいくつも残っていて、たとえば現在の四グループに至る系統がそれぞれ分岐した順序は、いまもよくわかっていない。ローラシア獣上目と真主齧上目がひとつの北方グループを形成することはまちがいないが、アフリカ獣上目か異節上目のどちらかが先に分岐したのか、それとも樹が二分裂し、アフリカ獣上目と異節上目だけに共通する祖先を含む枝ともう一本の枝に分かれたのかについては、いまも論争が続いている（図9-3を参照）。

さらに、ローラシア獣上目内の各部の正確な分岐パターンや、いくつかの分岐ポイントについても正確なところはわかっていない。とりわけ、コウモリが収まるべき正確な位置は謎が深い。[8] だが、最大の論点は、大きな分岐が起きた時期だ。論争の的になっているのは、四つのグループが生まれた時期だけではない。現存するすべての有胎盤類の最後の共通祖先が生息していた時期についても意見が割れているのだ。[9]

三つ巴の論争

分子学的研究で系統の誕生時期を推測すると、古生物学者たちの見解よりも大幅に古い年代になる傾

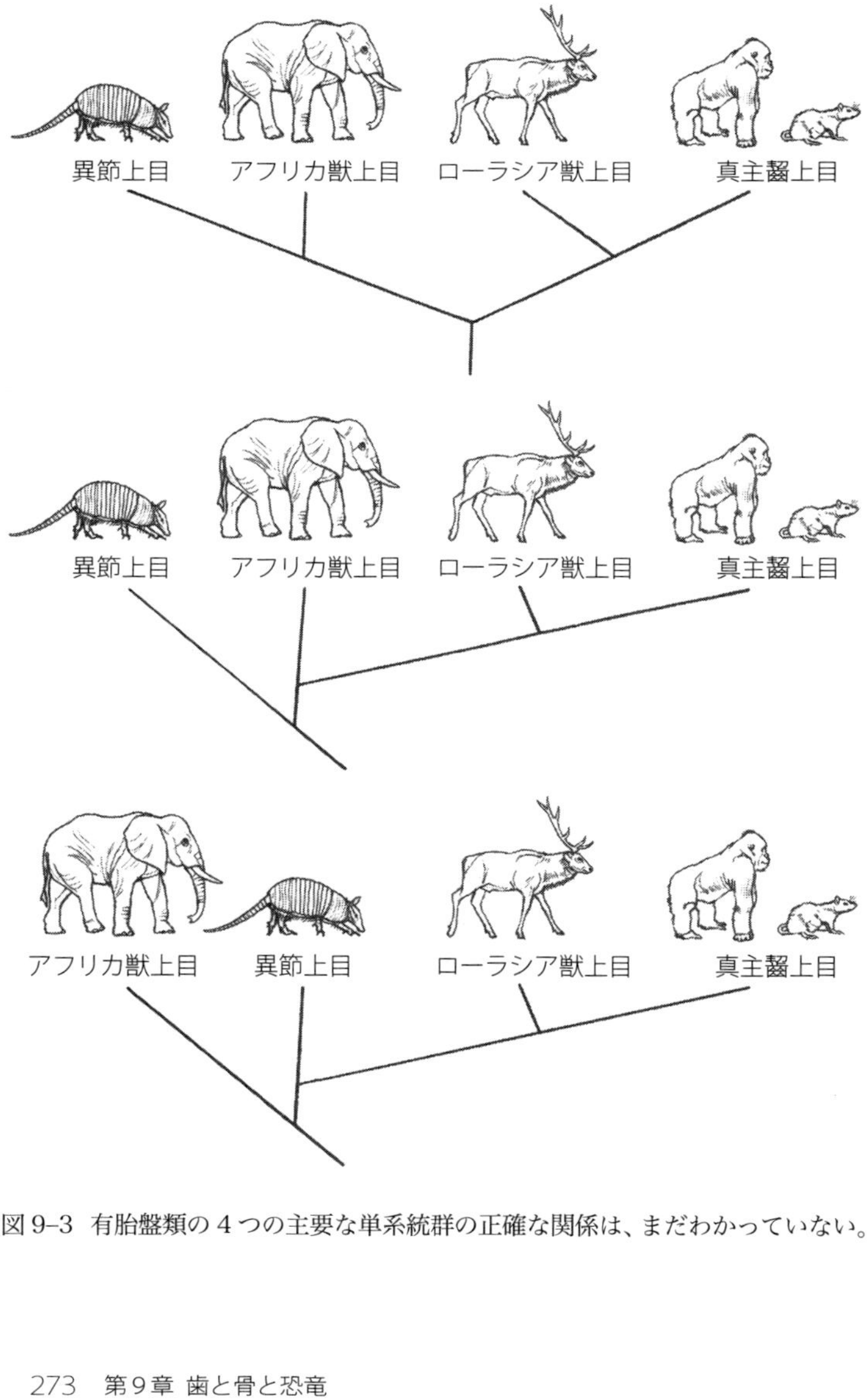

図 9–3　有胎盤類の 4 つの主要な単系統群の正確な関係は、まだわかっていない。

向がある。どうやらDNA配列の変化のスピード――ライナス・ポーリングとエミール・ズッカーカンドルが発明した分子時計――は、化石の示す速度よりもずっとゆっくり動いているようだ。[10]

だが、化石にはひとつ問題がある。たとえば、これまでに見つかっている最古のコウモリの化石は五二〇〇万年前の岩のなかで見つかったものだが、だからといって、それがコウモリの誕生年代とは限らない。コウモリが少なくとも五二〇〇万年前に存在していたと確認できるだけだ。それよりも古いコウモリの化石がどこかで見つかる可能性は十分にある。実際のところ、コウモリが生まれたのはいつなのだろうか？　分子生物学者の多くは、それよりもずっと古いと主張している――シャベルとつるはしを持った連中が、まだその年代のコウモリを見つけていないだけ、というわけだ。古生物学者たちの反論の常套句は、こんな感じだ。「もちろん、ありとあらゆる場所を調べたわけではない。でも、かなり念入りに調べてきた。コウモリがそんなに古いわけがない……」。論争が緊張をはらむこともある。しかも、それはコウモリや哺乳類に限った話ではない。同じようなやりとりは、動物の進化や脊椎動物の出現など、いたるところで交わされている。

分子学的データはどれも、有胎盤類の主要四グループがいずれも恐竜絶滅のはるか以前に誕生したことを示している。だが、化石はと言えば、有胎盤類の現存する目の祖先と確実に特定できるものは、K‐T境界以前ではひとつも見つかっていない。

一九九九年に発表されたDNA分析にもとづくある説では、現存する有胎盤類は一億年以上前に分岐し、現代の目のほとんどはK‐T境界以前に登場したと主張されている。サンディエゴ州立大学のデイヴィッド・アーチボルドとダグラス・デュイッチマンは、その説から考えられる三とおりの筋書きを提

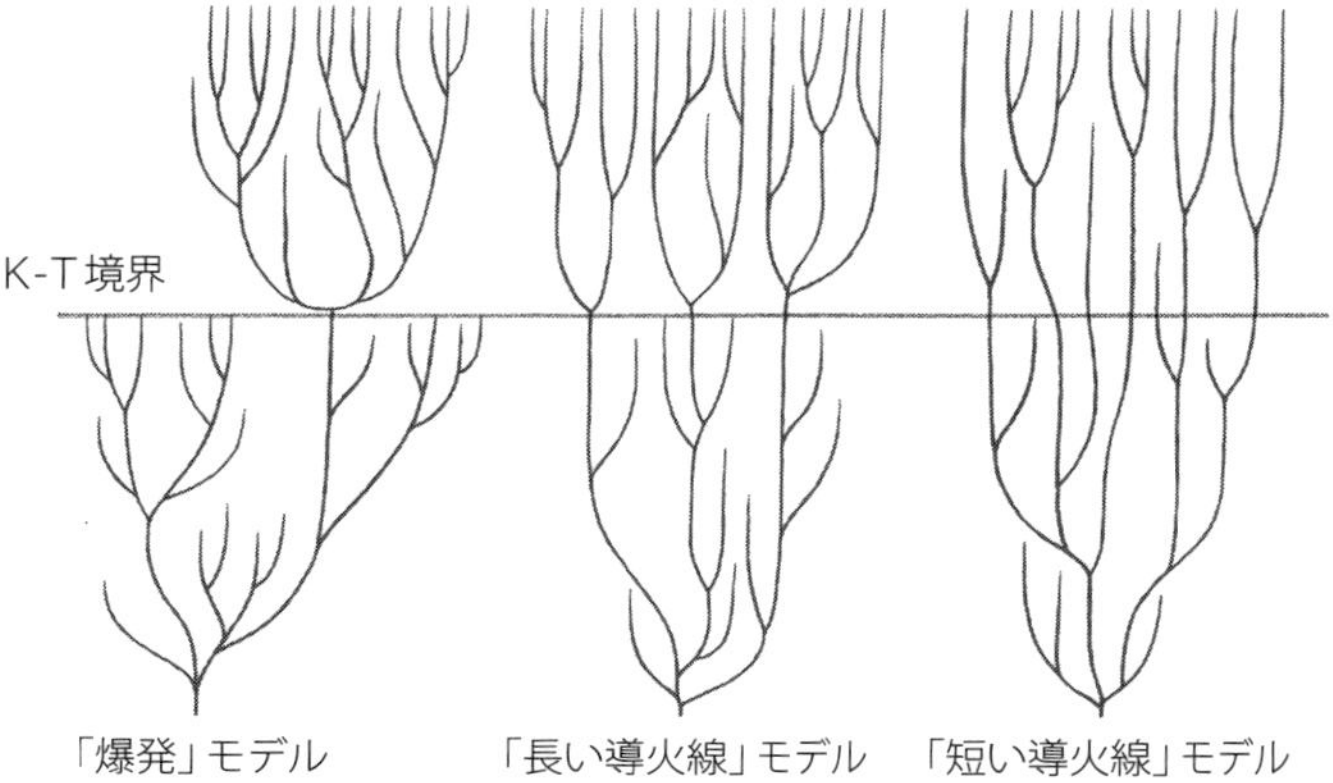

図 9–4　有胎盤類の放散の性質と時期については、まだ論争が続いている。

唱した。三つの筋書きは、それぞれ「短い導火線」モデル、「長い導火線」モデル、「爆発」モデルと名づけられている（図9-4を参照）。最初のふたつの筋書きでは、現存する有胎盤類の各グループの祖先たちが、いずれも中生代から生息していたと想定されている。それに対して、第三のモデルは、現在の哺乳類に至る一系統だけが大量絶滅を生き延び、その後、恐竜のいなくなった世界ではじめて爆発的に多様化したとするものだ。

化石記録は爆発モデルに味方しているように見える。また、二〇一三年の研究でも、形態学と分子学を組みあわせたデータにより、すべての有胎盤類のグループが恐竜絶滅後に生まれたことが示唆され、爆発モデルが裏づけられている。だが、この研究に異議を唱える分子遺伝学者は多い。形態学的データが不合理なほど重視されており、このモデルのとおりなら、恐竜絶滅後の哺乳類のゲノムは、通常ならウイルスでしか見られないスピード（標準的な動物のスピードの六〇倍）で進化していなければならないからだ。

爆発モデルの否定材料は、数多くの遺伝学研究により、有胎盤類の系統の起源が中生代をかなりさかのぼった時点にあると示唆されていることだ。短い導火線モデルでは、現存する有胎盤類の主要系統の祖先たちが、いずれも最初の有胎盤類の登場後すぐに生まれたとされている。この筋書きを支持するもっとも極端な研究では、恐竜の絶滅は哺乳類の多様化にごく小さな影響しかおよぼさなかったと主張されている。

それとは対照的な長い導火線モデルのシナリオでは、哺乳類の系統樹の主要な枝は恐竜絶滅前に確立されていたが、多様性の低い時期が続き、小惑星衝突後にはじめて花開いたとされている。このモデルの場合、哺乳類の各系統は遺伝的には分岐していたものの、形態学的には分岐していなかったため、現存する動物たちの祖先として認識されていない可能性がある。

したがって、短い導火線モデルをとるなら、中生代の哺乳類の化石の多くが見つかっていないことになり、長い導火線モデルを採用するなら、もともと少ない動物たちの希少な化石の多くが発見されていないか、これまでに見つかっている化石の同定が誤っているということになる。ときどき、「エデンの園」仮説というのも耳にする。哺乳類のすべての目が、いまだかつて化石記録に貢献したことのない場所で進化したとする説だ。

この三つ巴の論争の燃料タンクには、おそらく大量の燃料が入っているだろう。最近の化石調査では、恐竜絶滅後の爆発の現実味がさらに強まっているが、その爆発の導火線が中生代に点火されたことを否定する研究者はほとんどいない。全体としては、長い導火線モデルがもっともいいカードを持っているように見える。また、いくつかの新たなＤＮＡ解析結果では、有胎盤類の起源はもっと新しい時代

――それでも中生代の範囲内だが――のどこかと推定されている。

ほとんどの研究者の意見が一致している唯一の点は、科学界ではおなじみの文句――もっとデータが必要だということだ。分子生物学者と古生物学者には、それぞれの成果を連携させ、一致させるための新たな方法を見つけることが求められている。そしておそらく後者は、さらなる化石も見つけなければならないだろう。

いつの日か、確信を持って哺乳類の系統樹を描けるようになるかもしれないが、それは言うまでもなく、三億一〇〇〇万年の現実を戯画化したスケッチにすぎない。だが、その現実は途方もない偉業だ。この樹のかたちは、進化につきものの分岐と哺乳類固有の生態が、無数の外的要因と衝突して生まれたものだ。二度にわたる壊滅的な大量絶滅（加えて、それよりも小規模な相当数の大量絶滅）、恐竜の進化、恐竜の絶滅、顕花植物の、そしてその後の草の進化、気候変動、大陸の地殻変動を、この樹はくぐり抜けてきたのだ。

仮説上の系統樹を『種の起源』に折り込んだチャールズ・ダーウィンは、その根元の部分を空白のまま残していた。歴史の奥深くに、その深さゆえにまだわかっていない何かが埋まっていると確信していたのだ。われわれが哺乳類の歴史をこれほど深くまでたどってきたことを、そして彼のあとを継ぐ者たちが不断の努力により空白を埋めようとしてきたことを、ダーウィンならきっと称賛してくれるだろう。

第10章 高速で燃える生命

割にあわない特性

数万のヌーの大群が水際に広がっている。青々とした草で縁どられた川が、暗い色あいの黄と茶と緑の入り混じる果てしない平原を切り裂いている。ヌーの群れの最前列は、頭《こうべ》を垂れて水を飲んでいる。鼻先をリズミカルにぴくぴく動かしながらも、眼はまばたきもせずに川を見渡している。この川にはワニがいる。しかも、腹をすかせたクロコダイルだ。

だが、ヌーは水を飲まなければならない。それだけではない。雨につちかわれた新鮮な草を求めてケニアとタンザニアを果てしなくめぐる、毎年恒例の一六〇〇キロにもおよぶ大移動の道中では、川を渡らなければならないこともある。その暮らしぶりは、ワニのそれとは大違いだ。ワニは旅をする有蹄類の到来を、ただひたすら待っている。

狩りの先陣を切るのは、いちばん大きいワニだ。その戦術は、獲物にこっそり忍び寄り、いきなり水から跳び出るというものだ。これまでのところ、突撃は何度か失敗に終わっている。奇襲のたびに、ヌーが電光石火の反射神経を発揮するからだ。

対岸の木の枝に座っているわたしは、固唾をのみ、思わず両手で双眼鏡をぎゅっと握りしめる。ぎこちない手でピントをあわせ、岸へ漂っていくのが丸太なのか、それともまた襲撃に出る巨大なワニなのかをたしかめようとする。

冗談だ。わたしの手が握りしめるものがあるとすれば、それはピザくらいのものだ。クリスティーナとわたしは、背筋をぴんと伸ばして並んでソファに座り、残忍な冷血の追跡者につけねらわれるわれらが哺乳類の親戚たちを応援している。テレビでデイヴィッド・アッテンボローのナレーションを聞きながら、わたしたちはワニの失敗をそのたびに大きな安堵で迎える。

だが、それは丸太ではなかった。そして、ぱくり！　ワニは望みのものを手に入れる。ヌーの左の後肢を、ワニの顎ががっちり食いしめている。ワニは獲物を引き倒し、間髪入れずに水に引きずり込む。四方八方から、水面をかすめるように若いワニたちが集結し、殺戮の助太刀をする。一〇あまりの顎にひとつ、またひとつと肉塊を食いちぎられ、ヌーは引き裂かれる。「ワニは咀嚼しません。ですから、噛みついたまま身体を回転させ、死骸から肉を引き裂かねばならないのです」とサー・デイヴィッドが語るのを聞きながら、わたしたちは巨大な尾が水から跳び出し、また沈むのを眺める。

最後に、先陣を切った襲撃者が映し出される。勝ち誇ったように頭を反らし、ヌーの肢一本を丸ごと飲み込む。噛むそぶりさえ見せない。蹄《ひづめ》が姿を消すと、アッテンボローが驚きのせりふでしめくくる。

「ヌーが戻ってくる来年まで、次の餌にはありつけません」

翌週、この一幕について誰かと話していたときに信じられないと話題になったのが、この最後のコメントだった。「あれって、本当?」「食事が年に一回だけ?」。いかにも本当だ。最大サイズのワニは、一年のあいだ何も食べなくても生きていける。ヌーを腹いっぱい食べれば、一二か月間ぶんの冷血動物の代謝エネルギーをまかない、かつ翌年の秋の狩りの燃料を残しておくことができるのだ。

それに対して、ヨーロッパトガリネズミは絶食が五時間を超えると死んでしまう。トガリネズミは毎日、体重の二倍から三倍の餌を食べている。『ブリタニカ百科事典』にはこう書かれている。「トガリネズミの生活の大部分は、がむしゃらな餌探しで成り立っている」。これが、温血動物であることの代償なのだ。

もちろん、ナイルワニとトガリネズミには、ほかにも違うところがある。もっともわかりやすい違いは、前者が体長五メートル、体重七〇〇キロであるのに対し、後者は体長およそ七センチ、体重一〇グラム前後という点だ。そして、こと体温に関しては、サイズが大きく影響する。

とはいえ、もう少し公平な相手と比較しても、やはり違いは顕著だ。哺乳類界に君臨する捕食者であるトラは、年に一回ではなく、二週間か三週間ごとにしっかり食事をとる必要がある。一方、サイズという点でトガリネズミに近い爬虫類のヒョウモントカゲモドキは、餌なしで何週間も生きられる。

一般的な原則から言えば、同じ大きさの冷血性の脊椎動物に比べ、温血動物である哺乳類や鳥類は、最大二〇倍ものカロリーを消費している。

初期の有羊膜類から最初の哺乳類へと至る化石をたどると、しだいに活動的でエネルギッシュになっていく動物たちが次々と現れる。それは胸の躍る見ものだが、彼らのライフスタイルがしだいに高くつくようになっていったのも事実だ――二〇倍のカロリーは、ささいなエネルギー予算の引き上げとは言えない。現在の哺乳類は、じっと座っているときでさえ――周囲温度より高い体温を保つためだけに――かなりのエネルギーを費やしている。そんなわけで、いったいわれわれの祖先は何に駆り立てられ、これほど不経済な生理的特性を身につけるに至ったのかという問題は、長きにわたって生物学者を悩ませてきた。真っ先に浮かぶのは、こんな疑問だ。支出をこれほど拡大してでも手に入れる価値のあるものとは、いったいなんだったのか？

それはまだわかっていない。問題の一端は、温血性が哺乳類の生活の中核をなしている点にある。われわれの生理機能や行動のほぼあらゆる面に影響を与えているため、その重要性を説明する理論の選択肢が山ほどあるのだ。

熱損失に注目！

現代の学術界では、「温血」と「冷血」という語は眉をいかめしくひそめさせる口語的表現で、ヴィクトリア朝時代に得ていた科学的信用を失っている。最大の問題は、いわゆる「温血」動物でも冷たい血液を持つケース（冬眠中など）があり、「冷血」動物に温かい血液が流れていることも珍しくないという点だ。イグアナは日向と日陰を猛然と往復し、熱を吸収する皮膚の色素を加減し、体表面へ流れる血液を調節することで、（少なくとも太陽が出ているあいだは）高い体温を見事に保っている。

現在では、「内温動物」と「外温動物」という表現が好まれる。内温動物がみずからの代謝をつうじて熱を生み出すのに対し、外温動物は外部の熱源に頼って身体を温めている。一般に、内温動物と言うときには、鳥類と哺乳類を意味している。[1] この二系統はつねに比較されるが、驚くほどの類似点――しかも個別に発達したもの――がある。

もうひとつの重要な概念が「恒温性」だ。この用語は、体温を一定に保つことを意味している。したがって、鳥類と哺乳類は恒温性の内温動物ということになる。

温度は生物学の基礎だ。というのも、すべての生物は化学物質が局所的に寄り集まった存在であり、その化学物質は酵素、すなわち化学反応の触媒となるタンパク質の有無にしたがって反応しているからだ。そして化学物質も酵素も、物理と化学の基本法則からは逃れられない。物理や化学の法則では、ものごとの起きるスピードは温度によって決まり、温度が高ければ高いほど速いと定められている。

したがって、体温が高いほど、何をするにも動物の能力は高くなる。移動、捕食者の回避、狩り、消化、思考、成長、生殖……そうした諸々の処理スピードは、体温の高い身体のほうが速くなるのだ。[2] そして言うまでもなく、そうした諸々を競争相手よりも速く処理できれば、たいていは優位に立てる。それをありありと示しているのが、川から跳び出してワニを避けるヌーの敏捷さだ。

それに対して、恒温性とは、身体で起きる無数の化学反応のために安定した環境をつくることを意味する。酵素や生化学プロセスにはさまざまなものがあり、すべてが同じように温度に影響されるわけではない。数℃上昇しただけで、ほかのプロセスよりも反応スピードが上がるものもある。生命は数々の反応を統合し、たがいに調節することで維持されている。温度を一定に保てば、そうした化学プロセスの連携をとりやすくなるというわけだ。

ほとんどの哺乳類の体温は、三五℃から三八℃のあいだの一定値に保たれている。そして、内部温度を一定の高温で維持する能力こそが、哺乳類が幅広い環境に生息するための鍵を握っているのだ。

内温性は動物が余分な熱を生み出すことで機能する。そしてこの熱は、動物の身体から外の世界へ流れ出る。したがって、内温性のプロセスに求められる条件は、①熱を生成する手段を持つこと、②生成された熱エネルギーをコントロールすることだ。鳥類と哺乳類では、熱はおもに腸、肝臓、腎臓、肺、心臓といった内臓の代謝により生成される。そして、この熱の発散（流出）は、おもに毛皮や羽毛のコートで体表面を断熱して調節されている。

熱損失が高体温維持の基礎であるという考え方は、直観的にはわかりにくい。たいていの人は、羽毛や体毛の機能は熱を逃がさないようにすることだと考えるだろう。だが、より正確に言えば、そうした外部被覆は熱の流出速度を遅くするためのものだ。熱エネルギーをつねに生み出し、その流出を能動的に調節することで、絶えず変わりつづける世界に対応する動的プロセスができあがる。毛皮や羽毛は、熱の流出を一定程度、遅らせているだけではない。毛皮や羽毛を操作すれば、熱をさまざまなスピードで通過させ、体温を調節することができるのだ。

熱損失を遅らせるうえで、断熱はきわめて重要な要素だ。したがって、ここにも内温性の進化をめぐる大きな謎が存在する。体毛の進化よりも先に熱生成量が増加し、それに伴って必然的にエネルギーコストも増加していたのなら、生成した熱はあっというまに外界へ逃げ、コストがさらに膨らむ一方で、利益はしぼんでいたはずだ。

さらに、外温動物が体毛を進化させるのは不可能のように思える。体毛があると、生存に欠かせない外部の熱を受け取れず、身体を温められなくなるからだ。実際、カリフォルニア大学ロサンゼルス校のレイモンド・カウルズが一九五〇年代におこなった実験では、オオトカゲにテイラーメイドの毛皮のコートを着せると体温調節機能が乱れることが証明されている。

体毛を動かすと、身体のまわりにとどめておく空気の層の厚さを変え、熱損失のスピードを調節することができる。寒さを感じた哺乳類は、毛を逆立てて空気の層を厚くし、熱の流出を防ぐバリア機能を強化する。ヒトが寒いときに「鳥肌」をたてるのは、一〇〇万年ほど前に失ってしまった毛皮のコートを拡張しようとする、哀れな試みと言える。

トナカイやホッキョクギツネ、ホッキョクグマ（白いコートの下は黒い）などの極寒の地に暮らす大型哺乳類は、長く密集した毛皮を持ち、身体のまわりに温かい空気を大量にとどめておくことができる。そうした動物たちの体毛は、たいていは三センチから七センチほどの長さがある。したがって、この選択肢は小型哺乳類には向かない。体毛につまずいて転んでしまうからだ。寒冷地で暮らす小型哺乳類は、外気から遮られた温かい局地的環境を探すことが多い。たいていは雪の下や穴のなかだ。小型哺乳類にとって重要な手段は、身を寄せあうことだ。カナダ北部やアラスカでは、五匹から一〇匹のタイガハタネズミがひとつの巣穴を共有している。彼らはそれぞれ時間をずらして餌を探しに行き、共有する体熱で巣穴をつねに暖かく保っている。そして、あまりにも寒くなったときには、一時的に内温性を捨て、冬眠状態で最悪の時期をやりすごすという手もある。

断熱の調節に加え、哺乳類は体表近くを流れる血液量も調節している。熱損失を促進したいときには、体表近くの血管を拡張する。熱損失を防ぎたいなら血管を収縮させる。こうした血管や体毛の動きは、小規模な温度変動に対処するための低コストの戦略だ。[3]

だが、極端に体温が変動したときには、緊急措置がとられる。体温が低下すると、まず代謝速度が上がり、熱生成量を増やそうとする。それでも足りないときには、身を震わせ、筋肉の高速収縮により熱を生み出すという方法もある。さらに、哺乳類は褐色脂肪組織と呼ばれる独特の脂肪組織を持っている。この組織の機能はただひとつ、熱を生み出すことにある。新生児、小型哺乳類、冬眠する哺乳類で特に多く見られる組織だ。そして重要なのが、この組織の熱生成機能は需要に応じて活性化できるという点だ。

反対に、身体が過熱の危機に瀕しているときには、多くの――すべてではないが――哺乳類は汗をかく。言うまでもなく、われわれヒトもそうする。汗をかくためには、哺乳類の特性品である特殊な皮膚腺が必要だ。この皮膚腺が水様性分泌物を皮膚表面に出し、その蒸発により身体を冷やすという仕組みになっている。イヌは足の裏でしか汗をかけない。イヌを含む多くの哺乳類は、その代わりに喘ぐように息をして、舌から水分を蒸発させて身体を冷やしている。

ここまでに挙げたものは、哺乳類が身体を冷やすための標準仕様のメカニズムだ。酷暑環境で暮らす哺乳類たちは、さらに精巧な仕組みをこしらえることを迫られた。内温性の維持には熱損失が必要とされるため、暑い場所では、温血動物でいるほうが冷血動物でいるよりも難しい。熱を放散できなければ、高体温状態に陥ってしまうからだ。一般的には、温度の低い穴や日陰が欠かせない。涼しい夜に活動する能力も重要だ。だが、砂漠で生きる一部の哺乳類――果てしない砂丘の風景につきもののラクダもそうだ――は、じつを言うと、それほど気ばって体温調節をしていない。一日のうちに体温が最大五℃上昇しても耐える術を身につけたからだ。

とはいえ、ラクダが体温調節に適応した機能を持っていないわけではない。ラクダの腹部は体毛が薄くしか生えていないので、冷たい地表を見つけたら（たいていは早朝だ）その上に横たわって熱を放散することができる。気温が体温よりも高くなったときには、温度を低く保つためにほかのラクダたちと身を寄せあう。さらに、脱水に対する耐性が驚くほど高い。脱水状態のラクダの尿は、「こげ茶色のシロップ」のような見た目をしている。そして、水が手に入るときには、体重の三〇パーセントもの水を一〇分のうちに飲むことができる。たいていの哺乳類はこれほどの量の水を一気に飲むと死んでしまうが、ラクダの生理機能は特殊な適応を果たし、その衝撃に耐えられるようになっている。

多種多様な環境で生きる哺乳類には、高い体温を一定に保つことが欠かせない。だがそれは、不断の努力なしでは実現しえないものなのだ。

劇的に高まった基礎代謝率

内臓は熱を生み出すために、基本的には効率の悪い化学的プロセスをおこなっている。代謝の燃料の両輪を担うのは、食糧から得られるブドウ糖と、呼吸から得られる酸素だ。そのふたつに内在するエネルギーが、ＡＴＰ（アデノシン三リン酸）と呼ばれる分子の化学結合に変換される。このＡＴＰを、身体が必要に応じて消費する。だが、鳥類と哺乳類では、ミトコンドリア（細胞内にあるソーセージ型の発電所）の膜が漏れやすい構造になっていて、ＡＴＰ産生に加えて、その膜を横断するイオンがＡＴＰ合成に寄与せずに熱を生み出している。この仕組みはかなり複雑なものだが、重要なポイントは、ミトコンドリアが化学エネルギーと熱を生み出していることだ。そして、熱やATPの合成量が多いほど、酸素や食べものから得たカロリーの消費量も多くなる。

先ほど触れた褐色脂肪組織は、哺乳類が必要に応じてエネルギーを貯蔵し、熱を放出するためのものだ。この組織では、熱生成がさらに一歩進んでいる。この組織のミトコンドリアには「脱共益」タンパク質が含まれ、ATPをほとんど合成せずに熱を生み出すことができるのだ。

生物が安静時に酸素を消費する速度は、「基礎代謝率（BMR）」と呼ばれる。そして、内臓から熱を放散して身体を温める哺乳類は、このBMRがきわめて高い。哺乳類のBMRは、同じ大きさの爬虫類のおよそ一〇倍にもなる。

いったいなぜ、BMRがこれほど劇的に高くなったのか？　内温性をめぐる数々の説で真っ先に取り上げられるのが、この疑問だ。基礎代謝率を上げる――つまり、ほとんど何もしていないときのエネルギー消費量を増やす――利点を見つけるのは難しい。哺乳類や鳥類は外温動物よりもはるかに活動的で、それにはたしかに明らかな利点がある。だがそれならば、安静時には経済的なBMRを保ちながら、必要なときにだけ活動的になる能力を発達させればいい。そうしなかったのは、なぜなのか？

ここではさまざまな説を見ていくが、どんな答えが提示されているにせよ、哺乳類の生態の大部分が高エネルギーのライフスタイルによりかたちづくられてきたことはまちがいない。哺乳類固有の形質や特殊な形質の多くは、膨大な量の食糧と酸素を調達して処理するというニーズに適応したものなのだ。

前章で見てきた肺を押し上げる横隔膜、噛み切りと咀嚼に専門化した歯、呼吸を担う鼻甲介だけでなく、特殊化した心臓や腎臓、血液、消化管も、その例に加えることができる。

哺乳類（と鳥類）は、三室の心臓を持つ爬虫類や両生類とは違い、四室の心臓を持っている。この余分なひと部屋は、血液を押し出す下側の室がふたつに分かれてできたものだ。出力を担うふたつの室が生まれた結果、それを基盤に別々の循環系を構築できるようになった。ひとつは肺へ行く系、もうひとつは全身をめぐる系だ。後者の循環系では、肺が耐えられない強さの圧力で血液を全身に送り出すことができる。つまり、必要とされる場所に酸素をより速く、より効率的に届けられるようになったわけだ。

高い血圧は、腎臓の濾過機能の動力源にもなっている。哺乳類（と鳥類）では、この機能がきわめて高度に発達している。代謝率が大幅に上がると、腎臓が取り除かなければならない老廃物が大量に発生する。哺乳類では尿素は水に溶けているが、腎臓が——驚くほどエレガントな方法で——水を再吸収し、濃縮された尿を生成している。

また、酸素を運ぶ血液細胞も、哺乳類では特別な進化を果たしている。できるだけ多くのヘモグロビンを詰め込むために、赤血球の核がなくなっているのだ。そのため、赤血球（ヒトの成体では一秒あたり二〇〇万個のペースで産生されている）は、ゲノムDNAをいっさい持たずに三か月から四か月の寿命を終える。さらに、哺乳類（と鳥類）では、赤血球はきわめて小型化している。赤血球を出入りする酸素の移動スピードを上げるためだ。

哺乳類の消化器系——ハイテクの顎と歯でよく咀嚼された食べものが送り込まれる場所——も、さまざまなかたちで調整され、効率が向上した器官系だ。

このすべての系が指し示す結論はひとつ——哺乳類の生が高速で燃焼しているということだ。

体毛のもと

前章で見てきたように、哺乳類の祖先たちの化石記録からは、しだいに活動的になっていく一連の動物たちの姿が浮かび上がる。哺乳類の系統が真の内温性を獲得したのはいつなのか？　それを特定するためには、哺乳類史上の数々の形質転換のうち、代謝状態の変化が起きたことを揺るぎなく示すものはどれかを見極めなければならない。

まず、われらが最古の祖先である盤竜類を見てみよう。盤竜類がまっすぐな脊柱を持ち、走りながら呼吸できたことを示す証拠は残っている。だがそれ以外に、活動レベルの急上昇を示唆するものはほとんど見つかっていない。

続く先哺乳類グレードの獣弓類では、もう少し興味深い展開が見られる。口腔と鼻腔を隔てる第二の口蓋を進化させた獣弓類は、食事をしながら呼吸する能力を手に入れた。また、獣弓類の肋骨の配置は、横隔膜が進化していたことを示唆している。さらに、獣弓類の鼻には、空気を温めて水分を節約するための鼻甲介があった。

ウィレム・ヒレニウスは、鼻甲介の呼吸部が内温性の進化を示す優れた代用データになると主張した。その論理自体に反論する者はいなかったが、獣弓類の鼻腔に見られる線状突起を本格的な鼻甲介があった証拠とする見解については、疑問の目が向けられていた。二〇一一年、ドイツのある研究チームが、リストロサウルスの鼻を調査した。リストロサウルスは、樽のような胴体を持つブタに似た獣弓類で、ペルム紀末の大量絶滅後の地球でもっとも繁栄していた動物だ。「中性子トポグラフィ」により化石を分析した研究チームは、リストロサウルスが軟骨でできた鼻甲介の呼吸部を持っていたことを突き止めた。リストロサウルスの生息時期は、およそ二億五〇〇〇万年前だ。したがって、内温性は真の哺乳類が登場するよりも三〇〇〇万ないし四〇〇〇万年ほど早く進化していた可能性がある。

この進化時期の早さは、二〇一七年はじめ、独創的な新アプローチによりさらに裏づけられた。ユタ大学のアダム・ハッテンロッカーとコリーン・ファーマーは、鳥類と哺乳類の赤血球が外温動物のそれよりも大幅に小さく、その小ささに応じた細い毛細血管を流れていることに着目し、化石化した骨の毛細血管を調べれば、高エネルギー代謝の進化を示す血管の縮小を観察できるのではないかと考えた。そして実際に、その縮小が確認されたのだ。このときの観察対象は、初期のキノドン類（キノドン類は、獣弓類に続く、より真の哺乳類に近いグレード）だった。化石の年代？　およそ二億五〇〇〇万年前だ。

このふたつの研究結果は、獣弓類と初期のキノドン類が内温性獲得に向けて大きく前進していたことを示す、きわめて説得力のある証拠だ。次は当然、こんな疑問が生じる——獣弓類は体毛を持っていたのか？

残念ながら、体毛と皮膚も例外的な状況でしか化石化しない構造だ。疑いの余地なく体毛を示す最古の証拠は、中国北東部のすばらしい化石層で見つかったものだが、その年代はおよそ一億六五〇〇万年前でしかない。これは哺乳類誕生の時期をゆうにすぎているが、体毛の登場はそれよりも前だったとほとんどの研究者は考えている。

一部の研究者は、いくつかの獣弓類の化石の鼻先に見られる穴はひげが生えていたもので、少なくともそのたぐいの体毛の存在を示していると主張している。この説は賛否両論だが、最近になって、この説に味方するかもしれない証拠が出てきている。そうした化石の鼻先に、問題の穴から走る神経用——

感覚情報を伝えていた可能性がある――のスペースがあることがわかったのだ。

だが、二億五五〇〇万年前に生きていた少なくとも一頭の獣弓類については、体毛を持っていなかったことがわかっている。はっきりとした皮膚の跡が岩の上に残されていたのだ。一九六七年に記述されたこの皮膚の跡の化石は、きわめて精緻なものだった。そのため、体毛の由来を説明する何かを物語っている可能性もある。その皮膚の跡は、この動物が小さな腺に覆われ、そのごくごく小さな構造が皮膚に何かを分泌していたことを示唆しているように見えるのだ。

体毛はまちがいなく、哺乳類の決定的な特徴のひとつだ。全身を覆う体毛のコートが有用なものであり、それが哺乳類の体温調節能力に変革をもたらしたことについては、議論の余地はない。現在のところわかっているのは、体毛がケラチンと呼ばれるタンパク質でできていることだ。ケラチンは、初期有羊膜類の時代に皮膚を耐水化するうえで欠かせない物質になり、有羊膜類にいくつかの恩恵をもたらした。体毛のほか、うろこ、かぎづめ、爪、蹄、角、くちばし（鳥、カメ、カモノハシ）、羽毛の構築にも採用されたのだ。

だが、毛皮のコートは、われわれを悩ませる生物学的形質でもある。一〇パーセントしかできあがっていない毛皮が、いったいなんの役に立つというのだろうか？　したがって、体毛が進化したそもそもの経緯をめぐる学説では、当初の機能が熱の保持ではない、体毛のもとになった可能性のある構造を特定することに力が注がれている。

なかでも有望なふたつの説は、提唱された時期が一〇〇年以上はなれている。最初の説は一九世紀後半に端を発するが、一九七二年にニューヨーク市立大学ブルックリン校のポール・メイダーソンが大々的に発展させた。メイダーソンの主張によれば、体毛はもともと感覚にかかわる付属器官だったという。その説の核となっているのは、体毛の原型が感覚神経に付着した微細な突起構造であり、曲がることに対して優れた感受性を備えていたとする発想だ。現在の両生類と爬虫類のなかには、同様の感覚機能を担う剛毛や棘を持つ無毛の種が存在する。おそらくそうした構造は、獣弓類でも感覚の武器庫を強化するうえで有益だっただろう。当初はまばらだったその構造が突然変異により増加し、やがて断熱機能を担えるほどの密度になった――それがメイダーソンの主張だ。

それよりも新しい、体毛の発生過程により深く根ざした仮説は、二〇〇八年にペンシルヴェニア大学のカート・ステンを中心とするチームが、さらに二〇〇九年にジョゼフ・フーリエ大学のダニエル・ドワイリーが唱えたものだ。ステンはこの説を「皮脂生成仮説」と呼んでいるが、よりくだけた表現として「ろうそくの芯仮説」とも呼ばれる。

体毛は単純な構造ではない。皮膚表面から突き出ているものは、きわめて複雑な微細構造の一要素にすぎない。皮膚から突き出た毛は、死んだ細胞が寄り集まり、毛包《もうほう》から押し上げられたものだ。毛包には、毛をつくるための再生可能な幹細胞群が存在している。毛幹には、毛を上下に動かす小さな筋肉が付着している。そして、ひとつひとつの毛包に皮脂腺がある。皮脂腺の機能は、脂性の潤滑剤を毛の一本一本に分泌することだ。この腺は、第7章で乳腺の起源を考察したときに登場している。

皮膚の耐水化という難問は、爬虫類では硬いうろこにより解決された。それに対して、腺のある皮膚を保っていた哺乳類の祖先では、撥水性の脂性分泌物が皮膚の生態の重要な一部になったのではないか。そう考えたステンは、より深く、より分泌量の多い皮脂腺ほど有利だったと主張し、体毛はその構成要素として、脂性保護液を皮膚に押し上げる芯の役割を果たすために進化したとする説を唱えた。

同じく体毛は皮脂腺に起源を持つとしたダニエル・ドワイリーの説は、脊椎動物の皮膚の発生を幅広く検証して生まれたものだ。ドワイリーによれば、哺乳類では、全身の皮膚が体毛をつくる初期設定になっているという。体毛がつくられないのは、たとえば手のひらや角膜で見られるように、能動的に毛の生成を抑制したときだけだ。この事実を踏まえると、体毛は哺乳類の祖先の全身を覆っていた構造から進化したと考えられる。そして、皮脂腺が全身を覆っていた可能性は高い。

さらに、皮脂腺のない毛包が存在しないのに対し、皮脂腺は毛が入っていないものも存在する。たとえば、唇や眼、生殖器の皮脂腺がそうだ。しかも、特定領域の皮膚に体毛生成を命じるシグナル物質は、体毛と腺の両方をつくる場合は大量に出す必要があるが、少量なら腺の生成だけが誘発される。こうした知見を考えあわせると、もともと存在していた腺の補助部品として体毛が進化した可能性が浮かび上がる。はじめは分泌物を外へ出す芯として機能していたが、のちに断熱機能を担うようになったというわけだ。

現存する単孔類、有袋類、有胎盤類は、同様の体毛を共有している。したがって、体毛がつくられるようになったのは、現存する哺乳類の最後の共通祖先が生まれるはるか前だと考えられる。また、初期の小型の哺乳形類や哺乳類が断熱機能なしでは生き延びられなかったことは、ほぼまちがいない。一部の研究者は、毛皮に覆われた単孔類が初期哺乳類の内温性を知る手がかりになるかもしれないと考えている。単孔類の体温は、ほとんどの哺乳類よりも若干変動しやすい。平均体温もやや低く、だいたい三〇℃台前半くらいだ。さらに、ハリモグラは冬眠し、いわゆる非活動状態にもなる――それぞれ長期間および短期間の低体温状態だ。行動が体温調節の一翼を担っている可能性もある。ここでも単孔類は、移行段階——今回は外温動物から内温動物への——を垣間見せてくれる存在なのだ。

内温性の起源

温血性が哺乳類と鳥類の生をかたちづくっている特徴であるという認識は、何世紀も前から生物学者のあいだで共有されていた。だが、内温性が進化した理由をめぐる現代的な議論が交わされるようになったのは、一九七〇年代なかばから後半にかけて、有力な三つの学説が提唱されてからのことだ。以後、これらの学説は称賛され、攻撃され、議論の的になってきた。重要な視点が新たに加わったのは、二〇〇〇年の一度きりだ。これらの学説がそれぞれ大きく異なることを思えば、駄説としてごみ箱行きになったものがひとつとしてないのは奇妙に思えるかもしれない。だが、それについてはあとで話そう。

フロリダ大学のブライアン・マクナブは一九七八年、「小型化」が哺乳類の内温性進化のかなめだったとする説を唱えた。ここで、またワニとトガリネズミを思い浮かべてほしい。小型の動物は体積に対する表面積が広いため、熱の獲得と損失のスピードがきわめて速くなる。小型の外温動物の場合、それはつまり、日向ではすぐに身体が温まるが、冷えるのも速いということを意味する。小型の外温動物が体内での熱生成量を増やすと、その熱は急速に失われてしまう。したがって、内温性獲得に向けた最初の一歩が小さな身体のなかで起きたとは考えにくい。

それとは反対に、身体が大きくなるほど、体積に対する表面積は小さくなる。つまり、熱交換をおこなう面積が割合的には小さくなるということだ（大型の動物は一般に筋肉と組織の量も多く、それが熱損失を妨げているという面もある)。そのため、大型の外温動物——たとえばナイルワニの成体のような——は、もともとの設計からして、かなり高い体温を一定に維持することができる。こうした動物は「慣性恒温動物」と呼ばれる。その高体温と熱安定性は、ひとえに身体のサイズのおかげで存在するものだ。[4] そして、この身体の大きさに対する表面積の小ささは、たとえばゾウやカバやサイなどの温血動物が、熱の流出を防ぐ毛皮を必要としない理由でもある(少なくとも、現在は必要としない。氷河期に生息していたケナガマンモスは、明らかに「毛織物」を必要としていた)。

マクナブの説によれば、哺乳類へと向かう進化の助走期間中に、大型の獣弓類が慣性恒温動物になったという。その後、獣弓類、キノドン類、哺乳類が徐々に小型化するのに伴い、祖先の大型獣弓類が身につけていた高体温維持のためのイノベーションが、自然選択で有利にはたらくようになった。そしてこのプロセスが、毛皮と完全な内温性の獲得で完結したというわけだ。

では、なぜこの系統の動物たちは小型化したのだろうか? その点についても同時進行で議論が交わされているが、大多数の意見は、おそらくは恐竜の登場により、小さい動物ほど生態学的機会を活用できるようになったからというものだ。さらに大きな問題もある。一部の獣弓類が大型で、初期哺乳類が小型だったのはたしかだが、化石記録を見る限りでは、一直線に小型化したわけではない。獣弓類にもさまざまな形状や大きさの動物がいたし、キノドン類も多種多様だった。

第二の仮説は、内温性の獲得により、それまでよりも広い「温度ニッチ」への進出が可能になったとするものだ。外部の熱源(おもに陽光)に頼って生理機能の火を熾す外温動物は、活動できる時間や場所が限られる。内温性により、外部温度の支配から脱することができたのではないか? 内温性が進化に優遇されたのは、昼夜を問わない活動や寒い地域への進出を可能にしたからではないか？　たしかに、ほとんどの証拠は、初期哺乳類が夜行性だったことを示している。おそらく、昼を支配していた恐竜を避けるためだろう。

だが第三の、そしてもっとも大きな波紋を巻き起こした仮説は、カリフォルニア大学アーヴァイン校のアルバート・ベネットとオレゴン州立大学のジョン・ルーベンが一九七九年に発表したものだ。ベネットとルーベンは、高体温を管理できる動物が自然選択に優遇されたという考え方は、この問題をあべこべにとらえていると主張したのだ。

内温性にはコストがかかる。それは絶対だ。だが、そのコストをある程度下げる毛皮などの体温調節メカニズムができる前に熱生成と高体温が選択されたとするなら、膨大なコストがかかるそのプロセスには、必要とされる大量の資源に勝る大きな利益がなくてはならない。それを示しているのが、ベネットが二〇〇〇年におこなった実験だ。内温動物の体温を上げるにはどれほどのエネルギーが必要かを示すために、ベネットはオオトカゲに大量の餌を強制的に与えて代謝率を大幅に引き上げたが、オオトカゲの体温はほとんど変わらなかった。まず体温を上げようとするのは、窓を開けたままセントラルヒーティングをつけるようなものなのだ。

ベネットとルーベンは、そうではなく、高い活動性を維持する能力を備えた動物が自然選択に優遇され、その副産物として内温性が生まれたとのだと主張した。具体的に言えば、優遇されたのは、より高い「有酸素運動能力」を進化させ、活動レベルを高くした動物たちだ。

短時間の短距離走では、爬虫類と哺乳類の能力にそれほど違いはない。やはりデイヴィッド・アッテンボローがナビゲートする別の名場面では、孵ったばかりのイグアナが果敢に疾走し、ヘビの奇襲から逃れている。ヘビも幼いイグアナも、短距離走ではぶざまとはほど遠い。だが、この手の必死の行動の原動力になっているのは、酸素ではない。必要に迫られると、身体は酸素を消費せずに、利用可能な化学エネルギーを急速に燃焼させる。それに対して、もっと長い期間にわたって続く身体活動には、リアルタイムの酸素消費が必要とされる。自然選択が作用したのは、酸素を動力とする高エネルギー運動を分単位または時間単位で維持する能力だった。ベネットとルーベンはそう主張し、イグアナが一時間で走れる距離は〇・五キロほどだが、同じ大きさの哺乳類は四キロを走破できると指摘した。

選択されたのは有酸素運動能力だったという説は説得力があるが、だとするなら、それが内温性につながる必然性も説明しなければならない。そこでベネットとルーベンは、有酸素運動能力とBMRの関係を調査した。よりどりみどりと言えるほどのデータは存在しなかった。有酸素運動能力、すなわち最大酸素摂取量の測定は、ガスマスクをつけた動物をトレッドミルで走らせるという、なかなか厄介なプロセスなのだ。だが、手に入るデータをグラフにしたところ、外温動物でも内温動物でも、最大酸素摂取量はつねにBMRのほぼ一〇倍だった。このふたつの形質は基本的には関連しているようだった。そうであるなら、自然がより高い有酸素運動能力を選択すれば、必然的にBMRも引き上げられ、ひいては内温性が生まれる可能性はあるだろう。

ここで真っ先に浮かぶのは、言うまでもなく、そのふたつのプロセスがなぜ結びついているのかという疑問だ。ベネットとルーベンの主張によれば、有酸素運動能力を高めるために選択された形質（酸素の吸収・運搬能力の向上や、ミトコンドリアの増加とその効率の向上など）に、全体的な代謝量の増加という目標外の効果があったと考えられるという。

この説には好ましいところがたくさんある。捕食者から身をかわすにしろ獲物を捕らえるにしろ、高い活動性には明らかな利点がある。だが、この説は、その正しさを裏づける証拠探しが現在も続いてはいるものの、あまねく受け入れられているわけではない。最大の問題は、最大酸素摂取量がつねにBMRの一〇倍であるとなぜ断言できるのかという点だ。基本的な相関性が完全に否定されているわけではないが、この規則にあてはまらないいくつかの注目すべき例外も存在する。その事実は、基礎代謝率とは関係なく有酸素運動能力を高められることを示唆している。たとえば、プロングホーン（旧大陸のレイヨウに相当する北米の有蹄類）はどうやら基礎代謝率の七〇倍の酸素を摂取できるようだし、アリゲーターはトレッドミルの上を走ると酸素摂取能力が四〇倍になる。彼らが水泳をしたらどうなるか、いったい誰にわかるだろうか？

決定的なのは、運動中に余分な酸素を消費するのが、基礎代謝を調節する内臓ではなく、筋肉であるという点だ。おそらく、そのふたつの組織は基本的なところでは結びついている――たとえば、ミトコンドリアの数や機能をコントロールする遺伝子を共有しているとか、酸素の輸送や吸収に関するメカニズムが共通している、など――のかもしれないが、そのふたつのシステムが個別に進化できない理由がどこにあるのかという疑問は、多くの研究者が抱いてきた。必要に応じて優れた有酸素運動能力を発揮するが、平静時には大量のエネルギーを消費しない動物を進化させることはできなかったのか？　カリフォルニア大学アーヴァイン校（当時）のコリーン・ファーマーも、二〇〇〇年にこう指摘している。

「活発な運動の維持には内温性が不可欠だとする根拠を説明するメカニズムは存在しない」

この指摘は、「親による子育て：鳥類および哺乳類における内温性とその他の収斂的特徴を理解するための鍵」と題された論文の序文に登場する。ファーマーはそのなかで、鳥類と哺乳類の多くの類似点を生み出したおおもとの特性は内温性ではなく、親による子育てこそが、重なりあう生態へと至る共通の出発点だったと主張している。温血性の平行進化〔異なる系統の生物が進化の過程で似たような傾向を示すこと〕の原動力は、親による子育てだった。そう考えるのが妥当だとファーマーは述べている。

ファーマーはまず、一定の高温で抱卵する利点を論じ、成体ならたやすく耐えられる中程度の温度変化でも胚は死に至ることがあり、それほど大きくない温度変化でも深刻な発生上の障害を引き起こすおそれがあると指摘している。さらに、熱がさまざまな事象を加速させるという事実からすれば、温められた胚では発生が速くなると考えられる。つまり、卵――あたりをうろつく肉食動物の好物――のなかですごす時間が短くなり、生殖可能な成熟した状態により速く到達できるということだ。

ファーマーの主張を説得力のあるものにしているのは、さまざまな熱源を生殖目的で活用している現代の外温動物たちの実例だ。脊椎動物と無脊椎動物の共通の課題は、水分と熱を保てる巣をつくることだ。だがそれ以外にも、寄り集まると蛹化が大幅に速まるイモムシから、日光浴をしては卵のもとへ戻って熱を伝えるトカゲ、卵に身体をぎゅっと巻きつけ、身を震わせて熱を発散するニシキヘビに至るまで、子の発生を促すために熱が注ぎ込まれている例は枚挙にいとまがない。

哺乳類界で言えば、南米に暮らすナマケモノとアフリカのテンレック（ネズミとハリネズミの雑種のような動物）は、最高の内温動物とはほど遠い。彼らの平均体温はほとんどの哺乳類より低く、変動しやすい。だが妊娠中は、そうしたいいかげんな生理機能は許されない――その時期には、体温も体温調節機能も高くなるのだ。同様の変化は、卵生のハリモグラやハチドリでも見られる。

ファーマーの主張によれば、長期的に高体温を維持できるが可逆的でもある、原始形態の内温性の起動に関して、代謝率を調節する甲状腺ホルモンが中心的な役割を果たしてきた可能性があるという。熱は高くつくが、子には大きな恩恵をもたらしただろう。

孵化後の段階に至ると、親による投資はさらに拡大する。シジュウカラは毎日一〇〇〇回近く往復し、巣にいる子に餌を届ける。哺乳をする哺乳類では、子を養うために一日あたりのエネルギー支出が四倍から一〇倍も増加する。第5章で見てきたように、成長を加速させる利点は明白だ。脆弱な子としてすごす時間は、短ければ短いほどいい。親が食糧を供給するためには、絶えず身体活動ができる状態を維持する必要がある。それがより高い有酸素運動能力の進化を促したのだろう、というのがファーマーの主張だ。

産後の子育てを重視しているという点でファーマーの仮説と重なるのが、二〇〇〇年に発表された第二の内温性子育て起源説だ。孵化した子の世話はかなりの重労働だ。それをこなすためには、それなりのエネルギーを確保しなければならない。クラクフにあるヤギェウォ大学のパヴェル・コテヤは、ファーマーの説とは別に、そのニーズこそが内温性の進化を押し進めたとする説を提唱した。

ベネットとルーベンの有酸素運動能力説と同じく、コテヤの説の核心も、高レベルの活動性が自然選択に優遇されたという点にある。だが、コテヤの説はタイムスケールが異なる。子の食糧を集めるためには、親は数分や数時間ではなく、数時間や数日にわたって高い活動性を維持しなければならない。そのためには、食べる量を増やす必要がある。そして、ここが重要なポイントなのだが、その増えたぶんの食糧を身体が有効活用するためには、より速く消化し、エネルギーを吸収することが求められる。したがって、自然選択に優遇されるのは、代謝率の高い腸、肝臓、腎臓ということになる。それはまさに、現在の哺乳類と鳥類の高いBMRを維持している器官だ。

この説の核になっているのは、正のフィードバックループが起きたとする考え方だ。エネルギー吸収の効率を高めるためには代謝率を上げる必要があり、それがさらにエネルギー吸収を加速させる。全体の活動性が高まれば食糧を確保する能力が向上し、それがさらなる活動性の向上を可能にするという図式だ。

こうした正のフィードバックループは、内温性進化をめぐるどの仮説にもかかわっている可能性があるが、コテヤは子育てに主眼を置き、次のように書いている。「子の死亡率の低下と成熟スピードの加速は、適応度をもっとも効果的に高められる方法だ。その点では、進化生態学者の見解は一致している」

コテヤは子育てが内温性進化のきっかけだったとする説のなかで、行動の変化がその後の生理学的・解剖学的変化の土台になったと主張している。これは興味をそそられる考え方だ。だが、コテヤとファーマーの仮説には、このうえなく解決の難しい問題が存在する。軟組織が化石化しないことについてはこの本のいたるところで嘆いてきたが、行動変化の化石記録の探索となると……それはもう、ひたすら幸運を祈るしかない。

コテヤとファーマーの仮説には、もうひとつ、注目に値するメッセージが潜んでいる。哺乳類の重要な変革が起きてから二億年以上が経ったいま、わたしは家族のために買いものや料理をして大きな満足感を味わっている。クリスティーナの妊娠中は「暖房費」をまかなうのに協力し、彼女がベッドで休んでいるときには毛布をかけた（少なくとも、それならわたしにもできる！）。スープをつくりながらわたしが考えていたのは、鳥類では子に餌を与えるという責任を母親と父親が分担していることだ。ファーマーとコテヤの説は、鳥類にあてはめるなら、両性に等しく影響を与える。だが、ここで思い出してほしいのは、哺乳類では父親による子育てがまれな存在であり、初期哺乳類ではほぼ確実に一般的な行為ではなかったことだ。ファーマーもコテヤも明言こそしていないが、彼らの唱える仮説は、哺乳類の系統を内温性へと導いた選択の力が集団の半分にしかはたらいていなかったことを示唆している。内温性に関連する遺伝子の選択が母親の身体で起きていたのだとすれば、母親の生態こそが、哺乳類を決定づける代表的な特性の鍵を握っているということになる。[5]

ひとつはすべてのために、すべてはひとつのために

内温性の起源をめぐる諸々の仮説は、長年にわたって熾烈な論争を巻き起こしてきた。みずからの仮説のためにとことん闘い抜く学者の姿はすばらしい見ものだ。だが最近では、内温性をめぐる思索はかつてよりもずっと寛容で、主要な仮説についてはどれであれ学者たちが頭から否定するのを躊躇するようになっている。その証拠に、内温性に関する二〇〇四年の国際会議で演壇にのぼったコテヤは、自身の説を披露するのではなく、内温性をめぐる理論自体が一九七〇年代からどう進化してきたかを検証することを選んだ。「おそらく……」とコテヤは語った。「……（中略）提案されている各モデルは、あとに出るものほど優れた解釈になるというわけではなく、むしろそれぞれがプロセスの異なる面に注目していると見るべきでしょう」。コテヤはそれに続く興味深い分析のなかで、生物学のさまざまな面を採

り入れて成長してきた数々の仮説は、進化をめぐる思索の変化を反映していると語った。

最初期の仮説は、生化学的安定性を高める恒温性だけが選択されたとするものだった。したがって、注目されていたのは、生物の内在的な生態だけだ。次に登場した仮説は、内温性の獲得によりさまざまな温度ニッチで活動できるようになったとするもので、生物とそれを取り巻く物理的環境を視野に入れていた。それに続く有酸素運動能力説と小型化説は、それぞれ獲物と捕食者の相互作用と生態学的競争に注目し、生物とその生活環境との関係を考慮したものだ。そして、コテヤ自身とファーマーの研究は、成体を考慮するだけでは十分ではないことを物語っている――進化生理学の研究では、生活史全体を考慮に入れなければならないのだ。「生物個体は〝プラグ・アンド・プレイ〟や〝ダーンキー〟の装置としてこの世界に生まれ出るわけではありません」とコテヤは力説した。「自然選択は生物のたどる道程全体に作用しますが、その選択の網の目は、生物の初期段階ほど細かくなる可能性があります」。それぞれの説はかならずしも対立するものではなく、多面的なひとつの現象を違う角度から検証しているとも考えられるのだ。

二〇〇六年、トム・ケンプはこのテーマをさらに膨らませ、一九八二年の著書『哺乳類型爬虫類と哺乳類の起源（*Mammal-like Reptiles and the Origin of Mammals*）』で最初に検証したいくつかの説を掘り下げた。ケンプによれば、内温性進化の理由を単一の要因に求めようとする説は、どんなものであれ頓挫する運命にあるという。内温性はあまりに複雑で、その影響を受ける動物の生態はあまりに幅広い。そのため、その進化をひとつの要因に帰することはできないのだ。ケンプによれば、高い有酸素運動能力とBMRの基盤には、多くの共通する生理学的・生化学的プロセスがあるという。つまり、内温性とピーク時の活動レベルはたしかに基本的には結びついているということだ。だが、それ以上に重要なのは、そうした代謝プロセスに変更が加わると、動物の行動、子育て能力、運動能力が同時に変化するという点だ。そして、その単純には説明できないシステムこそが、外温性から内温性へと至る緩やかな移行を導いたのだ。ケンプは次のように述べている。「動物の生態と生活のほぼあらゆる要素は、内温性の温度戦略に寄与しているか、その直接的または間接的な影響を受けている」。したがって、たとえば子育て能力や狩猟能力だけに影響をおよぼす生理学的変化は存在しえないのだ。ひとつの内温性の利点だけが最初に生まれ、そのあとではじめて、いま目にしているほかのすべての結果が生じることなどありえない。そうではなく、先哺乳類と哺乳類の進化は、数多くの前線で並行的に前進してきたのだ。

ケンプは内温性を導いた可能性のある諸々の事象について、ミトコンドリア数がわずかに増える仮説上の変異を使って説明している。増えたミトコンドリアを養えるだけの酸素を心血管系が供給していたとすれば、この変異により有酸素運動能力が部分的に高まり、ひいては活動性もいくぶん高くなる可能性がある。ミトコンドリアが増えれば、体温もわずかに上がり――それ以前よりも夜遅くまで活動できるようになるかもしれない――親としてのスタミナも若干高くなるだろう。だが、さらにミトコンドリアの数を増やす第二の変異が起きたとしても、酸素量が制限要因になっていれば、それ以上の効果は得られない。たとえば、肺の大きさが足りないとか、心臓に十分な強さがないといったケースだ。したがって、次に来るのは、酸素供給量を増やす変異でなければならない。何を進化させることができるかは、連携して機能するシステムの構成要素が決めるのだ。親としての注意力を高める変異も、それが子のために余分な距離を移動できる身体で起きたのでなければ、力を発揮することはできない……わたしたちは「卵が先か、ニワトリが先か」というシナリオを描きがちだが、ケンプが言うには、きわめて入り組んだひとつの創造物が、それと複雑に結びつく別のものよりも先に生まれたとする考え方そのものを完全に手放すべきだという。たがいに依存する生物学的形質が複数あるなら、それはどんなものであれ、たがいに支えあいながら形成されているはずなのだ。

そして二〇一六年、南アフリカにあるクワズール・ナタール大学のバリー・ラヴグローヴが、内温性を単一の原因で説明しようとする姿勢は「思考停止状態」を生んできたと主張した。さらに、三億年におよぶ内温性の歴史をたどったラヴグローヴは、鳥類でも哺乳類でも、この複雑な形質の進化には三つの特徴的な「波」が見られるとする結論を導き出した。

第一期は二億七五〇〇万年前から二億二二〇〇万年前だ。哺乳類の系統では、これは獣弓類が進化した時期にあたる。この祖先たちの進化を示す一連の変化――身体の下に伸びる肢、顎の拡大、専門化した歯、横隔膜、そしてとりわけ鼻甲介の呼吸部――は、獣弓類が高体温で動く活動性の高い動物だった証拠とされている。獣弓類が体毛を持っていたことを示す強力な証拠はない。そのため、体温調節に関しては、行動面での対策も重要な役割を担っていた可能性がある。ラヴグローヴによれば、この時期の進化を牽引していたのは、おもに子育ての拡大、そして恒温性と有酸素運動能力の向上だという。それはいわば、四足動物が陸に這い上がったときに直面した難問に対する答えだった。

二億二二〇〇万年前から一億四〇〇〇万年前までの第二期は、まさに正念場だった。この時期に身体が小型化し、脳が劇的に大きくなった。決定的だったのは、体毛を獲得したことだ。この時期は、哺乳類の生存にとって夜行性が非常に重要だった時代でもある。温度調節にはサイズが大きく影響することから、哺乳類の小型化がこの波の中心的役割を果たしたとラヴグローヴは見ているが、子育てと有酸素運動能力も引き続き自然選択の主役を演じていただろうとも述べている。この内温動物的生態へのアップグレードと、そこに内在する価値が、ジュラ紀における哺乳類の急激な多様化につながった可能性もあるだろう。

第三期の焦点は、哺乳類のあいだの違いだ。単孔類がほかの哺乳類よりも低い体温を維持しているのはたしかだが、有袋類の体温も有胎盤類より平均で二℃ほど低い。哺乳類の目のあいだの違いが大きくなりはじめたのは、恐竜が姿を消したあとのことだ。その壊滅的な事件のあと、一部の系統がさらに強力な内温動物的能力を進化させた。とりわけ、速足で駆けまわる哺乳類や寒冷地へ進出した哺乳類では、代謝率が高くなった。たとえば、ラヴグローヴの研究では、足の速い哺乳類ほどBMRが高い傾向にあることがわかっている。この知見はベネットとルーベンの説を想起させるが、第三期は内温性の発祥よりもずっとあとの時代だ。

この章の冒頭に登場したヌーは、哺乳類のなかでも足の速い動物で、体温も高いほうに位置している。ヌーを餌にするワニが採用している「待ち伏せ・急襲」方式の狩りは、おそらく水生や半水生だった初期の四足動物の獲物の捕え方に近いものだろう。高エネルギー化した現在の哺乳類の世界では、この方式はあまり見られなくなっている。

われわれは第1章でもバリー・ラヴグローヴに出会っている。精巣が体外化したのは精子を産生できないほど深部体温が高くなったためだとする、最新かつ最強の説を主張した人物だ。第1章ではつねに、わたしはひとつの問題を解決するひとつの手段として陰嚢をとらえてきた。温度が上がりすぎたり振動が大きくなりすぎたりした結果、オスの生殖腺の保護区として陰嚢が進化した。問題が解決されたら物語は終わり、というわけだ。だが、ラヴグローヴの長期的な視点でとらえれば、陰嚢の進化は、いわば解放だ。体温が上昇した結果、精子形成をめぐる問題が生じ、体温上昇が一時的に停止した。つまり、陰嚢の進化は単にひとつの問題を解決しただけでなく、その動物が高温化への道を突き進む自由をもたらしたのだ。

ラヴグローヴは冬眠のような内温性の一時的な放棄についても、古くから哺乳類の生態の一部をなしてきたと見ている。体温を大幅に下げることが可能な冬眠と、それよりも短い低体温状態での休眠については、寒冷環境に適応するために最近になってから進化したとする研究者もいるものの、ラヴグローヴはそうした見解をもとに、さらに注目すべき主張を展開している。恐竜を絶滅させた小惑星衝突を生き延びた哺乳類は、その大災害をひたすら眠ってやりすごしていた可能性があるというのだ！

衝突の最初の衝撃と直後に生じた熱を生き延びたのは、巣穴のなかにいた哺乳類たちだったとする説を主張したのは、ラヴグローヴが最初ではない。だがラヴグローヴは、冬眠などの省エネ戦術が破滅後の混沌とした世界を切り抜けるうえでも役立った可能性があると考えている。

一九九一年、ルーベンとともに発表した有酸素運動能力説をめぐる証拠を検証したアルバート・ベネットは、選択圧を理解するのは、現生種に作用する場合でさえ、きわめて困難だとしたうえで、「ほとんどわかっていない環境に生息していた、すでに絶滅した未知の生物でそれを知ろうとするのは、おそらく無謀な試みと言えるだろう」と述べている。

単純さから生まれるエレガントさを湛えた生物学理論が増えれば、それはすばらしいことだろう。だが、物質そのものの不変性、たとえばEはつねにmc^2に等しいというような事象とは異なり、生物系のものごとのありようは絶えず変化している。それが進化というプロジェクトの基本中の基本だ。ラヴグローヴの二〇一六年の主張は、科学理論と言うよりは、むしろ歴史を記録する試みに近い。ケンプも歴史の偶然性を頼りに、数々の小さな一歩を積み重ねて研究を前へ進めている。内温性の進化を単一の原因で説明しようとするのは、脊椎動物が陸に進出したたったひとつの理由を探すようなものだとケンプは言う。だが、四足動物が水生環境から中間的な生息環境を経て、徐々に乾燥した環境に移行していったように、おそらく哺乳類の祖先たちも、低エネルギーから一連の中エネルギー段階を経て、高エネルギーのライフスタイルへと移行していったのだろう。単一の原因を主張する説は、われわれの美的感覚には訴えるかもしれない――そこにはファンファーレ的な快感がある――が、人類の嗜好が歴史を決めているわけではないのだ。

第11章 夜につちかわれた感覚

哺乳類の多くは夜行性

動物学的な見地から言えば、子ども時代のわたしが引っかかった最大のペテンは、みんな（特定の人物ではない。人間全般だ）によってたかって、ほとんどの動物が人間と同じように昼に活動し、夜に眠ると信じ込まされたことだ。夜に生きるのは、フクロウやコウモリに代表されるミステリアスなひと握りの動物たちだけだと思っていた。そして、そうした動物たちは暗闇でも目が見える魔法のような力を持っているのだと信じていた。なにしろ、光がないのだ。それ以外にどうやって活動できるというのか？

その認識は深く深くしみついていたので、それに矛盾する新たな情報に触れても、驚くほどの頑固さで復活した。成長するにつれ、わたしと同じ国に暮らす哺乳類たちのほぼすべてが——キツネ、アナグマ、ハリネズミ、ネズミ、ハツカネズミ、そしてアナウサギとノウサギもある程度までは——夜行性だという事実を知るようになった。だが、夜行性は変わり者だけがする少数派のスポーツだという見方に疑問を抱いたことは、ただの一度もなかった。

この考えをさらに補強したのが、恐竜が初期哺乳類を夜の世界に追いやったというストーリーだ。それは言外に、哺乳類が二級の生態学的ニッチで生きざるをえなかったと言っているように聞こえる。そのせいで、巨大な爬虫類がこの世を去るや、哺乳類はたちまちのうちに昼の生活に復帰したのだろうと考えてしまいがちだ。映画の一場面にするなら、恐竜が息絶えたあと、安堵した哺乳類が穏やかな笑みを浮かべながら、生まれてはじめてその顔に太陽の温かみを感じる、といったところだ。

その信念があまりにも強かったせいで、最近になって——齢三九にして——オックスフォード大学自然史博物館の充実した哺乳類標本コレクションを調べたときには、ショックを受けた。それぞれの標本の上にラベルが貼られているのだが、その動物が夜行性であると記載されたラベルが、次から次へと現れたのだ。あまりにも多かったので、まちがいではないかと疑ったほどだ。

もちろん、ラベルは正確だった。そして、二〇一四年のある調査では、哺乳類と夜との親和性が正確に定量されている。検証した三五一〇種の哺乳類のうち、ヒトのような昼行性の動物はわずか二〇パーセント、時間に関係なく活動するものは八・五パーセント、夜明けと夕暮れの薄闇に出没するものは二・五パーセントだった。つまり、哺乳類全体のじつに七〇パーセント近くが夜行性だということだ。

わたしの子ども時代の信念を擁護できる唯一の材料は、鳥類のほぼすべて（フクロウを除く）が昼行性であり、爬虫類の大多数（我が故郷のイングランドの田舎ではめったに見かけないが）も昼に活動して太陽光を代謝の動力にしているという事実だ。さらに、祖先の四足動物と有羊膜類が昼行性を習慣としていたことも事実と認定されている。

だが実際のところ、哺乳類界における夜行性優位の現状は、とりたてて驚くべきものではない。哺乳類が例外なく乳腺を持つのは、哺乳をする共通祖先を共有しているからだが、この最後の共通祖先は夜行性でもあったのだ。そして、昼行性の恐竜がしつこく居座っていたせいで、哺乳類はその歴史のかなりの年月にわたり、昼に生きることができなかった（もしくは、その可能性は低かった）。一億三〇〇〇万年は長い。太陽ではなく月を中心とする生活に特化するには十分な時間だ。その睡眠と覚醒のサイクルを変えるには、大幅な再適応を要するだろう。

恐竜絶滅後も、哺乳類は大挙して昼に参入したわけではなかった。昼への移行は、複数の系統で散発的に起きた。七〇〇種の哺乳類の活動パターンを哺乳類の系統と照らしあわせた調査では、さまざまな哺乳類がおよそ一六回にわたって夜行性を放棄してきたと推定されている。

昼の生活がもっとも広く普及しているグループが、有蹄類とわれらが種族である霊長類だ。それ以外に目を向けると、コウモリでは一〇〇〇を超える種が夜間飛行家として踏みとどまっている。齧歯類でも、一部の系統は昼行性になっているものの、二〇〇〇あまりの種が夜行性のままだ。食虫類は昼夜を問わず活動する傾向が強い——すでにご存じのように、トガリネズミは絶えず餌を食べていなければ生きていけない。さらに意外なことに、トラやライオンをはじめ、大多数の食肉類やクロサイも夜の生きものだ。有袋類では、完全な昼行性動物は、アリを食べるフクロアリクイだけだ。どうやら、古い習慣はなかなか消えないようだ。

内温性は哺乳類が暗闇の寒さに対処し、夜という聖域に進出する手段となった。だとしても、このライフスタイルに適応するためには、光がほとんど、あるいはまったくない状態でどうにか生きていくことも求められる。そしてそれは、哺乳類が世界を感知する方法に大きな影響をおよぼすことになった。

人間中心主義から離れて

子ども時代の思い出をもうひとつ。日曜日——四歳ごろから、サッカーが日曜を独占するようになる一二歳まで——にはいつも、父に連れられて近くの田園を散歩した。農地を横切って鬱蒼とした森へ入り、また別の畑を通って引き返すというコースだ。わたしたちはいつも、動物がいないかと目を光らせていた。おもに見かけるのはウサギや鳥で、そのなかには大当たりの種もいたが、いちばん興奮する出会いは、きまってシカだった。当然、キツネとアナグマは睡眠中だ。シカのテリトリーに入ると、父が「しぃぃっ！」と囁くのがつねだった。わたしたちは立ちどまってじっとしたまま、森を念入りに見渡してシカの姿を探した。目標はいつも、シカを見ることだ。一頭をちらりと見かけるだけでもたいしたことだった。足の速い大型動物がたてた、聞きまちがいようのない枝の折れる音だけでは、感覚に訴える交流にはならない。それはニアミスというものだ。

だが、シカにとっては、ヒトの話し声や鈍重な足音さえあれば十分だ。それだけで、彼らは姿を消す。シカの神経系は、捕食者となりうるものを見ることに重きを置いた配線にはなっていないのだ。わたしは歩きながら、音をたてずに動くことがいかに難しいか、静寂という目標がいかに実現不可能かを痛いほど感じていた。

ヒトは自分たちが五感、つまり五つの感覚を持っていると思いがちだ。この五感——視覚、聴覚、嗅覚、味覚、触覚——はいずれも、哺乳類よりもはるか昔に生まれたものだ。一部の感覚器官は脊椎動物の発明品だが、それよりさらに古いものもある。ここでのわれわれの関心事は、そうした太古の情報チャンネルの改良や特殊化により、哺乳類の生態がどのような影響を受けたのかということだ。

視覚、聴覚、嗅覚は離れたものを感知する感覚だ。反射された光子や空気圧の波や揮発性化学物質が、発生源からわれわれの眼や耳や鼻に届き、身体の境界を越えた場所に存在するものの情報を伝える。それに対して、味覚と触覚は、身体との物理的接触の刺激が引き金になる。

味覚は能力の比較的限られた感覚だ。摂取した物質から舌の受容体が抽出するのは、ひと握りのシグナルだけだ（ヒトが味覚として認識しているもののほとんどは、食べもののにおいから来ている）。感覚を研究する生物学者たちは、われわれが感知するのは甘味、塩味、苦味、酸味だけだと長らく考えてきたが、現在では第五の性質も認識していることがわかっている。舌の受容体は食べものに含まれるグルタミン酸を報告し、「旨味」も感じさせているのだ。

触覚は、ごく単純に言えば、身体に触れる物体の形状、感触、動きを伝えるものだ。唇や指先といった特定の部位に集まる触覚の受容体は、そのすばらしい仕組みを活用して物体の性質を探知している。ものを探る触覚の可能性を何よりもあざやかに体現しているのが、ブライユ点字で書かれた本だ。

だが、この五感の概念にしたがうなら、物体の熱さや冷たさの感覚も触覚に含めなければならなくなる。では、痛みはどうなる？　かゆみは？　このふたつの感覚では、内部刺激と外部刺激の境界があいまいだ。捕食者に噛まれた痛みや蚊に血を吸われたかゆみを感じるのは、身体の損傷や乱れを報告する神経線維が存在しているからだ。痛みとかゆみは、捕食者や寄生生物がもたらす影響に関係している。身体状態に関連する感覚も仲間に加えるのなら、われわれには血圧や血糖値や酸素供給量を感知するセンサー、さらには肺の膨張や腸の拡張、心臓の拍動の程度を把握するシステムも備わっていることを考慮しなければならなくなる。すべての随意筋から伸びる神経が筋肉の収縮のほどを伝えているおかげで、神経系は四肢の現在位置を空間的に認識することができる。耳が音波の感知に使っているメカニズムは、頭部の位置と動き、つまり先天的なバランス感覚を伝えるシステムから進化したものだ。例を挙げていけばきりがない。

こうした体内感覚の研鑽が、哺乳類が飽くことなく追求してきた高エネルギー型ライフスタイルの進化に伴うものだったことはまちがいない。だがここでは、動物が身体の外の状況を探るために使っている、外部指向の感覚だけを扱うことにする。

感覚系の核心は、生物に情報を提供し、なんらかの行動をとらせることにある。ワニを目にして川岸から跳びのくヌーは、概念のうえでは、環境中にある栄養素を感知し、それを消化する遺伝子の発現を変化させる細菌とそれほど違いはない。生物が――行動的または生理的に――反応できるのは、自分が感知できるものに対してだけだ。そして、何を感知できるかは、その生物の持つ感知システムによって決まる。そうした感知システムは、その引き金になる対象と感度によってさまざまに異なる。感覚器官（およびそこから情報が送られる脳）の進化では、生物の遭遇する光子、音波、化学物質の奔流から情報を引き出す能力が発達していくのが一般的だ。あるいは、別のかたちの情報を感知するシステムを進化させている例もある――川底をさらうカモノハシのくちばしが、獲物の筋肉収縮から発せられる電気に反応することを思い出してほしい。重要なのは、神経系に到達する情報が、その生物の生存に役立つ何かを物語っているという点だ。カモノハシはごちそうを見つけ、シカは捕食者かもしれない動物の音やにおいから逃げられる。

ヒトの子どもにとって——いや、おとなもそうかもしれない——夜行性の生物という概念が異質で不合理なものに思える原因は、われわれの視覚に流れ込む情報の豊富さにある。森のなかにいると、わたしたちの眼は、木の幹や大枝、小枝が織りなすタペストリーを細部まで見事に映し出す。茶、オレンジ、緑の巨大なパレットを認識する。動物が姿を現せば、それをじっと凝視する。だが、森のなかに立って眼を閉じたら——あるいは夜の森に立ったら——われわれには何が残されるだろうか？ 方角の定まらない鳥の呼び声、ばさばさという羽音、葉ずれの音……そして、森のにおいがどんなものなのかは、わたしには想像がつかない。わたしにとっては、ほぼつねに視覚情報こそが感覚世界であり、ほかの入力情報はその基盤のうえに成り立っている。視覚こそが基準となる枠組みであり、ほかの感覚は補足にすぎない。ちょうど、映画の音響エンジニアが撮影監督の補佐扱いをされていると感じるようなものだ。

だがそれは、どうしようもなく人間中心の考え方だ。

縮小した視覚

哺乳類では、視覚は縮小の道をたどった感覚だ。先哺乳類と初期哺乳類が夜に進出したときに、祖先の四足動物から受け継いだ視覚システムの構成要素の多くが一掃されたのだ。たとえば、魚類、両生類、爬虫類では「第三の眼」が一般的に見られる。松果眼と呼ばれるこの眼は、脳上部の神経組織の一点で、たいていは皮膚だけに覆われ、骨の覆いはない。この眼が周囲の光量を直接感知し、脳の活性とホルモン量を日周周期に同調させている。哺乳類では、この構造がなくなっている。[1]

また、ほとんどの哺乳類の眼の形状と各構成要素の寸法は、夜行性の歴史を物語っている。大きな角膜は、瞳孔を大きくして網膜に大量の光を取り込むことを可能にしている。一般的な哺乳類の眼球は、光が短距離で網膜に到達できる形状になっている。つまり、光が多数の光受容体に拡散しないということだ。また、哺乳類の眼では、桿体《かんたい》細胞が圧倒的に優位になっている。桿体細胞は、脊椎動物の網膜にある二種類の受容体のうちのひとつだ。きわめて感度が高く、薄暗い場所での低解像度の視覚に特化している。二〇一六年の研究では、哺乳類が桿体細胞を増やすために特殊な発生経路をこしらえていたことも明らかになった。

だが、色に喜びを見出す種の一員にとって何よりも衝撃的なのは、哺乳類がその歴史をつうじて、知覚のこの面をおろそかにしてきたという事実だ。色覚は、網膜にあるもうひとつの光受容細胞が担っている。錐体《すいたい》細胞と呼ばれるこの細胞がはたらくためには、桿体細胞よりも大きな刺激が必要だ。また、錐体細胞にはいくつかの種類があり、それぞれ異なる波長の色で最大の感度を発揮する。この各種の錐体細胞の活性度を比較し、脳が色覚を組み立てている。ヒトには三種類の錐体細胞がある。ひとつは、われわれが赤として認識する低波長の光に反応するもの。ふたつめは、緑として認識される中波長に反応するもの。そしてもうひとつは、青を認識する短波長の受容体だ。

物体——食糧、捕食者、交尾相手の候補——は、それぞれ異なる波長の光を反射吸収する。そのため、このシステムを使えば、動物は認識した色をもとに物体を識別することができる。だが、ここに厄介な問題がある。哺乳類以外の四足動物のほとんどは、三種類ではなく四種類の錐体細胞を持っている。そしてヒト以外の哺乳類のほとんどは、二種類しか持っていないのだ。

錐体色素（錐体細胞が反応する波長を決定する受容体タンパク質）に関する脊椎動物の遺伝子を調べ

た研究では、初期の四足動物が魚類から四種類の受容体を受け継ぎ、爬虫類と鳥類のほとんどがそれを維持していることがわかっている。だが、現存する哺乳類の遺伝子を調べたところ、初期哺乳類は三種類しか持っていなかったらしいことが明らかになった。どうやら、先哺乳類の歴史の早い段階で、中波長の受容体が失われたようだ。[2] そして興味深いことに、その後、単孔類の系統ではひとつの短波長受容体が失われた――その証拠に、カモノハシのゲノムにはその遺伝子の残骸が残されている――のに対し、獣亜綱の哺乳類では別の短波長受容体が姿を消した。

哺乳類以外の脊椎動物の眼には、さまざまな色の感知を促進する色つきの油滴が存在するが、哺乳類の眼にはそれもない。これも哺乳類が色覚をほぼ放棄したことを裏づけている。つまり、ほとんどの哺乳類では、網膜はおもに桿体細胞が支配し、二種類の錐体細胞がそれを補完しているというわけだ。短波長と長波長の錐体細胞だけが維持されているという事実は、この縮小版のシステムもまだ役に立ってはいるものの、ほとんどの哺乳類が初歩的な――ヒトの赤緑色盲に似た――色覚しか持っていないことを示唆している。この状況は、哺乳類に色彩が欠けている理由を説明しているかもしれない。四種類の錐体色素を持つ鳥類と爬虫類や三種類のそれを持つ両生類は、いずれも長い年月をかけてカラフルな表現形態を無数に進化させてきたが、哺乳類の毛皮を描くために使われたパレットは、秋めいているとしか言いようがない。[3]

ヒトが三種類の錐体細胞とかなり優れた眼を持っているのは、霊長類が昼のニッチに再進出した結果だ。その軌跡のどこかで長波長の錐体色素に関する遺伝子が重複し、そこから生まれた一対の受容体が枝分かれして、それぞれ別の波長感度を持つようになった。霊長類の系統では、複雑な色覚を再構築する数々の実験がおこなわれてきた。その結果、霊長類の視覚システムでは、哺乳類が一億年以上もの昔に放棄した多くの機能要素が再発明されている。[4]

中耳の骨はどこから来たか

そろそろ、哺乳類の顎関節と、第9章で宙ぶらりんになっていた、あの追放されたふたつの小さな骨に再登場してもらおう。第6章の胎盤をめぐる考察のなかで、心臓や手はその機能が目に見える構造ではっきり示されているのに対し、脳や胎盤の場合、細胞を顕微鏡レベルで見なければ構造と機能の関係がわからないと説明した。耳――ごく低レベルの顕微鏡や高性能の虫眼鏡でも観察できる――は、手や心臓と同じカテゴリーに分類される。耳の構造は、その機能を見事に表している。そこにあるのは、顕微鏡レベルの謎ではなく（これも備えているが）、目に見える美しさだ。耳の可動式の骨の部品は、名工の創作物と言ってもおかしくない。絶妙にかたちづくられたひとつひとつの部品が整然と並び、匠の技からなる音感知装置を構成している。とりわけ、哺乳類の中耳は見事だ。

耳は通常、三つの部位に分けられる。そして、哺乳類の外耳、中耳、内耳は、いずれも哺乳類独自のものだ。

外耳は、頭の外に出ている部分――口語表現で「耳」と呼ばれている部分――と外耳道からなる。外耳道は、道の終点にある鼓膜に音波を届けるチューブだ。頭の外側に「耳介」と呼ばれる、音を集める構造を持つ動物は、哺乳類しかいない。それほど哺乳類が音を重視しているということだ。厳密には、少なくとも獣亜綱の哺乳類は音を重視している、と言うべきだろう。カモノハシとハリモグラは、哺乳類以外の動物と同じく、この耳介というアクセサリーを欠いている。ヒトの耳介は非常に奇妙な構造で、とりたてて機能的ではない。たとえば、ほかの哺乳類たちが音のした方角に耳を向けるのに使っている筋肉は、ヒトでは機能しなくなっている。[5] さらに、ほとんどの陸生哺乳類は、ヒトよりかなり大きい耳介を持っている。ノウサギの耳はばかばかしいほど大きいし、コウモリやキツネ、そしてシカの大多数の耳もウサギにそれほどひけをとらない。耳介は、昔ながらのトランペット型補聴器と同じ仕組みで聴覚を補助し、音波を耳道と鼓膜に向けるはたらきをしている。[6]

鼓膜は中耳のはじまりに位置している。だが、まずは内耳を検証しよう。空気圧の変化を信号に変換して脳に送る仕事は、ここでおこなわれている。この仕事を担う細胞は「有毛細胞」と呼ばれ、シート状に並んでいる。この細胞の毛のような突起が、内耳を構成する管まで伸びている。そしてこの管は、液体で満たされている。

複数ある内耳の管に入っている液体は、それぞれ別の事象に反応して動く。そのうちのひとつはバランスと動きに関係し、動物が動くと管のなかの液体も動く。おそらく、身体の動きを追跡するこのシステムが、耳の最初の機能として、脊椎動物が陸に向かう前に進化していたのだろう。[7] 聴覚を担う内耳領域の有毛細胞が反応するのは、振動の波——つまり音——が伝わり、管に入った液体を動かしたときだ。この液体の動きで有毛細胞の毛が曲がると、細胞内で電気信号が発生し、それが神経系に伝わる。有毛細胞の構造は顕微鏡でなければ見えないが、有毛細胞もまた、機能は構造で決まることを体現している。そしてこの細胞の毛の曲がりは、音が動きであるという事実を思い出させてくれる。

哺乳類の内耳と哺乳類以外のそれとの違いは、音により生じる振動を感知する長い渦巻き状の管にある。哺乳類では、この構造は「蝸牛《コクレア》」と呼ばれている。この名はカタツムリを意味するラテン語から来ている。モルモットの蝸牛はぐるぐると四回転している。カモノハシでは半回転だけだ。ヒトの蝸牛は三回転半の螺旋を描いている。蝸牛の大きさと形状は、広い音域を聞きとれる哺乳類の能力の一翼を担っている。とりわけ大きく関係しているのが、ほかの動物よりもかなり高い音まで聞きとれるという哺乳類の特技だ。

だが、この能力は哺乳類の中耳の性質にも支えられている。中耳は哺乳類を定義する代表的な形質のひとつだ。中耳を理解するためには、脊椎動物の陸への進出に話を戻す必要がある。最初に有毛細胞を使って外部の信号を感知するようになった水生脊椎動物は、増幅システムの力を借りる必要がほとんどなかった。音波は水中では陸上よりも強く、かつ速く移動するため、内耳の液体にも簡単に伝わるからだ。水の運ぶ音を拾えるように耳を適応させたら、海はおそろしくうるさい場所になるにちがいない。だが、われわれヒトの耳にその機能はない。気体から液体への伝播となると、話がまったく変わってくるのだ。

陸生動物が音を聞くためには、水中よりもはるかに弱い空気中の振動を感知し、増幅する新システムを発明する必要があった。実際、初期の陸生脊椎動物では、聴覚と言えば、肢と下顎を伝わって耳を刺激する地面の振動を感知するものだった。だとすれば、哺乳類の祖先たちが発達させた咀嚼は、不穏なほど騒々しいものだったにちがいない。

空気中を伝わる音波を増幅し、内耳にある液体の振動を生み出せるだけの強さにする。その課題を解決したのが、振動する骨（いわゆる耳小骨）と鼓膜が連結した中耳の進化だった。陸生脊椎動物は最終

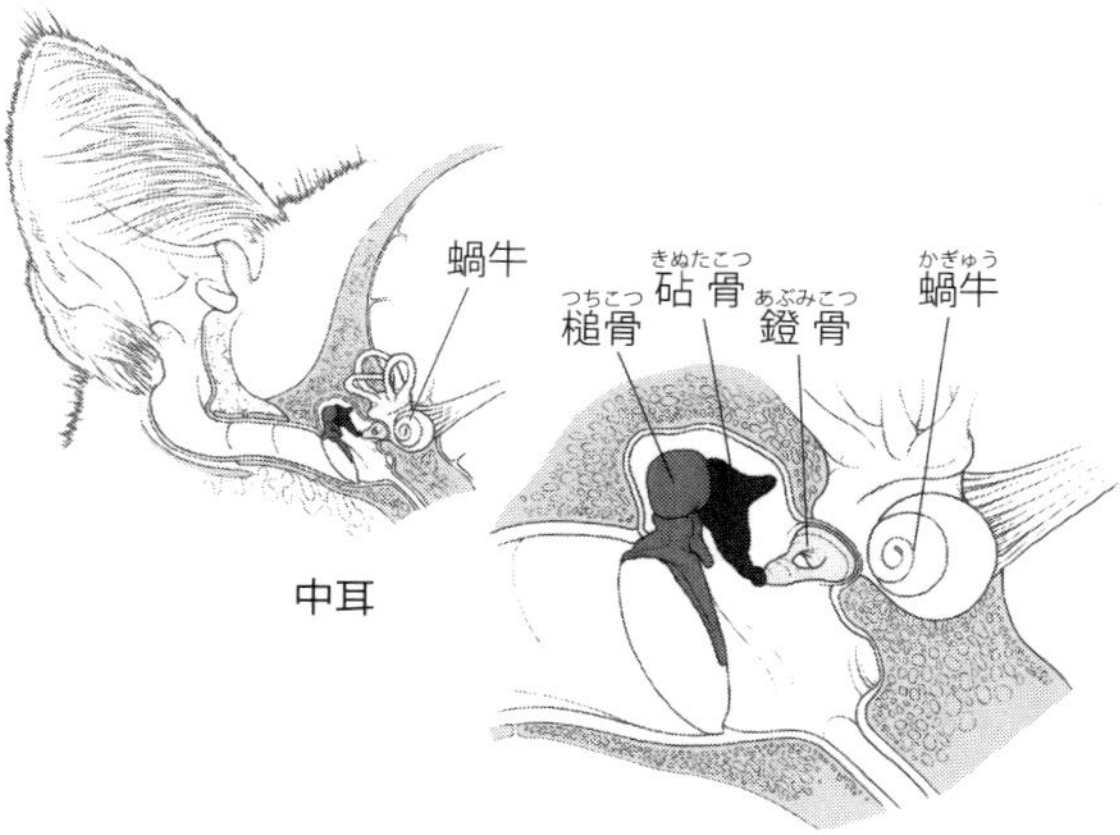

図 11–1　哺乳類の耳と、中耳にある三つの耳小骨。

的に、大きな鼓膜が特定の形状の骨を振動させ、その骨の反対側が十分な強さで内耳を叩くという仕組みを持つに至る。カエルや爬虫類、鳥類の耳では、ひとつだけの耳小骨がこのプロセスを担っているのに対し、哺乳類の中耳には三つの耳小骨があり、これが哺乳類を定義する形質になっている。この三つの耳小骨は鎖のように整然と並び、振動を見事に増幅する。そして、高周波数の音を聞きとるときに特に威力を発揮する。

その鎖の一番手として哺乳類の鼓膜に接しているのが、ラテン語でハンマーを意味する「槌骨《マレウス》」だ。このハンマーが鉄床《かなとこ》を意味する「砧骨《インクス》」を叩き、鉄床がラテン語で鐙《あぶみ》を意味する「鐙骨《スタペス》」を動かす。そして、この鐙骨が内耳を刺激するという仕組みだ。この鎖を見ると、この耳を設計したのは音響工学を熟知した多芸な名匠なのではないかと思わずにはいられない。だが言うまでもなく、生物学の課題は、創造主の思惑を読み解くことではなく、やみくもな進化の積み重ねを解明することにある。そして、哺乳類の中耳をめぐる謎の核心には、つねにひとつの疑問があった。このふたつの余分な骨は、いったいどこから来たのだろうか？

意外なことに、この疑問をめぐるもっとも重要な知見がもたらされたのは、一八三七年、ダーウィンがノートBに「わたしはこう考える……」のスケッチを描いたまさにその年のことだった。当時、エティエンヌ・ジョフロワ・サン＝ティレール――カモノハシをめぐる議論を誤った方向に導いた扇動者として、第2章に登場した人物だ――は、若きダーウィンよりもはるかに影響力の大きな科学者だった。そのジョフロワが唱えていたのが、動物の身体は例外なく、原型となる単一のボディプランを忠実に守っているとする説だ。それはつまり、どの動物のどの身体部位をとっても、それに相当するものがほかの動物にも存在しなければならない――特定の生物だけが持つ身体部位は存在しえない、ということだ。この説を裏づけるために集められたデータは、のちに相同性と進化をめぐる研究に貢献することになるが、ジョフロワが探し求めていたのは、ただひとつのマスタープランという自説にもとづく非進化的枠組みのなかでの身体部位の相同性だった。哺乳類の中耳にある三つの骨は、この世界観に挑戦状を突きつけるものだった。そして、少なからぬ数の優秀な解剖学者たちがこの難問に挑み、哺乳類の耳小骨に相当するものをほかの動物で見つけようとした。

決定的な知見をもたらしたのは、ブタの胚を解剖したドイツの解剖学者カール・ライヘルトだった。耳小骨の由来を解明すべく、その発生の軌跡を追跡したライヘルトは、槌骨と砧骨は哺乳類以外の脊椎動物の顎の骨に相当するものだと考えるに至った。そして、その推測は正しかった。さらに正確に言えば、ライヘルトは槌骨を顎の関節骨、砧骨を顎の方形骨と同等のものと見なした。このふたつの骨は、

第9章で説明したように、現在では放棄された哺乳類以前の祖先たちの顎関節を形成していたものだ。ライヘルトは鐙骨についても、カエルや爬虫類の中耳にある単一の耳小骨にあたるものだとし、さらには魚類の頭骨の支持構造に相当すると主張した。

のちにこの中耳をめぐる物語を引き継いだ進化学者たちは、初期の四足動物がまず鼓膜のある中耳を進化させ、その空間に組み込まれていた余分な頭骨の支持構造――かつての頭骨の支持構造で、耳小骨になっていた鐙骨――を使い、振動を内耳に伝えるようになったのだろうと考えた。その後、哺乳類がさらにふたつの骨を中耳に組み入れ、この構造のダイナミックレンジを広げたとするのが、当初の一般的な見方だった。この説は直観からすれば理にかなっているが、重大な工学上の問題があった。ひとつの骨でうまく機能しているのに、別のふたつの要素を鼓膜と既存の耳小骨のあいだに挿入するのは、はたして妥当なのだろうか？

簡潔に答えるなら、妥当ではない。現存する四足動物の耳をさらに詳しく調べたところ、カエル、爬虫類、鳥類、哺乳類の耳に、それを物語る違いがあることが明らかになった。なかでも顕著な違いは、哺乳類の鼓膜がほかとは異なる位置にあるように見えることだ。また、古生物学者たちが先哺乳類の化石をさらに深く掘り下げても、爬虫類の中耳と哺乳類の中耳をつなぐ中間的な形態が存在した証拠は見つからなかった。さらに驚くべきことに、哺乳類の祖先が単一の耳小骨からなる中耳を持っていたことを示す証拠もなかったのだ。

現在の共通見解は、四足動物が少なくとも三回にわたり、鼓膜と振動する中耳骨からなる耳を個別に進化させたというものだ。一回はカエル、一回は初期爬虫類、もう一回は哺乳類だ。哺乳類の耳の特殊な形態は、顎関節の進化から生まれたものとされている。注目すべきは、この説の筋書きにしたがえば、哺乳類の祖先はおよそ一億年にわたり、自由に動く耳小骨のメカニズムを持たずに空気中を伝わる音を聞きとっていて、初期哺乳類の段階に至ってはじめて中耳に三つの骨を一気に挿入したことになるという点だ。

哺乳類の耳をめぐるこの説を説得力のあるかたちで最初に主張したのが、ウィスコンシン大学のエドガー・アリンだ。アリンは一九七五年、さまざまな先哺乳類と哺乳類の化石の調査にもとづき、獣弓類では将来の耳小骨となる三つの骨の上に鼓膜が形成されていたが、その三つの骨はどれもまだ顎関節の一部だったとする説を展開した。だが、三つの骨が顎関節の一部だったからといって、聴覚に寄与できなかったわけではない。関節骨と方形骨――将来の槌骨と砧骨――は、まだ顎関節の一部だったかもしれないが、このときすでに、内耳にぴったりくっつく鐙骨と接するようになっていた。

やがて、哺乳類の新たな顎関節の形成により、三つの骨とその聴覚的潜在能力が解き放たれた。歯を支える歯骨が頭骨に直接ドッキングされると、関節骨と方形骨はフルタイムで新たな仕事を担えるようになった。三つの耳小骨の鎖はしだいに顎から離れ、より独立性の高い耳が形成されていった。その結果、咀嚼の際の騒々しさをいっそう遮断できるようになった。

こうした諸々の経緯は、哺乳類の中耳の骨がかつては顎関節だったというだけでなく、われわれの両耳にある槌骨と砧骨の接点が、哺乳類の祖先や現存する爬虫類の顎関節と相同であることを意味している。

哺乳類の中耳形成へと至る長い工程をスタートさせたのは、顎の咀嚼能力を磨き、かつては大きかったふたつの顎の骨を小さくする選択圧のはたらきだった。だが、この変遷の最終局面に近づくほど、顎の機能性と優れた聴覚のどちらが重視されていたかを判断するのは難しくなる。生物学者たちはどちらも重視されていたと主張しているが、いずれにしても、哺乳類の聴覚がかつてよりもはるかに優れたものになったことはたしかだ。

昆虫を食べる夜行性動物にとって、この能力はおおいに役立ったにちがいない。夜の世界における優れた聴覚の利点は説明するまでもない。捕食者の近づく音や昆虫のたてる音が、それまでよりもずっとはっきり、ずっと大きく聞こえるようになったはずだ。さらに、聴覚には本質的に、視覚に勝る点がある。たとえば、曲がり角の先や木の幹の向こう側を見ることはできない。直線上を移動する光子が物体に遮られやすいのに対し、音波は物体を迂回する（さらに、ある程度まではそのなかを通過する）ことができる。狩りをするホッキョクギツネは、雪の下にいる見えないネズミのたてる物音に耳を澄ませ、その耳が教えてくれる情報を頼りに、雪のなかに鼻から跳び込む。

だが、こうした説は、優れた聴覚全般に関するものであり、高周波の音を正確に聞きとる能力が哺乳類の利益になる理由を具体的に説明しているわけではない。

聴覚の重要なポイントとして、同種の仲間の発する音声信号の受信にしばしば使われるという一面がある。そして哺乳類は——すでに述べたように——社会性を持つものが多く、子育てに多くのエネルギーを費やす。高周波域の聴覚を進化させた小型哺乳類は、ほぼまちがいなく、甲高いきいきい声しか出せなかっただろう。それを考えれば、そうした動物の耳がたがいの鳴き声を聞きとれるように改良され、かたちづくられていった可能性もあるのではないだろうか？

コミュニケーションは有益なものだが、要らぬ注意を引いてしまうおそれもある。たとえば、母を呼ぶ子の鳴き声は、捕食者を引き寄せてしまうかもしれない。だがそれは、捕食者にその子の鳴き声が聞こえるならの話だ。高周波域の聴覚を進化させた初期哺乳類は、それにより大きな利を得た可能性がある。大型の——たとえば恐竜のような——動物の耳には感知できない高周波域の音を発し、聞きとる能力を獲得すれば、自分たちだけのプライベートなコミュニケーション経路が手に入る。初期の哺乳類たちは、近くで暮らすほかの動物たちに気づかれずに、高音の鳴き声で会話を交わすことができたはずだ。現在でも、われわれヒトの耳が聞きとるネズミの甲高い鳴き声は、じつはネズミたちのレパートリーの最低音にあたるものにすぎない。ほとんどのネズミの鳴き声は、ヒトや爬虫類、鳥類の捕食者たちには聞きとれない高さだ。

だが、そうした甲高い声での会話が古今の哺乳類の役に立っていることは疑いようがないものの、別の要因が哺乳類の高周波域の聴覚を進化させた可能性もある。動物が聴覚をあますところなく活用するためには、その音がどこから出ているのかを知る必要がある。そして、ふたつの眼の存在が奥行き知覚を大幅に高めているように、ふたつの耳の存在も三次元の音の知覚を大きく向上させている。両耳に入ってきた情報のタイミングと強度の違いを脳の聴覚処理中枢で比較し、音波の出どころをはじきだすことができるのだ。

ゾウは——ヒトもそうだが——頭がそれなりに大きいので、ふたつの耳のあいだに十分な距離があり、音の出どころと離れたほうにある耳には、近いほうよりもかなり遅れて音が届く。だが、トガリネズミ大の動物では、その遅れはごくわずかだ。その代替策となるのが、強度の違いを利用する方法だ。

波長の長い音波の場合、それぞれの耳に届く信号にはほとんど違いが出ないが、音波の波長が短くなるほど、周波数とピッチが高くなり、両耳に届く信号の違いが大きくなる。したがって、小型の初期哺乳類が高周波域の音を聞きとれれば、音の出どころをはじきだせる公算は高くなっただろう。それを裏づけているのが、哺乳類の頭の大きさと聴覚に見られる明らかな相関性だ。頭が小さいほど、高い音を聞きとれるのだ。

音の出どころの特定に役立っているもうひとつの要素が、哺乳類の外耳――耳介――だ。これは特に、音の出どころの前後や上下を定めるときに威力を発揮する。あの過ぎ去りし日々の森でも、どこかに隠れたシカが尖った大きな耳を調節し、父とわたしがどこから近づいてくるかを正確に把握していたのだろう。

聴覚の話を終える前に、哺乳類の聴覚から生まれた驚くべきイノベーションに触れないわけにはいかないだろう。そのイノベーションとは、ずばりソナーだ。

夜でも自由に飛びまわるコウモリのナビゲーション能力をめぐる研究は、一九世紀からおこなわれていた。当時のいくぶん残酷な実験では、視力を奪われたコウモリがナビゲーション能力を失わないのに対し、聴力を奪われたコウモリはふらふらになってしまうことがわかっていた。だが、ハーヴァード大学のドナルド・グリフィンが実施した一九四〇年代の重要な実験により、コウモリは「エコロケーション」をおこなっていることが実証された。グリフィンが明らかにしたのは、コウモリが短波長の超音波を発し、戻ってくる反響音を聞きとっているという事実だった。コウモリはこの方法で周囲の環境を探り、飛びまわる昆虫を捕らえている。獲物に狙いを定めると、コウモリの発する音は一秒あたり一〇〇回にもなる。少なくともコウモリに限って言えば、たしかに魔法のような力を使って暗闇のなかでものを見ていたのだ。

ソナーは水中の生活でも効果を発揮する戦略だ。コウモリと同様、マッコウクジラやシャチなどのハクジラとイルカ（これも厳密に言えばハクジラだ）も、高周波のクリック音を発し、跳ね返ってくる音に注意を払うシステムを進化させている。彼らの耳は、空気ではなく周囲の水の特性に再適応している。

クジラはもっとも騒々しい動物でもある。マッコウクジラがコミュニケーションに使っている低周波のクリック音は、シロナガスクジラのそれよりもうるさいことで知られている。このクジラたちの呼び声は二三〇デシベルに達し、海を渡って数千キロの彼方まで届く。

ハクジラにはもうひとつ奇特なところがある。それは、哺乳類が長い年月をかけて磨き上げてきた感覚を放棄していることだ。彼らには、においを嗅ぎとる能力がないのだ。

地位の高い嗅覚

アラスカでは、においを嗅ぎつけたとおぼしきホッキョクグマが、六五キロも離れたところからアザラシのもとにまっすぐ向かう姿が観察されている。クマ――系統樹上では優れた猟犬のブラッドハウンドとそれほど離れていない――は、哺乳類界の嗅覚の第一人者だ。そして、哺乳類は全般に優れた嗅覚を持っている。

ヒトの鼻もそこそこ優秀だが、視力を拡張するために、嗅覚をいくぶん犠牲にしたようなところがある。とはいえわれわれヒトも、特定のにおいには強く反応する。そこで生まれる反応は、驚き、喜び、嫌悪、性的興奮など、さまざまだ。嗅覚の重要な特徴は、多くのにおいが脳の回路に組み込まれ、生得的な情動反応を呼び起こす仕組みになっているという点にある。だがヒトの場合、積極的ににおいを嗅ぎまわって新しい環境を探るということはめったにしない。そしてたいていは、仲間にあいさつする際に鼻で探りあったりもしない。それに対して、多くの哺乳類は、ヒトよりもはるかににおいを活用している。餌や親や子や交尾相手を見つけるにしても、捕食者を避けるにしても、テリトリーを主張するにしても、他者を威嚇するにしても、においが大きな役割を担っているのだ。

周囲に漂う化学物質を採取する能力は、太古の昔から存在する感覚能力だ。その基本様式に哺乳類がつけ足したものは、それほど多くない。哺乳類がつくったのは、価値のありそうな情報を伝える分子が通りすぎると活性化される化学物質の受容体だ。そうした受容体は、すべての脊椎動物の例に漏れず、鼻に集中している。したがって、嗅覚をめぐる物語も、ゼロからの発明ではなく、哺乳類の追加した要素が中心となる。

嗅覚は哺乳類の感覚のなかでも地位が高い。それを裏づける証拠のひとつが、大量の組織が嗅覚に捧げられていることだ。鼻腔にある嗅細胞は、一枚のシートのように広がっている。そして哺乳類では、このシートはしわくちゃになっている。窮屈なスペースに収めながら薄い組織層の量を増やすための、由緒正しいメカニズムだ。このシートは表面積を広げるために、複雑に褶曲した骨——鼻甲介の嗅部——の上に配置されている。鼻甲介の呼吸部が広い表面積をつくりだし、呼吸する空気中の水分量をコントロールしているのと同じように、鼻甲介の嗅部も、においを感知する組織を取りつけるための表面積を広げている。哺乳類の祖先の化石では鼻甲介の嗅部は見つかっていないが、盤竜類以降の化石には、嗅細胞が並んでいたであろう微細な骨の隆起が見られる。そうしたことから、哺乳類の祖先は、早い段階から鼻甲介の嗅部と優れた嗅覚を持っていたものと考えられる。

さらに、たいていの哺乳類は、鼻から来る情報の処理に脳のかなりの部分を割いている。特定の脳の領域が広がれば、その部分の演算力が高まる。そのため、動物が特定の感覚チャンネルに置いている価値の大きさは、それに割り当てられた脳の敷地面積の広さから推測することができる。たとえば、ヒトでは視覚処理が脳の大部分を占めているのに対し、哺乳類全般では嗅覚を処理する領域がことのほか広い。だが、哺乳類の鼻の重用ぶりをもっともありありと示しているのが、哺乳類のつくる膨大な数の嗅覚受容体だ。

ヒトの色あざやかな視覚は、眼に存在するわずか三種類の色センサーがつくりだしている。わたしたちが認識する無数の色あいは、その受容体トリオから送られる信号を比較検討することで生まれている。同じように、嗅覚の分子ロジックをひもとくためには、何種類の嗅覚受容体が存在するかを突き止める必要がある。コロンビア大学のリチャード・アクセルの研究室では、一九八〇年代後半から多くの人がこの謎解きに挑んできた。そして成功を収めたのが、リンダ・バックだ。バックは一九九一年、深夜の爆発的な創造力に突き動かされ、ラットの嗅覚受容体の遺伝子を次々に分離した。集まった大量の遺伝学的データを検証したバックとアクセルが見つけたのは、三種類の嗅覚受容体ではなかった。一〇や一〇〇でもなかった。そのデータは、ラットがおよそ一〇〇〇種類の嗅覚受容体を持つことを示していたのだ。哺乳類が膨大な数の受容体で嗅覚を運用していることを明らかにしたこの功績により、バックとアクセルはノーベル生理学・医学賞を受賞した。

その後の研究でわかったのは、当初の推定数が、実際のラットの受容体数よりも二〇〇ほど少なかったことだ。さらに、一部の受容体は一種類の化学物質だけを活性化する一方で、さまざまなにおいに反応する万能型の受容体もあるらしいことも明らかになった。

ほかの脊椎動物の嗅覚受容体数は、哺乳類よりもかなり少ない。総数はさまざまだが、トカゲと魚類は一〇〇前後、鳥類とカメは二〇〇ほど、アリゲーターで四〇〇に届く程度だ。この嗅覚の拡張が起きた正確な時期は、まだ完全にはわかっていない。有胎盤類では、受容体遺伝子の平均的な数は一〇〇〇あまりと見られている。ウマ、ウシ、ウサギ、イヌ、各種の齧歯類など、さまざまな種がこの標準のなかに収まっている。注目すべきは、そうした種では、嗅覚受容体遺伝子が全遺伝子の五パーセントほどを占めていることだ。

有胎盤類以外の哺乳類に目を向けると、嗅覚の系統発生をめぐる経緯の一端がうかがえる。有袋類のオポッサムも一〇〇〇前後の受容体を持っているのに対し、カモノハシは三五〇ほどだ。つまり、受容体の拡張の大部分は、単孔類が分岐してから有胎盤類と有袋類が分岐するまでに起きた可能性が高いと言える。ただし、電気探知機能を持つ半水生のカモノハシの系統で、二次的に嗅覚が縮小したとも考えられる。事態をひどくややこしくしているのが、各種の嗅覚受容体が現れては消えているという事実だ。哺乳類の多様化とともに、驚くほどのスピードで新たな受容体遺伝子が現れ、古い遺伝子が姿を消しているのだ。現存する哺乳類の受容体のレパートリーはとてつもなく広く、しかもそのゲノムには、かつての受容体遺伝子の残骸が散らばっているというありさまだ。

この「一〇〇〇前後」という有胎盤類の原則にあてはまらないのが、ハクジラ、霊長類、そしてゾウだ。水中生活を送るハクジラは、もはや嗅覚に利点を見出していないようだ。現存するハクジラには嗅神経がなく、においを分析する脳の構造もなくなっている。さらに、嗅覚受容体遺伝子のほぼすべてが退化している。霊長類では、嗅覚の縮小はそれほどあからさまではない。ヒトの授かる嗅覚受容体の数は齧歯類よりもかなり少ないが、それでも四〇〇ほどの受容体が機能している。だが、ゾウのケースはそれとは正反対だ。ゾウの持つ嗅覚受容体遺伝子の数は、機能するものだけでも二〇〇〇前後にのぼる（さらに、機能していないものが二〇〇〇ほどある）。ゾウが何キロも先から水を「嗅ぎとる」ことは昔から知られていたものの、この大量の遺伝子の発見は驚きだった。この発見をした研究者らは、ゾウの優れた嗅覚を示すいくつかの例を提示している。たとえば、オスのゾウは攻撃性の高まる時期になると、眼の後ろにある臭腺からシグナル物質を分泌する。アフリカゾウは最大三〇頭の親族をにおいで識別することができる。さらに、ヒトのふたつの部族を嗅ぎわけ、ゾウに槍を向ける者とゾウのまわりで平和的に農耕をする者を区別することもできる。

嗅覚はきわめて社会的な感覚だ。音と同じく、夜に威力を発揮する感覚でもある。さらに、鼻が地面に近い位置にある動物——つまり、ゾウよりもむしろ齧歯類のような小型哺乳類——には役に立つ。音波と光子の特性が聴覚と視覚をかたちづくっているように、嗅覚の機能も、においのもとになる化学物質の特性によってかたちづくられている。視覚と聴覚はリアルタイムで推移する一過性の信号——生まれてすぐに消える信号——を扱うものだが、嗅覚はそれよりもずっとスピードの遅い感覚だ。においのもとになる物質は、光や音よりもはるかに長い時間をかけて出どころから拡散していく。

嗅覚が古い形質であるように、動物間のにおいによる信号伝達も歴史が古い。そして、腺に覆われた皮膚を持つ哺乳類は、とりわけそれを得意としている。母乳と汗に加え、においも哺乳類の皮膚から出る重要な分泌物だ。臭腺があるのは、ゾウの眼の後ろだけではない。食虫類の脇腹、たいていの食肉類の肛門、ビーバーのカスター嚢（これも肛門の近くにある）にもある。このビーバーの分泌物は、人類の香水にも使われている。ワオキツネザルのオスは「におい対決」でメスの気を引こうと争う。それぞれのオスはまず、ふたつの腺の分泌物を尾になすりつけて準備をする。ひとつは手首にある腺から出る水様性の分泌物、もうひとつは肩の腺から出る「歯磨き粉のような茶色い物質」だ。その後、二匹のオスは相手に向けて尾を振ったり、相手を尾で叩いたりする。その闘いは、どちらかがあとずさるまで続く。だが、この示威行動を研究した者たちの報告によれば、彼らにはそのにおいを嗅ぎとれなかったという。齧歯類の超音波域での会話と同じように、においも同種族内での秘密のやりとりの可能性を拓いているのだ。

ヒトの嗅覚は、哺乳類に受け継がれてきた遺産だ。われわれの嗅覚が低下したのは、優れた視覚に切り替えた代償とも考えられるし、高い木の上で暮らす霊長類にはにおいがあまり役立たなかったからかもしれない。だが、これは数々の証拠から明らかになっていることだが、生殖のパートナー候補のにおいは、意識的であれ無意識であれ、依然としてヒトにとって重要な意味を持っている。こうしたにおいの認識は、子を強くする免疫系の適合性に関係している可能性がある。また、ヒトが奇妙な身体部位——腋の下や股間——に体毛を残しているのは、そうした部位から出る重要なにおい物質を漂わせるのに役立つからだとする説もある。

触覚と体毛

嗅覚はマウスにとって重要な感覚だが、鼻先を忙しなくぴくぴくと動かして世界を探っているときのマウスは、単ににおいを嗅いでいるだけではない。そこに生えたひげも、大量の感覚情報を集めている。あるコメンテーターの言葉を借りれば、「眼はヒトの〝心の窓〟かもしれないが、齧歯類のひげは、その精神生活を探るための優れた道となる」のだ。哺乳類の感覚を探ってきたこの章のしめくくりに、触覚についても少しだけ検証させてほしい。特に注目したいのが、哺乳類の代表的な特徴である付属器官——すなわち体毛が媒介する触覚だ。

触覚も原始の感覚だ。あらゆる種類の生物は、身体に加えられた圧力を感知する。だが、哺乳類の皮膚には、さまざまなタイプの専門化した触覚受容体が備わっている。このような機械的変位の検出器のなかでも特に感度が高いのが、体毛の端を包んでいるものだ。耳の有毛細胞の突起と同じように、体毛も動きを感知する手段として機能する。そして、そうした触覚探査の可能性を極限まで追求した構造が、齧歯類などに見られる哺乳類のひげだ。せかせかと走りまわるマウスは、ひげを使って舵をとっている。ひげは物体の認識や社交にも使われる。このひげには、ほかの体毛よりもはるかに手厚く神経が割り当てられていて、ひげの描くパターンは、マウスの脳内の「バレル皮質」と呼ばれる領域でマッピングされる。この領域のバレル（樽）と呼ばれる神経構造は、ひとつひとつが一本一本のひげと完璧に対応している。こうしたシステムが夜の闇のなかで重宝されることは言うまでもないが、多くの齧歯類が暮らす地下の穴の真っ暗闇では、その価値はいっそう高いだろう。

高度に専門化した「触覚毛」は、たいていは哺乳類の顔だけに生えているが、さらに広く分布しているケースもときどき見られる。たとえば、コウモリの翼にも生えているし、マナティでは、それ以外にはほとんど毛がないにもかかわらず、全身に触覚毛が見られる。それを念頭に置いたうえで、体毛はそもそも断熱のためではなく、感覚装置として生まれたとするポール・メイダーソンの一九七二年の説を振り返ってみよう。メイダーソンの主張はこうだ。毛のない状態から内温性維持に役立つ毛皮のコートが生まれた――セント・ジョージ・ジャクソン・マイヴァート〔第7章に登場した〕が埋められないと考えたたぐいの溝を越えた――とするなら、体毛はまず触覚を補助するものとして進化し、のちに増加して全身を覆うようになった可能性がある。それだったら、小さな突起でも感覚レバーとして役に立ったはずだ。そして、この利点が体毛の初期の発達を導いたとしても、ありえない話ではないだろう。感覚装置であるのなら、まばらにしか生えていなくても明らかな有用性があるからだ。この説もまた、複雑な形質の進化の過程で機能の変化が起きたことを示唆している。体毛の断熱機能、ひいては内温性は、世界をあますところなく知覚するという有用性から生まれた可能性もあるというわけだ。

別の世界

　森のなかにいた四歳のわたしは、耳にしたばかりの物音の主の姿をとらえようと躍起になっていた。全神経を眼に集中させ、あたりのようすを探っていた。いま、森のなかにいるわたしは、シカほどの堂々たる獣を目撃するのがどれほど幸運なことかを娘たちに教えようとしている。今度はわたしが「しぃぃっ!」と言う番だ。もちろん、シカの姿を見ることは、いまでも最大の関心事だ。だがいまのわたしは、わたしたちを取り巻く環境を幼いころよりも少しだけよくわかっている。夜にも似た鬱蒼とした森は、視覚にはやさしくない。網膜に達する前に木の幹にぶつかってしまう光子はあまりに多く、周囲に溶け込む毛皮を進化させた動物もあまりに多い。シカを見かけるのは、いまでもごくごくまれだ。彼らは相変わらず耳をぴんと立て、鼻をひくひくさせて空気中にある情報を探っている。幹や葉を縫って伝わる、あるいは迂回する信号をとらえようとしている。そして相変わらず、彼らはわたしがその姿を見るよりも早く、そして彼らがわたしの姿を見るよりも早く、ひらりと逃げ去る。

わたしの耳は鳥の鳴き声をとらえる。だが、わたしはいま、どれだけの哺乳類たちの会話を聞き逃しているのだろうかと考えている。そして、森のにおいのなさに驚いている。イヌたちがあたりのにおいを嗅ぎまわり、以前の訪問者たちが歩いた道をたどっているのを眺めながら、いったいあのイヌたち——シカでもアナグマでもキツネでもウサギでもいいが——は、ここを通りすぎた者たちの何を知るのだろうかと考えている。

ヒトの聴覚や嗅覚をあまり過小評価するべきではないだろう。どちらも立派なものだ。優秀と言ってもいいかもしれない。哺乳類が受け継いできた、たしかな遺産だ。その一方で、ヒトの視覚をあまり称えすぎるべきでもないだろう。われわれヒトは視覚情報の処理に多大な脳力を費やしているが、[8] 鳥類をはじめとする動物たちは、ヒトよりもはるかに優れた視覚を持っている。そして、何よりも重要なのは、われわれの感覚が世界の真の姿を描き出していると考えるべきではないということだ。われわれの感覚が神経系に提供している情報は、われわれの生存にかかわるものに限られている。そうでないと考えるのは、夜はひと握りの動物だけのものと信じる世間知らずの子どもと変わらないだろう。

第12章 悩ましきは多層の脳

高次の脳の中枢とは？

「哺乳類の脳は、もっとも愚かな動物のものでさえ、著しく拡大している」。アルフレッド・ローマーは一九三三年にそう書いている。「この拡大のほぼすべては、大脳半球で起きている。当初は嗅覚に特化した小さな構造だった領域だ。この領域で高次の脳の中枢が生まれた結果、哺乳類は知能発達の程度という点で、他の脊椎動物をはるかに凌駕するグループになった」

ようこそ、二〇世紀前半の世界へ。ローマーは脊椎動物の生態の権威だった。先に挙げた文章は、著書『人類と脊椎動物（*Man and the Vertebrates*）』に書かれたものだ。ごく頭の鈍い哺乳類でさえ、ほかの脊椎動物よりはるかに賢い（ついでに言えば、ローマーは無脊椎動物のこともあまり評価していなかったと思われる）――その思想はたいしたものだ。これは当時の典型的な世界観でもあった。当時は、哺乳類の誕生により認知能力が飛躍的に進歩したとかたく信じられていた。哺乳類は優れた知能へと至る道を力強く歩み、その知能はひたすら上昇を続け、ホモ・サピエンスでついに絶頂に達した。そうした考え方はたしかに、そのもっとも祝福された種の一員が書く、哺乳類を特殊たらしめている特性をめぐる本の絶好のクライマックスになるだろう。だが、それは真実なのか？

残念ながら、真実ではない。そこに鳴り響いているのは、時代遅れの傲慢さだ。一九三三年からこちら、状況ははるかに複雑になっている。そして、脳はいずれにしても複雑なものだ。

確信を持って言えるのは、哺乳類の脳が著しく大きいということだ。同じ身体の大きさの爬虫類と比べると、哺乳類の脳は六倍から一〇倍の大きさがある。一般的に言えば、脳が大きいほど動物は賢くなる。だが、身体の大きさに対する脳の大きさを見てみると——サイズの異なる動物を公平に比較するには、この方法を採らなければならない——鳥類の脳も哺乳類と同様に拡大していることがわかる。

たいていの哺乳類では、その大きな脳が大脳半球——ヒトの脳を見ると目に入る、ひだ状になった灰白質——の大きさに起因しているという主張も、おおむね真実だ。だが、あとでわかるように、それだけで哺乳類の脳が拡大をはじめた経緯を残らず説明できるわけではない。そして大脳半球は、もともと嗅覚に関連していた領域が単に拡大しただけのものではない。

だが、哺乳類の大脳半球の大部分は、ほかのどこにも見られない神経組織で構成されている。そして、哺乳類をめぐる進化神経科学の核心は、この組織の起源を説明することにある。問題は、哺乳類の大脳に新しいタイプの「高次の脳の中枢」が本当に含まれているのか否かだ。そして、含まれているのなら、その中枢はどのような性質のものなのか？

哺乳類が「知能発達の程度という点で、他の脊椎動物をはるかに凌駕する」という主張については、いまではもう、このうえなく傲慢な言いぐさと見なされるようになっている。哺乳類は賢い。その点は疑いようがない。それは哺乳類という存在の中核をなす一面だ。だが、すべての哺乳類が毛皮をまとった天才というわけではないし、哺乳類以外の動物の知能を丹念に調べれば調べるほど、情勢はますます微妙になっていく。

ヒトの感情と行動の原型がほかの動物で見られることを、ダーウィンはのちに詳しく論じているものの、『種の起源』では脳にはほとんど触れなかった。おそらく、進化論を展開するにあたり、人類の音楽や詩、美術、科学、信仰は高性能化したサルの脳の産物以外のなにものでもないという持論に注目を集めたくなかったのだろう。だいたい、ヴィクトリア朝時代の高度な文明が、どうすればサルの一団から生まれるというのか？　ディケンズやドストエフスキー、エリオットからブラウニングやホイットマン、さらにはブラームスやリスト、モネ、ホイッスラーに至るまでのダーウィンと同時代の芸術家たちの作品を、動物の生存と生殖をかたちづくってきたプロセスに帰することなど、本当にできるのか？

生物の営みが目的のないプロセスであることも、ダーウィンは理解していた。だが、進化論が広く受け入れられるようになるにつれ、進化はより優れた生物を生み出すための漸進的な――意図的でさえある――プロセスであり、人類はその最高傑作であるとする見方が大勢を占めるようになっていった。この世界観はしだいに消滅したが――ヒトの胎盤を胎盤進化の頂点とする説はたちまちのうちに（そして正当に）不合理だと見なされた――そのもっとも長い影は、いまだに進化神経科学の上に落ちている。

議論を歪めたのは、人類の知能と芸術が成し遂げた偉業だけではない。一九世紀なかばには、すでに一〇億を超える人類が地球全体に散らばっていたが、その繁栄の理由を脳以外のものに求めるのは難しかった。技術、産業、農業、そして日常の高度な問題解決スキルを駆使する人類は、無数の生息環境を開拓し、みずからの運命を自由に操る力を手に入れたかのように見えた。ヒトは高い知能を持ち、その知能はヒトの役に立ってきた。賢さをきわめて効率のいい進化戦略と見なし、高い認知能力こそがつねに進化の最終目的だとうぬぼれるのは簡単なことだった。

神経解剖学が花開いたのは、一八八二年にダーウィンが死んだあとのことだ。その黎明期には、さまざまな哺乳類やそれ以外の動物の頭蓋の中味が欧州のいたるところで調べられた。脳内の細胞配置を顕微鏡レベルで解明しようと試みた研究者もいれば、脳の全体的な解剖学的特性を調べた者もいる。ほどなくして、そうした諸々の研究により、各種の脊椎動物の脳の後部と中部が驚くほどよく似ていることが判明した。魚類、両生類、爬虫類、鳥類、哺乳類の脊髄・脳幹、菱脳部《りょうのう》は、その相違点よりも類似点が際立っていた。進化用語で言えば、放散よりも保存が優勢だったということだ。

脳のもっとも後ろの部分は、前部よりも単調な機能を担っている。たとえば、脳幹は呼吸と拍動を調節しているし、深部の領域はエネルギーバランス、睡眠と覚醒といった古くからある機能を司っている。脳の中部と後部には、動物のさまざまな感覚情報が流れ込むが、そうした領域が生み出すのは、本能的で融通のきかない種類の行動だ。

もう少し前のほうにある中脳とそれに付随する小脳には、脊椎動物のタイプによって興味深いバリエーションが見られた。だが、進化の真のはたらきが表れていたのは、脳の前部だった。さらに、脊椎動物の脳を魚類から両生類、爬虫類、そして哺乳類へと至る想像上のスケールの上に並べると、前脳の漸進的な拡大とおぼしきものが見てとれたのだ。

一九〇八年には、ドイツの神経解剖学者ルートヴィヒ・エディンガーがこんなことを書いている。「哺乳類に至ってようやく、反射と本能が、連合的かつ知的な行動の下位にあると予想するに足る大きさ（の大脳皮質）に出会える」。これはつまり、哺乳類の前脳の高次――文字どおりの意味でも比喩的にも――中枢がより高度な情報処理能力を備え、下位の動物たちの菱脳中枢〔小脳・延髄など〕が担う機能よりも優位に立ったとする考え方だ。下位の動物たちが本能的にしていることを、哺乳類は思索的にしているというわけだ。さらに、哺乳類を一列に並べれば、ヒトへと向かう脳の拡大を大脳皮質の漸進的な蓄積で説明することができた。

一九〇九年には、オランダの神経解剖学者アリエンス・カッペルスが、いくつかの新語を神経解剖学の辞書に採り入れた。この一連の用語は、ヒトへと至る直線定規に沿って脳が複雑さを増し、後方から前方に向かって新たな部品を追加していったとする説を要約するものだった。この辞書改訂の結果、脊椎動物のさまざまな綱の脳の各領域に、その構造の推定年齢を示す接頭辞がつけられた。多くの魚類、爬虫類、鳥類の脳構造の名前の頭に、古いものなら「原（archi）」、もっとも古いものなら「旧（paleo）」の文字がつけ足されたのだ。[1] そして、哺乳類の大脳皮質は新しい皮質、すなわち「新（neo）皮質」と命名された。

皮質《コルテックス》は組織の外側の層を指す用語で、樹皮を意味するラテン語に由来する。新皮質は、さまざまな哺乳類に見られる厚さ〇・五ミリから三ミリほどの神経組織の薄層で、脳の外側を覆っている。複雑なしわを描いてヒトの脳をコーティングしている灰白質――まさにヒトの知性の象徴――の大部分は新皮質からなるが、これは脳の最前部から伸びたものだ。

ヒトの新皮質では、特徴的なしわがあるおかげで、より多くの脳を頭蓋内に詰め込むことが可能になっている――ヒトの脳の七五パーセント以上は新皮質で構成されている。だが、すべての哺乳類で皮質が著しく拡大しているわけではない。ハリネズミ、テンレック、オポッサムの皮質は、脳がかぶった小さな帽子程度しかない。さらに、多くの哺乳類の皮質にはヒトと同様に凹凸のある省スペース型の輪郭が見られるものの、まったく滑らかな脳を持つ種も多い。単孔類の皮質はたしかに多層的で、まちがいなく哺乳類的だが、カモノハシの皮質が平坦であるのに対し、ハリモグラの皮質は山と谷だらけだ。

新皮質の一片に適切な染色を施し、そこそこの顕微鏡で観察すれば――言うまでもなく、これは新皮質のたくらみを暴くための第一歩だ――その構造が脳の表面と平行に走る六つの層からなることがわかる。ちょうど、複数枚の紙が折り重なっているような格好だ。それぞれの層は特徴的なニューロンを持ち、特徴的な密度で詰め込まれ、特徴的なかたちで別の層や脳のほかの領域と接続している。そして、この六層構造こそが、哺乳類界の外では見られないものであり、その起源を説明しなければならないものなのだ。

だがまずは、もう少しとっつきやすい哺乳類の脳の特性――その大きなサイズからはじめることにしよう。

ジュラシック・スパーク

神経科学の歴史上、フランツ・ヨーゼフ・ガルほど悪評を買った人物はそうそういないだろう。一九世紀はじめ、ガルは骨相学なるものをでっちあげた。頭蓋骨の隆起を調べれば、その下にある脳の各領域の大きさを推測し、ひいてはその持ち主の精神的特性を推測できるというのだ。これは明らかにばかげた主張だが、大脳皮質をヒトの思考の中心とする見方の確立に貢献し、皮質の各領域が固有の認知機能を担っていると提唱した点では、ガルはもう少し評価されるべきかもしれない。ダーウィンは自説を受け入れてもらうのに苦労したと考えている人のために言っておくと、ガルはあまりにも唯物主義的で反宗教的な説を唱えたせいで、一八〇五年にオーストリアから追放されている。

脳の形状が頭蓋の外側の隆起に現れるという考え方はばかげているかもしれないが、その基礎となった理論はばかげたものではなかった。大きい領域ほど機能が発達しているとガルは主張していたが、それは基本的には正しい。そして、骨相学に弁護の余地はないものの、頭蓋の内側の隆起の解釈は、哺乳類の脳が進化した時期を探るうえで重要な役割を果たしてきた。

頭蓋化石の内側の石膏型は、かつてその頭蓋に収まっていた器官について、驚くほど豊かな情報を提供してくれる。頭蓋を見れば、そのかつての間借り人の全体的な大きさがわかるのは当然だが、脳のしわや裂け目が残す跡も、脳のさまざまな領域の相対的な手がかりになる。だが、そうしたことがわかるのは、現在の哺乳類や鳥類のように、脳が頭蓋全体につまっている場合だけだ。残念ながら、先哺乳類の脳のほとんどは、現在の爬虫類や両生類と同じように、頭蓋内のケースのなかに収まっていた。

哺乳類の脳が拡大をはじめた正確な時期を特定するためには、初期哺乳類とその直前の祖先たちの頭蓋からデータを集める必要がある。だが、時代をさかのぼるほど、使える頭蓋は希少になっていく。そして、せっかく見つけた貴重な二億二〇〇〇万年前の化石の頭部を、割り開いて石膏を流し込むために譲り渡してくれる人などいないだろう。さいわい、現在ではX線を使って、化石化した頭蓋腔の内部形態を調べることができる。二〇一一年、テキサス大学のティム・ロウを中心とするチームは、まさにその方法で哺乳類の脳の拡大をチャート化した。

二億六〇〇〇万年前のキノドン類の頭蓋からは、彼らの脳が小さく、管状だったことが判明した。前脳部は「狭くて凹凸がなく」、中脳はまだ、現在の哺乳類のように皮質に覆われてはいなかった。この動物に関するロウの見解は辛辣だ。「現存する子孫たちと比べ、初期キノドン類では、嗅覚の分解能が低く、視覚は貧弱で、聴覚は解像度が低く、触覚はおおざっぱで、運動協調性も洗練されていなかった。知覚運動協応には、脳領域がほとんど割かれていなかった」

次はモルガヌコドンの出番だ。モルガヌコドンは広く生息していた初期哺乳類で、その歯と骨は、およそ二億五〇〇〇万年前のウェールズの地層で最初に発見された。[2] だが、ロウは中国で発見された完全な頭蓋を手に入れ、それをもとにモルガヌコドンの知能を検証した。身体の大きさとの比較で言えば、体長一〇センチのモルガヌコドンの脳は、キノドン類のそれよりも五〇パーセント大きかった。現在の哺乳類のサイズにはおよばないが、近づきつつあったことはたしかだ。

そして、この点が特に興味深いのだが、その頭蓋の形状を見る限り、脳全体が均一に拡大したわけではないようだった。もっとも劇的な拡大が見られたのは、嗅覚を処理する構造だ。嗅球（においの信号が通過する最初の中間駅）と嗅皮質（嗅覚の第二の駅）がどちらも大幅に拡大していた。さらに、中脳が皮質に覆われるようになった。この領域の皮質は、現在では触覚情報の処理を担っている。そして、小脳——おもに運動協調性にかかわる構造——も拡大していた。

ハドロコディウムは、モルガヌコドンよりも一〇〇〇万年ほどあとに生息していた小型の哺乳類だ。

外見はイタチに似ているが、体長はわずか三センチほどで、あなたの指の半分の幅に楽に乗れる大きさだ。ハドロコディウムの相対的な脳の大きさも、さらなる飛躍を示していた。現存する哺乳類の下のほうに収まるレベルだ。また、やはり小脳が大きくなり、嗅覚領域が拡大していた。

どんな機能に脳の領域を割くかは、その動物にとって重大事だ。嗅覚と触覚の鋭敏化と知覚運動協応の向上が初期哺乳類の脳の拡大を牽引したとする知見は、初期哺乳類をめぐる別の分析が物語っていることとも一致する。夜行性の初期哺乳類は、この二種類の「夜の感覚」に大きく依存する、かよわい小動物だった。

聴覚に関する脳の領域は、モルガヌコドンでもハドロコディウムでも拡大していなかった。モルガヌコドンでは、哺乳類特有の中耳の骨はまだ顎関節の一部だったのに対し、興味深いことに、ハドロコディウムでは哺乳類特有の中耳が存在していたものの、内耳はまだ精巧化していなかった。

モルガヌコドンとハドロコディウムが体毛を持っていたことは、ほぼ確実だ。そして、体毛がもたらす感覚情報が、モルガヌコドンで見られる体性感覚皮質の拡大――少なくともその一部――を促したとも考えられる。言うまでもなく、体毛の存在は、彼らが完全に内温性だったことも物語っている。脳は大量のエネルギーを消費する。脳の大きさという点で言えば、哺乳類に匹敵する頭脳を持っているのは、やはり温血動物である鳥類だけだ。頭蓋の年代記からは、内温性獲得の初期段階では脳の大幅な拡大が見られないのに対し、体毛による断熱が進化した第二の波では拡大していたことがうかがえる。

初期哺乳類は、おそろしく小さかった。そして、哺乳類界の現存する最小メンバーであるトガリネズミは、内温性を維持するために絶えず餌をかき集めていなければならない。その事実を踏まえれば、やはり絶えず食糧を探していたであろう二億年前の哺乳類たちが、鋭敏化した感覚と精密化した身体の動きに助けられたことは想像にかたくない。

その証拠に、脳の拡大が内温性進化の原動力だったとする説も過去にはあった。現在ではむしろ、脳の拡大は内温性を支えるフィードバックループに組み込まれていたとする見方が優勢だ。エネルギー取得量の増加が脳の拡大を可能にし、脳の拡大がエネルギー取得量の増加をさらに促進したというわけだ。ロウ以前の、より新しい時代の哺乳類の頭蓋化石を調べた研究でも、哺乳類の脳の平均的な大きさがひたすら拡大していることが示されていた。その拡大は、恐竜絶滅後、数千万年にわたって続いた。そうした傾向は、わたしが早々に否定した知能の直線上昇説を裏づけているように見えるかもしれない。だが、化石記録を見ると、その拡大が普遍的なものではなかったことがわかる。哺乳類の系統樹を構成する枝によって、脳の拡大スピードはさまざまに異なっていた。脳がもっとも大きくなったのは、霊長類とクジラの系統だ。身体の大きさとの比較で言えばヒトの脳はもっとも大きいが、多くの大型哺乳類では、実際の灰白質の量はわれわれヒトよりも多い。マッコウクジラは動物界最大の脳を持ち、八キロというその重さは、ヒトの脳の五倍にのぼる。

多くの哺乳類の系統では、脳全体の成長は新皮質の拡大に起因していたが、すでに説明したように、新皮質を少ししか持たない種が含まれる哺乳類の目も無数にある。どうやら、大きな脳や大きな皮質は、持ち主がそこから利益を得られる場合に限って進化したようだ。

現存する哺乳類に見られる皮質の相違にはまたあとで触れるが、新皮質の起源という問題にとりかかる前に、ひとつ言っておかなければならないことがある。初期の脳拡大の一因は嗅皮質の拡大にあったが、その嗅皮質は六層構造ではなく、三層しかない。つまり、新皮質の構造ではないのだ。小脳もそうでないことからすると、哺乳類における初期の脳拡大は、新皮質が導いた出来事ではなかったと考えられる。

とはいえ、モルガヌコドンの中脳を覆っていた、触覚センサーから来る情報を処理する皮質は、おそらく六層構造だったと見られている。このように複数のニューロン層を積み重ねることの重要性を理解するためには、脳の仕組みを少し知っておく必要がある。

神経系と環境への適応

探偵の世界には――少なくともわたしが見たテレビ番組では――「金《かね》の動きをたどれ」という格言がある。神経科学の世界では、たどらなければならないのは、軸索の動きだ。軸索は神経細胞（ニューロン）から伸びる針金のような突起で、この部分がほかの神経細胞と接合している。軸索は活動電位――一瞬の電位変化（スパイク）――の通り道であり、そのスパイクの発火パターンにより情報がAからBへ運ばれる。

B地点に着くと、スパイクが引き金となり、軸索末端から神経伝達物質が放出される。この伝達物質のはたらきにより、鎖のように連なる隣のニューロンが続いて発火する確率が高くなったり低くなったりする。どのニューロンがどのニューロンに接続しているかを理解すれば、神経系の回路図を描き、どのように情報が処理されているかを推測することができる。われわれが多大なる時間と労力と資金を注ぎ込んで脳の回路図を描き、果てしなく緻密化させているのは、そのためだ。

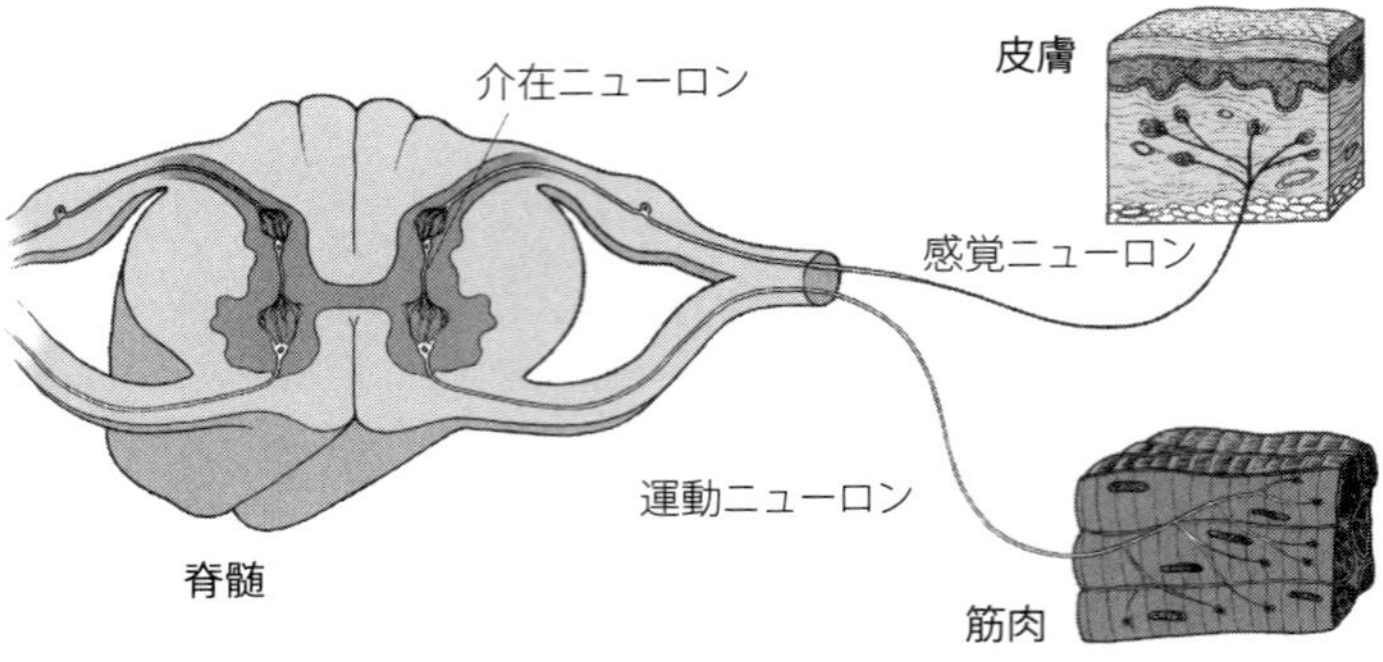

図12–1　反射弓。もっとも単純な神経回路のひとつ。

もっとも単純なタイプの回路が、反射弓《はんしゃきゅう》だ。たとえば、焼けるように熱いものに、それと知らずに手を伸ばしたとしよう。それに触れた瞬間、あなたが認識するよりも先に、腕が後方に跳びのき、肘がぎゅっと曲がり、手が胸元に引き寄せられる。「認識するよりも先に」と言ったのは、単に反応の速さを示したかったからだけでなく、実際そうだからだ。この反射的行動は、脳とは無関係に起きる。信号がようやく脳まで到達し、あなたに「あつっ！」と叫ばせるのは、手が熱源から離れたあとのことだ。

あなたの手が引っ込むのは、一方向性の三点回路のおかげだ。この回路は、感覚ニューロン↓介在ニューロン↓運動ニューロンで構成されている（図12-1を参照）。感覚ニューロンの軸索は、あなたの指先から脊髄まで伸び、そこで介在ニューロンに接続している。熱の衝撃から生まれた活動電位が感覚ニューロンの軸索を駆けのぼると、神経伝達物質が放出され、介在ニューロンが刺激される。すると、介在ニューロンが同じように発火し、運動ニューロンを化学的に刺激する。運動ニューロンの軸索は、脊髄から腕や手の筋肉に伸びている。この軸索を移動するスパイクにより神経伝達物質が筋肉に放出されると、筋肉が収縮し、手が跳びのくという仕組みだ。

　動物の多くがもっぱら頼っているのは、よく遭遇する刺激に対する固定された反射的反応だ。なかには、それだけに頼って生きているものもいる。もちろん、新皮質はこの回路よりもはるかに複雑だ。だが、ここでいくつかのポイントを押さえておきたい。第一に、神経科学者はニューロンのスパイクパターンを利用し、情報がどうコーディングされているのかを調べている。先ほど例に挙げた感覚ニューロンの軸索の場合、触れた物体が熱いほど、スパイク発火頻度が高くなる。したがって、発火率には温度が明らかに関係している。また、機能的な面では、活動電位の間隔が狭いほど、介在ニューロンがすばやく刺激される。

　第二に、この単純な回路は、神経系の中核をなす機能のひとつをよく表している。全身にはりめぐらされた神経ネットワークがなければ、熱センサーを備えた指先が熱を感じても、局所的な反応しか起こせない。おそらく、指の筋肉そのものは収縮できるだろう。だが、感覚ニューロンが「指が熱い！」という信号を中枢神経系に伝えれば、はるかに効率的かつ広域的な反応が生まれる。さまざまな筋肉を連携して収縮させれば、腕全体でより複雑な後退動作をつくりだすことができる。神経系はごく限定的な情報を受け取り、全身レベルで適切な反応を命じる。ワニを目にしたヌーが全身で川岸から跳びのくのも、それと同じだ。目をぱちくりさせるだけ、なんてことはないのだ。

　第三に、この回路を把握しておけば、回路に追加された要素がその機能をどう変えうるかがわかる。たとえば、軸索が脳から脊髄の介在ニューロンまで伸びていて、介在ニューロンを抑制できたとしよう。この要素が加われば、必要に応じて——灼熱のものを一瞬だけつかんで動かすことが有益だと脳が判断した場合など——反射のスイッチを切ることができる。新たな回路要素が加われば、その回路の柔軟性が高まり、その結果、動物は状況に応じてさまざまな行動をとれるようになる。

そして第四に、第8章の内容を思い出してほしい。親になると強力な変革が起き、ホルモンが行動を変化させると話したことを覚えているだろうか？　じつを言うと、ホルモン受容体は——そのほかの神経刺激性伝達物質の受容体も——ニューロンの動作様式を微妙に変えている。動物が危険を感じると、通常はアドレナリンが大量に放出される。アドレナリンは直接的には反射を起動させないが、特定のニューロンの受容体に作用することで、別のニューロンから「発火すべし」というメッセージが届いたときに、そのニューロンを発火しやすく、またはしにくくさせることができる。仮定のうえでは、アドレナリンでプライミングされた介在ニューロンは、通常なら感覚ニューロンがたとえば五回発火しなければ反応しないところを、三回で反応できるようになる。したがって、不意打ちの攻撃を受けたときに、しっかり噛みつかれるまでもなく、わずかに触れただけで反応できる可能性がある。あるいは、用心深いヌーなら、川に浮かぶ丸太を目にしただけで、それが丸太か捕食者のワニかを完全に見極める前に跳びのくことができるかもしれない。

このわずか三種類のニューロンで構成される反射弓の回路からは、①情報のコーディング、②単純な刺激に対して複雑かつ有益な反応をとる動物の姿、③（三種類のニューロンとは別の第四のノードの追加により）同じ刺激に対して別の行動反応を起こすための基礎、④動物のホルモン状態がその行動をどう変えうるか、という四つのポイントを見てとれる。この四点は、神経系の利点のいくつかを説明するものだ。さらに、短期間で著しく複雑化できる脳の性質も示している。

新皮質に情報を届けるには、「指が熱い！」信号を脊髄に伝える感覚ニューロンの軸索は、反射を起動させるだけでなく、脊柱をのぼって脳まで情報を伝えるニューロンを活性化させる必要もある。そのニューロンを移動するスパイクにより、痛みが生じたことがわかるというわけだ。[3]

そして、信号が脳に到達すると、おもしろいことが起きる。「指が熱い」メッセージは、ほかの感覚系から流れ込む情報と同時に到着する。諸々の入力情報が、タイミングによりひとまとめにされるのだ。眼から送られてくるのは、熱い物体の視覚的説明だ。青い炎のようなものの上に、大きな金属の箱のような構造物が乗っていることが伝えられる。反射弓は熱だけに反応するが、脳の回路では、複数の感覚系から来る情報が相互に作用する。軸索とそこを伝わるスパイクをたどってみると、視覚情報と身体情報がまず単一の感覚系に割り当てられた新皮質の各領域へ運ばれ、次いで別の領域で衝突し、そこで「ソースパンが熱かった」という高次の思考が生まれることがわかる。こうした情報の融合が起きる領域は「連合野」と呼ばれ、これもまた新皮質に存在する。

新皮質は感覚情報のパターンも検知している。視覚と、われわれがそこから受け取る情報の豊富さを例にとってみよう。眼を開けると即座に情景が広がるのは、驚くべき仕組みだ。その情景が脳の複数領域で創作されたことを示す痕跡はない。だが、ヒトほどの優れた視覚には、相当な広さの神経領域が関与し、膨大な量の計算が実行されている。光子を散乱させる網膜の活動から、無数の脳内回路がさまざまな特徴を抽出し、ひとつにつなぎあわせているのだ。ヒトの脳には、色と動きの処理、深さの検証、縁の検知をそれぞれ担う個別の皮質領域とニューロンがある。そして、脳は受け取る情報に不変性というルールを課している。わたしたちの視界を一羽のカラスが横切るとき、情報として現実に存在しているのは、さまざまな形状の黒い物体として網膜に描かれた一連のイメージだけだ。それでも、そのカラスの動きを追うだけの力が、脳にはある。割り当てる脳の領域を増やせば、より柔軟な行動ができるようになるだけでなく、感覚情報の流れをより高度に解釈できるようになるのだ。

最後に、脳が経験の記憶を蓄えていることも説明しておこう。動物が過去の出来事から教訓を得られるのは、この記憶の蓄積のおかげだ。哺乳類の脳では、出来事の記憶の作成と保存には、海馬――爬虫類の脳にも明らかな相同部位がある――と呼ばれる構造が欠かせない。運が良ければ、コンロに置かれた熱々のソースパンを持ち上げようとした記憶を呼び出し、同じ過ちを繰り返さずにすむかもしれない。

第8章で説明した社会学習――ヒトでもっとも盛んにおこなわれている――とはつまり、誰かに「してはいけない」と教えられ、危険な熱いソースパンをつかむのを避けられるようになることだ。あるいは、仲間がひどい目に遭わされるところを目撃し、捕食者にじゃれつくのを慎めるようになることだ。これは複雑な事象で、別の誰かの行動の意味するところをもとに、自分の将来の行動をかたちづくる能力が求められる。そんなわけで、もっと回路を増やして、計算力を高めようということになる。われわれヒトは、「火のついたコンロの上にあるものに触ってはいけない」という言葉を聞き、その言葉が伝える抽象的な概念を処理し、それをアーカイブに保存し、現実の世界にある物体と結びつけ、将来の行動の指針とすることができる。もちろん、あなたが好奇心旺盛なタイプなら、沸騰する水の入ったソースパンから数センチのところまでおそるおそる手を伸ばし、熱さを感じてみようとするかもしれないが、実際につかむことはないだろう。

さまざまな行動を生み出し、与えられた状況でもっとも適切な行動を選ぶ能力を備えた神経系は、その持ち主である動物を敏感で柔軟な生きものにしている。外の世界を細かなところまで認識し、光子や音波の複雑な流れを解釈できる神経系があるからこそ、動物はさまざまな信号に反応できる。そして、学習する神経系を備えていれば、生物は長く生きるほど世界にうまく適応できるようになるかもしれない――そうであってしかるべきだ。自然選択は、ランダムな遺伝子変化の産物をふるいにかけ、周囲の環境にもっとも適した機能を持つ動物を保存する仕組みだ。それに対して、高度な神経系の進化は、周囲の環境にみずからを適応させることのできる動物を生み出してきた。つまり、数千年単位ではなく、数秒、数分、あるいは数時間単位での適応を可能にするシステムなのだ。

新皮質はどう進化したか

一九世紀後半にいくつかの染料が染色体の理解に革命をもたらしたように、同じ時代に生まれた新たな染色技術は、バルセロナのサンティアゴ・ラモン・イ・カハルに代表される神経科学の草わけによる脳の微細構造の解読を可能にした。ある革新的な染色法では、脳の切片に存在する多数のニューロンの一部だけをランダムに標識し、その少数の細胞を完全に浮かび上がらせることができた。この染色法により、ニューロンの輝かしい形態の全貌が明らかになった。軸索が一方向に伸び、樹状突起――ニューロンの細胞体から伸び、軸索から来る情報を受け取る細長い枝――が分岐してそれぞれ樹をかたちづくっているようすが観察されたのだ。そして、それを注意深く調べたカハルは、軸索と樹状突起のあいだに小さなギャップがあることに気づいた――シナプスと呼ばれる領域だ。現在では、この小さな

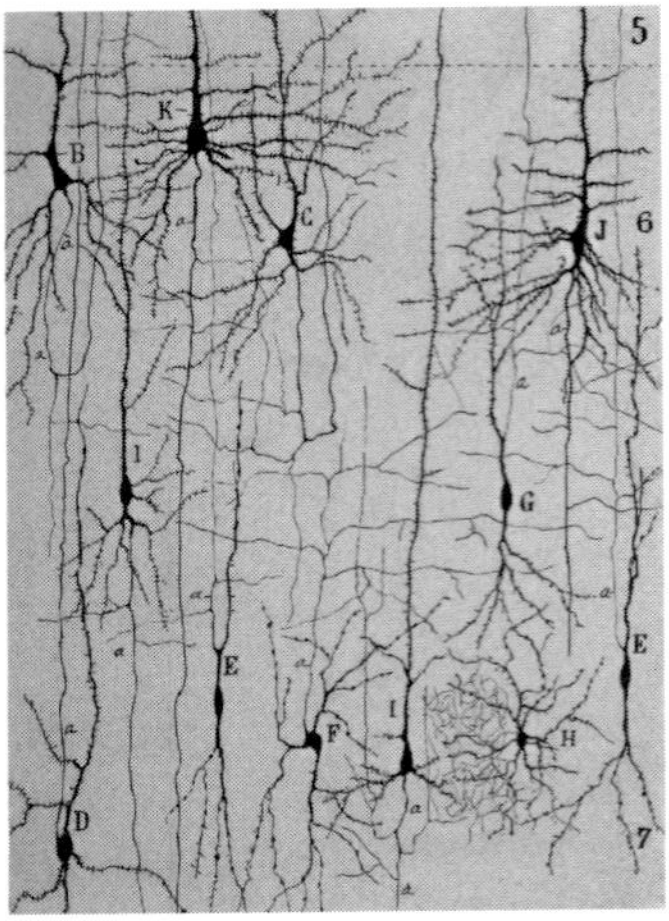

図 12–2　サンティアゴ・ラモン・イ・カハルは 1887 年から脳の微細構造の精密図を描いていた。1904 年のこの図では、皮質ニューロンの配列が描かれている。
(出典：Science History Images/Alamy Stock Photo)

ギャップをつうじて神経伝達物質が拡散することがわかっている。[4]

ヴィクトリア朝時代後期には、ニューロンの細胞体を紫に染める別の染料も発見された。ニューロンをすべて染色できるこの染料は、新皮質の層構造の解明に大きく貢献した。六つの層が存在するという点で科学者の意見が一致するまでには、しばらく時間がかかった。その一因は、皮質の各領域によって微細構造が異なっていたことにある。この構造のばらつきを一九〇九年に確認して実証したのが、ドイツの解剖学者コルビニアン・ブロードマンだ。ブロードマンはヒト新皮質の全域を調べ、各部位の層構造の性質を正確に記録した。それぞれの領域によって、層の相対的厚さも、副層に分かれているか否かも、層を構成するニューロンの配置も異なっていた。ブロードマンは、ヒトの脳には全部で五〇ほどの領域があるとし、「脳地図」を作成した。脳の表面から新皮質のシートを持ち上げ、平らな場所に置いたところを想像してほしい。国を郡や州に分けた地図のようなものだ

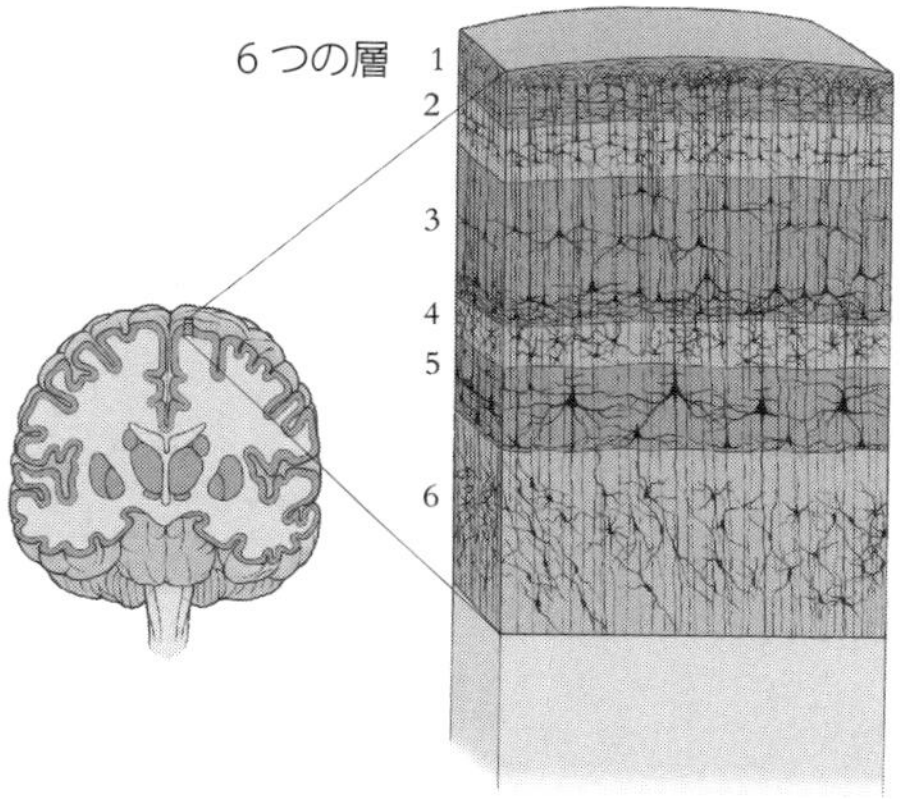

図 12–3　6つの明確な層からなる哺乳類の大脳皮質。

（図12‐3を参照）。ブロードマンはこれらの領域を「脳の臓器」と呼び、それぞれが個別の機能を担っていると主張した。ガルの時代から一世紀が経っていたおかげで、ブロードマンはその主張の根拠として、皮質の特定の領域が損傷すると特定の認知機能に影響が出ることを示した神経学者たちの研究を挙げることもできた。こうした細胞構成のバリエーションは、固有の計算を実行し、各領域の機能を導くための基質の役割を果たしている――それがブロードマンの主張だった。このブロードマンの論文は、いまや古典になっている。とはいうものの、ブロードマンが記録した各領域にはひとつの共通する主題があり、皮質がその主題の上で変奏曲を奏でているように見える。それはまるで、すべての新皮質の特徴である六つの層をまたぐ基本的な――もしくは規範的な――回路のうえで、自然が微妙なジャムセッションを繰り広げているかのようだ。

層1はもっとも外側の新皮質層で、ここに含まれるニューロンの細胞体はごくわずかだ。その代わりに、この層には軸索が走り、ほかの層のニューロンの樹状突起の最上部と接している。その下にあるのが、層2／3（六層構造と呼ばれてはいるものの、層2と3の区別はマニアックなものになる傾向があり、このふたつはひとまとめにされることが多い）だ。層2／3には、新皮質回路の中心となるニューロンが含まれる。層4にあるのは、それよりも小さいニューロンだ。これらのニューロンは、視床と呼ばれる領域から来る情報を受け取っている。皮質に届くほとんどの感覚情報は、視床から送られている。層5と6には、それぞれ数こそ少ないが大型のニューロンが含まれている。このニューロンの軸索が皮質の外へ出ている。

各層間の接続が固定化され、特定の層が各皮質領域の外の脳と接続している。それはつまり、新皮質を流れる情報には基本的なルートが存在するということだ。前段落の説明は、複雑な現実を単純にスケッチしたものかもしれないが、そこには重要なメッセージが潜んでいる。すなわち、新皮質の各層は可変的だが根元的なひとつの回路を構成し、視床からインプットされた情報が、層4→層2／3→層5および6の順に流れてアウトプットされる（アウトプットの性質はその領域によって異なる）というメッセージだ。[5]

この回路を理解すれば、それぞれの皮質領域の構造にばらつきが見られることにも合点がいくはずだ。たとえば、一次視覚野では、眼から来る情報を受け取る層4が大幅に拡大しているのに対し、一次運動野――ここから出た軸索が筋肉の動きを引き起こしている――には、層4がほとんどない代わりに巨大な層5が存在する。

これが基本的な回路だとするなら――ようやく本題に入れるが――新皮質はいったいどこから来たの

だろうか？　簡潔に答えれば「たしかなところは誰にもわからない」ということになるが、ここではふたつの主要な仮説を検証していこう。

爬虫類の皮質と比べる

有羊膜類の系統樹のうち、哺乳類はわれわれが属する枝の唯一の生き残りであり、爬虫類と哺乳類の中間に位置する動物はいっさい存在しない。脳の研究でも、その事実から生じる問題にぶつかることになる。この問題が特に厄介になるのは、検証したい哺乳類の形質がカモノハシとハリモグラで完全にできあがっている場合だ。そして、新皮質はそのケースにあたる。厳密を期すなら、新皮質に関して言えるのは、哺乳類と爬虫類の最後の共通祖先から単孔類と獣亜綱の分岐までのどこかの時点で進化した、ということくらいだ。モルガヌコドンの中脳が皮質で覆われていたのがたしかなら、皮質の誕生時期は、三億一〇〇〇万年前から二億五〇〇〇万年前までのあいだに絞り込める。

新皮質が何から進化したのか――たとえば、どの汗腺が乳腺に進化したのかを突き止めるようなものだ――に関しては、現存するほかの有羊膜類の脳を調べ、祖先の脳の姿を推測するくらいのことしかできない。そしてそこから、新皮質がどのようにして進化したかを説明する仮説を立てなければならない。鳥類の大きな脳が独自のかたちで拡大・変化していることは明らかだが、それ以外の爬虫類の脳は、祖先の脳に近いと考えられる。たとえば、カメの脳には三種類の皮質があり、どれも比較的単純だ。脳の外層には嗅皮質があり、これは哺乳類の嗅皮質ときわめてよく似ている。哺乳類と同じく三層構造で、真ん中の層だけに興奮性ニューロンが豊富に存在している。カメの前脳の内側もやはり単純な皮質でできており、これは哺乳類の海馬に相当するものと見られている。ここでも、一層のニューロン――これが記憶形成を担っている――の上下を別のふたつの層が挟んでいる。そして、カメの脳の上には、小さな帽子のような背側皮質が乗っている。これもほかと同様、興奮性ニューロンのなかに少数の抑制性ニューロンが散らばった単一の層で構成されている。ここでは視覚情報と体性感覚情報が処理されている。

さて、ここでハリネズミかオポッサム――皮質という点ではあまり恵まれていない哺乳類界の構成員――を見てみると、嗅皮質、新皮質、海馬の配置がこのカメの基本構成とそれほど大きく変わらないことがわかる。新皮質の起源をめぐる第一の仮説は、爬虫類の背側皮質が新皮質に変化し、一層だけだったニューロンの層がしだいに増えていったというものだ。

爬虫類の背側皮質では、一層の興奮性ニューロン層がインプット層としてもアウトプット層としても機能している。つまり、視床から情報を受け取ったのと同じニューロンが軸索にスパイクを送り出し、その軸索がまた皮質を出ているのだ。情報をあちらこちらにすばやく届けるための回路は、本質的に備わっていない。したがって、この構造から新皮質への進化は、マルチタスクをこなしていた単一のニューロン層を四つか五つのスペシャリストに置き換えるプロセスということになる。家事全般を担っていた家政婦長の代わりに、専任の清掃係、執事、コック、メイド（お好みに応じて、『ダウントン・アビー』〔英国貴族の邸宅での人間模様を描いた歴史ドラマ〕的な比喩をつけくわえてほしい）を雇うようなものだ。要素が少しずつ増えていくにつれ、回路に追加された中継装置のあいだで皮質の機能が分担されるようになった。すでに説明したように、神経細胞とシナプスが追加されれば、さらに多くの計算を実行する可能性が拓かれることになる。

爬虫類の背側皮質と新皮質をつなぐ中間的な皮質は、いまだかつて発見されたことがない。そのため、各層が追加されていった順序は憶測の域を出ていない。帆を背負ったディメトロドンは、二層のニューロン――たとえば情報を受け取る層と情報を送り出す層――を持っていたのだろうか？　獣弓類には三層のニューロン層からなる皮質回路が備わっていたのだろうか？　それはわからない。

三層構造と六層構造の皮質の比較では、興奮性ニューロンと周囲の抑制性ニューロンの相互作用が、どちらの構造でも同じようにはたらいていることがわかっている。したがって、ひとつの基本的な枠組みのなかで、新たなニューロンが導入されているものと考えられる。哺乳類の場合、新しいニューロンをつくる発生プロセスを長くして、より多くのニューロンをつくっていると見られている。その続々と生成されるニューロンが、少しずつ異なる形状で生産ラインから出てくることで、スペシャリストの層4や層2／3のニューロンがつくられているというわけだ。

爬虫類の皮質と新皮質に見られるもうひとつの相違点が、視床から伸びる軸索の方向だ。爬虫類では、軸索は脳の表面と平行に走り、多くの皮質ニューロンと接している。対する哺乳類では、皮質の基部から急上昇し、より強力に少数のニューロンに接触している。つまり、感覚が鋭敏化しているということだ。

爬虫類の背側皮質が処理するのは、視覚と触覚の受容体から来る情報だけで、聴覚は現在でも皮質下領域で処理されている。新皮質が拡大して定着するのに伴い、ブロードマンが地図にした新たな領域が発達し、それぞれの新領域が新しい機能を担うようになっていったと考えられる。

この図式では、哺乳類の祖先たちは、いわば新たなタイプの脳回路——新皮質の微小回路——を開発した電気技師かコンピューター科学者だ。だが、次に紹介する第二のモデルでは、むしろ創造的な建築家に近い。

よく似た鳥類の脳

アナ・カラブレーゼは、神経科学の博士号を統計学研究室で取得した。二〇世紀なかばに進化生物学で起きた現象と同様、昨今では脳機能は数式で表現されることが多くなっている。カラブレーゼが関心を抱いていたのは、感覚情報に対するニューロンの反応を模式化したコンピューターモデルの構築だ。そうしたモデルでは一般に、既知の情報一式と既知のニューロン反応一式を出発点として、そこから神経回路がどのように各種のニューロンを独自の様式で発火させているかを——コンピューターの言葉で——探る試みがおこなわれる。

たいていの場合、そうしたモデルを構築するだけでも博士号取得には十分だが、カラブレーゼは実際のニューロンからみずから集めたデータを使いたいと考えた。そのために向かったのが、コロンビア大学のモーニングサイド・ハイツ・キャンパスの敷地を横切った先にある、キンカチョウの鳴き声を研究する研究室だった。カラブレーゼは研究室のサラ・ウーリー教授とともに、キンカチョウの脳の三つの領域に小さな電極をずらりと埋め込み、その鳥の鳴き声の構成要素と似た音に対する八二三個のニューロンの反応を記録した。カラブレーゼとウーリーの関心事は、鳥の脳がどう機能するかであって、それがどう進化したかではなかった。

集まった大量のデータは、キンカチョウの脳の各領域がそれぞれ固有の回数、かつ異なる様式で発火することを示していた。このデータを検証したカラブレーゼは、解析結果をとある会議で紹介した。その知見に誰よりも心を奪われたのは、鳥類の専門家ではなく、哺乳類の新皮質の研究者だった。ユニバーシティ・カレッジ・ロンドンのケン・ハリスが注目したのは、カラブレーゼが分類した鳥類のニューロン発火タイプのほぼどれをとっても、同じように発火する同様のニューロンのサブタイプが哺乳類の皮質に存在するという事実だった。

ウーリーとカラブレーゼがこの研究結果を発表する際、ハリスは付随する解説論文を書きたいと申し出た。二〇一五年に発表されたその論文のなかで、ハリスは鳥類の脳の三つの領域を、哺乳類の皮質にある各層と明確に対比させた。鳥類の脳はそれまで、哺乳類の脳と同じように機能するとは考えられていなかった。多層構造になった哺乳類の皮質とは異なり、鳥類の前脳は小塊のような核が寄り集まったもので、一見すると解剖学的構造はまったく異なっている。だが、鳥類の「L2野」にあるニューロンが哺乳類の層4のニューロンと同じように機能していることをハリスは強調した。どちらも最初に発火し、同じように情報をコーディングしているのだ。哺乳類でも鳥類でも、この領域が、視床から伸びる軸索の最初の標的になっている。次いで、鳥類の別の核にあるニューロンが、層2／3と同じように機能する。これらの領域のニューロンは、少し遅れてより複雑な様式で発火するが、ここでも驚くほどの類似性が見られた。そして、哺乳類の層5ニューロンに相当するのが、鳥類の脳の「L3野」だ。ただし、前述の領域ではハリスの指摘した四つの基本的な特徴のすべてが一致していたのに対し、この領域では四つのうち三つしか一致していない。結論は言うまでもない——系統上のつながりが薄く、外見上は似ても似つかない脳を持つにもかかわらず、この二種類の動物では、脳の回路の動作様式が驚くほど似かよっているということだ。ハリスはこう書いている。「皮質に標準的な微小回路が存在し、実際に鳥類と哺乳類で相同しているのなら、その回路は三億年以上前に生息していた哺乳類と鳥類の最後の共通祖先で稼働していたということだ」

だが、この急進的な説は新しいものではなかった。ハリス、カラブレーゼ、ウーリーの三人は、この新たな知見を、半世紀近く前から存在していた仮説を裏づけるものだと考えた。一九六〇年代、アメリカの神経生物学者ハーヴィー・カーテンが、核構造の鳥類の脳と層構造の哺乳類の脳について、両者が大きく異なるという認識は誤っており、実際にはそれほどの違いはないと主張していたのだ。

カーテンが鳥類の脳の深謀遠慮を調べはじめた当時は、まだ鳥類は知能の低い動物と見なされていた。二〇世紀初頭にはさまざまな脊椎動物の脳が調べられたが、鳥類は冷遇されていた。最大の問題は、鳥類の前脳が層構造ではなく核構造になっている点にあった。

核構造は原始的な脳の印と見なされていた。そうした核が、哺乳類の新皮質の下にあるものに似ていたからだ。皮質の下には、神経線維が筋のように走る核のかたまりがあり、これは線条体と呼ばれている。線条体は昔から（思慮深く知的な皮質とは対照的に）比較的単純で固定された行動パターンに関連するものとされてきた。鳥類の前脳部は、見た目の類似性から、肥大した線条体以外のなにものでもないと見なされていた。そのため、体重との比較という点では鳥類の脳が哺乳類のそれと同程度にまで拡大しているにもかかわらず、哺乳類の前脳よりもはるかに柔軟性の低い行動しか生み出せないと考えられていたのだ。一九七〇年代になっても、アルフレッド・ローマーは相変わらず、鳥類を限定的な知的能力しか持たない、羽毛の生えた自動機械と切って捨てていた。

だが、カーテンが鳥類の守備に加わったころから、鳥類の認知能力の低さのおもな根拠となっていたこの考え方に疑問が呈されるようになっていた。カーテンはやがて、この考え方を覆すだけでなく、鳥の脳をめぐる新たな概念の構築にも貢献することになる。

哺乳類の線条体には、核と線条しかないわけではない。独特の神経伝達物質と酵素が存在し、脳のほかの領域との連絡もしっかり確立されている。そうした要素はどれも、線条体をその見た目よりもはるかに明確に定義するものだ。そして、そうした線条体の特徴を鳥類で探しはじめた研究者たちは、鳥類の前脳全体がそれにあてはまるわけではないことに気づいた。哺乳類の線条体と似ているのは、前脳のごく小さな領域だけだったのだ。それどころか、線条体的な領域とそうでない前脳領域の比率は、哺乳類と驚くほど似かよっていた。だとすれば、当然こんな疑問が残る――鳥類の前脳の線条体的ではない部分は、いったい何をしているのか？

カーテンが採ったアプローチは、脳の接続をマッピングし、回路図を描くというものだった。まず感覚系にとりかかったカーテンは、聴覚、視覚、体性感覚の各情報のルートを慎重に追跡し、耳、眼、脊髄から来る情報が鳥類の脳内で中継局から中継局へと受け渡されていく経路を体系的にたどっていった。カーテンによれば、新たな経路を見つけたと思って興奮したものの、メリーランド州のウォルター・リード陸軍研究所の同僚たちに見せると、「それ、哺乳類とまったく同じだね！」と言われることがたびたびあったという。

結局、鳥類と哺乳類の脳の回路に見られる類似点のあまりの多さから、カーテンはひとつの仮説を提唱するに至った。そして一九六九年、哺乳類と鳥類の脳の回路は似ているどころか同じものであるとする論文を執筆した。鳥類と哺乳類の認知機能は、三億一〇〇〇万年あまりにわたって保存されてきた共通の基本回路で動作している。それがカーテンの結論だった。

言ってみれば、カリフォルニアの現代的な家とニューヨークの細長い集合住宅を比べるようなものだとカーテンは説明している。両者の見た目はまったく違うが、どちらも住人にキッチン、寝室、バスルーム、リビングルームを提供する設計になっている。基本的な要素――たがいに会話するニューロン――は同じで、その並べ方がまったく違っているだけなのだ。この説にしたがえば、哺乳類と鳥類の系統では、分岐後の長い年月のあいだにまったく違う脳が構築されたが、その中核をなす回路は保存されてきたということになる。つまり、ハリスも主張したように、核構造の鳥類の脳と層構造の哺乳類の脳を動かすコア回路を、両者の最後の共通祖先が備えていたということだ。一九六九年当時、この説は主流から外れた因習打破的なものだった。カーテンはこう語っている。「教会でおならをしたときのような反応で迎えられた」

その理由は想像がつくだろう。鳥類の一般的な認識は、依然として羽毛の生えた低能というものだった。当時はまだ、鳥の前脳が巨大な線条体ではないことがようやく理解されはじめたところだった。そんなときに、鳥類の脳は華麗なる哺乳類の新皮質と同じように機能していると主張する者が現れたのだ。カーテンの説はしばしば、鳥類の脳を哺乳類の型に無理やり押し込めようとしているだけだと一笑に付された。だが、カーテン本人に言わせれば、彼はデータを報告していただけだった。

カーテンはその後、網膜を研究するようになり、そこに含まれる各種の細胞の分類にとりくんだ。彼の関心は、視覚経路を解明することに移っていた。進化研究も折に触れてアップデートしていたが、全体的な情勢としては、カーテンの説は「本当ならおもしろい（やや突飛）」と記された箱に入れられたまま、進化神経生物学の辺縁にとどまっていた。ほとんどの人が受け入れたのは、新皮質は爬虫類の背側皮質から生まれたとする説だけだった。

だが最近では、カラブレーゼの研究をはじめとする一群の研究により、カーテンの仮説に新たな生命が吹き込まれている。二〇一〇年には、現在はサンディエゴを拠点としているカーテン自身が、過去のどの試料よりも哺乳類皮質の精密構造によく似た回路が含まれることを示すニワトリの脳の観察知見を発表した。カーテンが強調しているのは、神経系の相同性を探るなら、ニューロンや回路のレベルで調べなければならないということだ。層構造か核構造か――あるいはそれ以外の配置か――という違いは、二次的なものにすぎないのだ。

カーテンらの説では、鳥類と哺乳類の脳の類似性は、両者のコア回路が共通の祖先から受け継がれたことを示すものとされている。この説に代わる説明として考えられるのは、鳥類と哺乳類が共通する神経演算方式を収斂的に進化させたというものだ。最近の研究では、この可能性に対する最強の反証になりそうな結果が得られている。発生段階で哺乳類の特定の皮質ニューロンを定義する遺伝子マーカーが、成体で同様の機能を担う未成熟の鳥類のニューロンでも発現することが明らかになったのだ。これは共通の起源を示す分子的な名残だと主張されている。

鳥類が核構造の脳を構築したのに対し、哺乳類がこの回路の要素を層構造の皮質にまとめたのは、いったいなぜなのか。それについては、議論はまだ決着を見ていない。さらに、哺乳類の祖先たちがどのようにして祖先の回路のアーキテクチャーを再構成し、層構造をつくり上げたのかという問題は、この仮説が直面する最大級の難問のひとつだ。カーテンの説が正しいのなら、新皮質の発達をめぐる現在の有力説はまちがっていることになる。だが、カーテンによれば、複数の研究で実際に観察された、従来知られていたものとは違う形態のニューロン移動は、カーテン説が妥当であることを示しているという。そしてカーテンは、皮質形成モデルを修正すべきだと確信している。

それをはじめとするいくつかの問題から、研究者の多くは、カーテン説はまったくの誤りだと考えている。彼らにすれば、カーテン説の胡散くささはいまも変わっていない。カーテン説に対しては、別の重要な反論も出ている。鳥類でこのコア回路を含む核になる胚組織は、哺乳類の胚でも特定できる。だが哺乳類では、その胚組織は新皮質とはまったく違う小規模な構造になるというのだ。この見解とどうつじつまをあわせるのかと訊かれたカーテンは、いかにも筋金入りの実験主義者らしく、簡潔にこう答えた。「つじつまをあわせようとするのではなく、もっとデータを集めろ」

カーテン説でとりわけ興味を引かれるのは、鳥類と哺乳類が三億一〇〇〇万年あまり前に発明されたオペレーティングシステムをコアシステムとして使っているという発想だ。有羊膜類全体に見られる回路の進化時期を解明するためには、爬虫類、両生類、魚類の脳回路の特徴をさらに幅広く分析する必要がある。カーテンによれば、そうした動物たちの研究から、刺激的な知見が集まりつつあるという。その神経系はもはや、哺乳類や鳥類とはまったく違う、単純なものとして切り捨てられる存在ではなくなっているとカーテンは言う。たとえば、ヤツメウナギ――四億五〇〇〇万年前に顎口《がっこう》類の魚から分岐した、最初期の「もっとも単純な」脊椎動物の代表格——の最近の研究では、少なくとも線条体は哺乳類のものとよく似ていることがわかっている。魚類の脳の研究でも、神経解剖学者を興奮させる新たな知見が続々と出てきている。カーテン説が正しければ、神経系——動物に柔軟性をもたらすように進化した神経ネットワーク——自体は、その核となる構造に関しては驚くほど保守的だということになる。

進化の歴史を振り返るときに投げかけられる疑問は、途方もなく大きい。それはカーテンも認めている。「この物語の発端は何か？　いつはじまったのか？　それはわくわくするような難問、考えると胸が躍る疑問だ。この難問に答えはない。答えをひとつ手にするたびに、どんどん疑問が増えていくたぐいの難問だ」

脳の進化を導いたのは、あらゆる進化の例に漏れず、不確かな世界をよりうまく生き延びるための変化だった。ヒトが新皮質の力をその起源の探求に費やすことができるのは、とてつもなく大きな贅沢なのだ。

ホヤと知能

アナ・カラブレーゼの研究をめぐる考察のしめくくりに、ケン・ハリスはこんなことを書いている。「もしかしたら、知能は結局のところ、それほど難しいトリックではないのかもしれない。高度な認知機能の基盤となりうる基本回路は、原理のうえでは何億年も前に進化していたかもしれないが、その目的に適応したのは、それによる利益が頭部の拡大、発生に要する時間の延長、エネルギー消費量の増加というコストを実際に上まわるようになってからのことだ」——一九三三年のアルフレッド・ローマーの得意げな言葉と比べると、まさに隔世の感がある意見だ。

大きな頭と長い発生期を必要とし、大量のカロリーと酸素を消費するという点で、高い知能を備えた大きな脳には、莫大なコストがつきまとう。したがって、ある動物が高い知能に向かって進化するか否かは、コストと利益の問題ということになる。このトレードオフを説明する小話としてわたしが気に入っているのは、ホヤの生活史にまつわるものだ。ホヤの幼生はオタマジャクシのような姿をしていて、海を泳ぐための尾と眼、神経系を備えている。だが、成体になると、海底に根をおろし、通りすがりのプランクトンを餌にする――知能をほとんど必要としない生活様式だ。そのため、成体としての暮らしを送る場所を選んだら、ホヤは変態の過程でみずからの眼と神経系を消化してしまうのだ！

脳は、それぞれ固有の生物学的背景のなかで進化する。おそらく、過去に交響曲を書いた鳥がいないのは、空を飛ばなければならないという状況が、本格的に大きな脳の成長を否定したからだろう。あるいは、対向性の親指を持てない動物は制約を受けるのかもしれない。霊長類の器用な手（と足）は、世界を精密に操り、思考を行動に変換することを可能にしている。とはいえ、イルカとクジラの大きな脳と疑いようのない知能は、環境を操って変える能力が霊長類よりもはるかに限定的な身体で進化したものだ。

現代の行動神経科学――動物の認知能力を推測する科学――でようやくわかりはじめているのは、動物たちの知能を理解しようとするなら、さまざまな動物の行動をもっと共感的に、もっと注意深く観察して調べる必要があるということだ。

鳥類の脳をめぐる概念の変化は、同時に彼らの知能に対する理解も深めた。オウムのアレックスにひたすら話しかけるアイリーン・ペパーバーグは、長年のあいだ、ちょっとした変わり者と見なされてきた。たしかにオウムは話すことができるが、単に人間の行動を真似している──要するに、オウム返しだ──にすぎないと考えられていた。だが、ペパーバーグは徹底的な調査により、アレックスが理解可能な語彙を増やしたこと、色の概念を理解していること、そして単純な算数ができることを証明した。カラスも単純な道具を使うことができる。日本のカラスは、自動車を利用して果実の堅い殻を割ることさえある。堅い殻を横断歩道に落として車に轢かせ、信号が赤になると、さっと舞い降りてごちそうにありつくのだ。

齧歯類の行動の研究では、たいていの場合、絶食させたラットやマウスが使われる。報酬の餌を目あてに迷路を走らせ、ちょっとした知能テストをさせるのだ。一九六〇年代にこの手法をアリゲーターで試してみた学者は、アリゲーターは知能が低いと結論づけた。だが、すでに話したように、アリゲーターのごく近い親戚にあたるクロコダイルは、めったに食事をしない。餌の代わりに、温度の異なる複数の休息場所を選ぶ機会を報酬にしたところ、アリゲーターは要求されたタスクをかなりよくこなせることが明らかになった。

ここ数十年ほどは、幅広い生物が研究されることが少なくなっている。現在では、研究対象はたいてい齧歯類と霊長類で、ヒトの脳の解明が念頭に置かれている。その陰には、ラットからサル、そしてヒトへと至る直線階段という古くさい前提がいまだにくすぶっている。それどころか、実験によく使われる種は「モデル生物」と呼ばれ、固有の進化を経て生まれた独自の動物と認識されていないふしさえある。だが最近では、一部の研究者（多くは研究室でよく見られるものではない種を研究している者たちだ）から、進化的観点を重視すべきだとする声が上がるようになっている。彼らの主張は、いたってまっとうなものに思える。多くの生物を調べることは、脳の多様性の理解につながる。何が基本的なものなのか、どの要素が進化により変化し、それぞれの種を利する認知機能や行動を生んだのか。それを知る手がかりになるのだ。

最後に、知能から得られる利点がいまや七〇億人にのぼる人類の存在に表れているように見えるとしても、われらが種が一度ならず絶滅のきわに追い込まれたことも知っておいてほしい。ほんの七万年前まで、人口は一万にも満たなかったとされている。農業が到来し、基本的な技術——発明には長い時間がかかるが、ひとたびできあがれば社会的に伝えていける——が進歩してようやく、ホモ・サピエンスは地球全体に広がることができた。そして、神経科学という分野ができたのは、十分に満ち足りた境遇になり、十分な知恵が累積されたあとのことだ。

ヒトの知能の謎を解く鍵

広大なヒト皮質に宿るさまざまな領域を特定したブロードマンの一九〇九年の脳地図は、神経科学を代表する先駆的な知見のひとつだ。新皮質のそもそもの起源がどこにあるにせよ、ブロードマンの研究には、哺乳類のさまざまな系統が挑んできた、新皮質を土台とする認知をめぐる数々の冒険の秘密が隠されている可能性がある。

ブロードマンが目にした皮質の各層のバリエーションは、現在では、標準となる新皮質回路が各領域でどう専門化しているかという観点から解釈されるようになっている。どの回路でも基本の構成要素が保

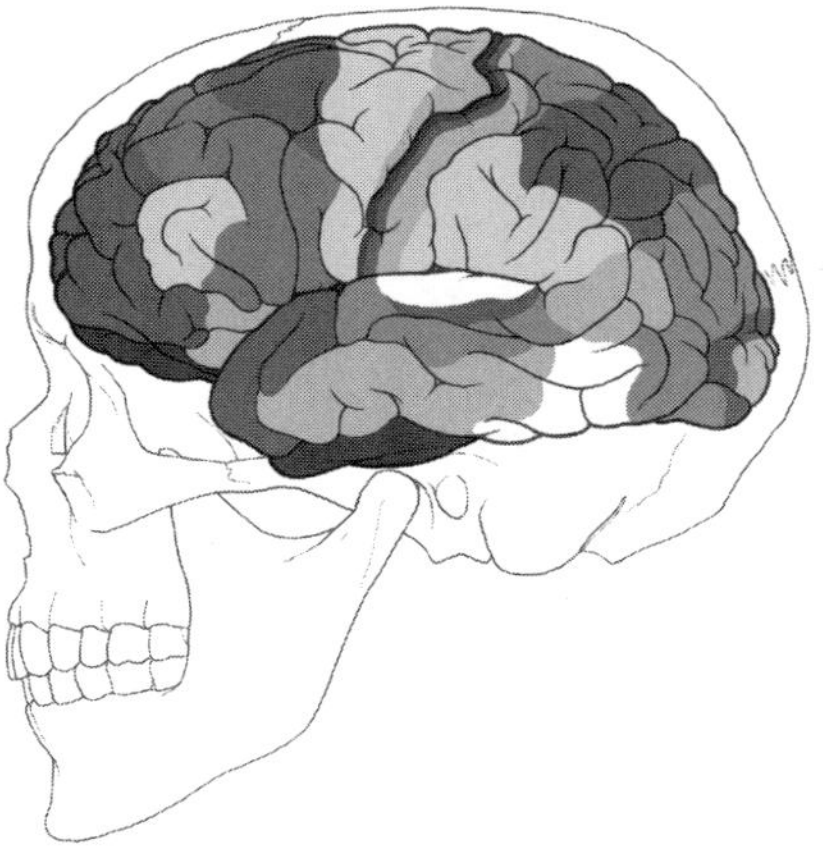

図 12–4　哺乳類の皮質は、解剖学的特徴で区別される複数の領域に分けられ、それぞれの領域が異なる機能を担っている。

存されていることは明らかだが、細かい配置ははっきりと異なっている。その違いの大きさは、各領域の回路が脳の進化をつうじて個別にアップデートされたことを示すに足るものだ。ケン・ハリスとノースウェスタン大学のゴードン・シェファードは、この皮質の各領域を「連続相同構造」と呼んでいる。これは、指にたとえるとわかりやすいかもしれない。五本の指のひとつひとつは明らかに同じ構造のバリエーションだが、それぞれが固有のものであり、たがいに補いあうことで首尾よく手を機能させている。

さらに、各領域は一定の自律性を持っているため、皮質のほかの領域や皮質下の標的との外部接続を独自に構築することもできる。このふたつの面——内部構造と外部接続——により、皮質の各領域は、特定のタスクを担う独自の機能ユニットになっている。そして、とりわけすばらしいのは、そのタスクが（あらゆる様式の）感覚情報の解読から身体の筋肉の制御、われわれが思考と呼ぶ抽象的な認知機能まで、多岐にわたるという点だ。
「皮質領域は、非常に見事な方法で、皮質にこなせる仕事の幅を広げている」と、テネシー州ヴァンダービルト大学のジョン・カースは語っている。「それが柔軟性の高い脳を生み出している」

カースは哺乳類種を幅広く研究し、それぞれの種にライフスタイルを反映したさまざまな皮質領域があることを明らかにしてきた。そうした数々の調査から浮かび上がってくるのが、保存されたひとつの構造をおのおの利益に応じて多様化させることができるという考え方だ。たとえば、コウモリの小さな皮質でひときわ目立っているのは、エコロケーションに使われる音声周波数にあわせてチューニングされた聴覚領域だ。齧歯類の聴覚野では、その鳴き声に相当する高周波域を扱う領域が拡大している。カモノハシのくちばしは、電気感覚を担う皮質領域に情報を送っている。地下で暮らす、ほとんど眼の見えない哺乳類では、視覚野は退化し、ごくごく小さな領域が残されているだけだ。この適応性の高さは、哺乳類の数々のイノベーションに重なる。多種多様な哺乳様式を生んだ乳腺の進化や、ラクダとホッキョクウサギ、ヒメトガリネズミとシロナガスクジラを支える内温性の発達と同じように、新皮質についても、哺乳類は並外れて順応性の高いシステムを発明したというわけだ。

さらにカースは、最初の哺乳類の脳に存在していた皮質領域の数も探っている。単孔類、有袋類、主要四系統の有胎盤類の代表の脳を比較し、そのすべて、もしくはほとんどに共通する領域を調べたカースは、初期哺乳類が備えていた領域は二〇以下だろうと見積もっている。カースによれば、初期の皮質の大部分を占めていたのは、体性感覚領域だという。この見解は、ティム・ロウの調べた化石の証拠とも一致する。また、現存する哺乳類は例外なく、視覚野と聴覚野のほか、筋肉から来る情報を処理し、四肢の空間位置を把握するための領域も備えている。最初の哺乳類の脳には、感覚に関する各領域の情報を統合する連合野もいくつか存在していたと見られている。

興味深いことに、初期哺乳類には、運動機能に特化した運動野がなかったとカースは主張している。その代わりに、出力情報は感覚領域から直接、随意筋へ送られていたという。この説は万人が同意するものではないが、カースによれば、ほとんどの有袋類にはいまでも明確な運動野がなく、そうした構造は有胎盤類で起きたイノベーションの賜物だという。運動野の出現が運動機能に与えた影響を知るには、オポッサムとラットの動きをどれだけ細かく検証すればいいのだろうか？

脳の両側にあるふたつの運動野――それぞれが身体の反対側の筋肉を制御している――をうまく連携させたことが、脳梁の進化の原動力になったとする説もあるが、この説については、まだ議論が続いている。やはり有胎盤類固有のイノベーションである脳梁は、有胎盤類の左右の皮質をつなぐ軸索のハイウェイだ。それ以外では、哺乳類の脳に見られる特徴の多くは、皮質下の領域と新皮質領域との接続強化の結果として生まれたものだ。

つまるところ、哺乳類の脳の進化は、二〇の領域からなる小さな（おそらく一平方センチくらいだろう）皮質からはじまったということだ。脳はほとんどの系統で拡大しているが、トガリネズミの小さな脳には、一般的な領域がすべて収まるだけのスペースはないように見える。一定のサイズに満たない皮質領域は、正常に機能するだけのニューロンの火力を確保できない。そのため、トガリネズミはなくても困らないいくつかの領域を放棄し、重要な領域が正常に動作する状態を保っている。

それとは逆に、新皮質が拡大すると、可能性としてはふたつのことが起こりうる。各領域が均等に広がるか、領域の数が増えるかだ。新たな領域が生まれれば、ニッチなニーズ――エコロケーションや電気感覚など――に対応できるが、より高度な計算もこなせるようになる。「原則としては……」とカースは説明している。「領域の数が多ければ、逐次処理ができる。コンピューターと同じように、多数のステップで計算すれば、並々ならぬ答えを引き出せる。単純な計算を何度も何度も繰り返せば、驚くほどの結果が手に入る。ヒトの脳がこれほど驚異的なことをこなせる理由は、そこにある」

現在では、ブロードマンがヒトの皮質を過小評価していたことがわかっている。ヒトの皮質領域は五〇前後どころか、およそ二〇〇にのぼっているのだ。そこにこそ、ヒトの知能の謎を解く鍵があると多くの人は考えている。たとえば視覚の場合、感覚情報がある領域に到達し、そこで処理されると、最終成果物が別の領域に受け渡され、さらなる検証を受ける。ヒトの皮質では、広大な領域が視覚に割り当てられている。そして、網膜が最初の中継局に送り届けた情報から、種々雑多なプロセッサーがさまざまな特徴を抽出している。

さらに、ヒトの脳、とりわけ脳の最前部では、連合野――複数の皮質領域から来る情報が融合する場所――が拡大している。前頭前野では、皮質全体から送られてきた情報が統合される。驚くべきは、この領域が二〇代になるまで完全には成熟しないことだ。親になって六年が経ったいま、長女の読み書きの上達ぶりを眺め、校庭で開かれるソーシャルサーカス〔社会貢献を目的として催されるサーカス〕を見物しながら、次女の指数関数的に増加する語彙に驚きつつ耳を傾けていると、人類はまだ、成熟へと向かうこの器官の通過地点にいるにすぎないことがよくわかる。

ある最近の冬の午後、ロンドンの灰色の空の下で公園に座ってランチをとっていたときのことだ。わたしの視線は、葉のすっかり落ちた頭上の木にいる一匹のリスに奪われていた。リスは木の梢を移動していた。まるで固い地面の上でスキップをしているかのように、枝から枝へ、木から木へと渡っていく。幹を駆けおりてきたもう一匹は、何かの堅い殻を前肢でつかみ、しばしのあいだ齧っていた。一瞬、リスは動きを止め、後肢で立ち上がった。そのままあたりを見まわして危険を探ると、垂直な幹を稲妻のように駆けのぼっていった。

樹上の我が家を軽々と跳ねまわっているあいだ、リスの脳はどれほどの情報の奔流を処理しているのだろう。その動きはなんと優美で、なんと統制のとれていることか。なんとわたしと違うことか。木に登り、ものを食べ、あたりを探り、跳びはね、ほとんど飛ぶように頭上を移動するリスの姿を眺めていると、その脳が生活のニーズに応じてかたちづくられてきたことがありありとわかるような気がした。脳は身体のためにはたらいているのだ。われわれヒトがそれを引っくり返し、身体を脳のしもべと見なしているのは、なんともおかしな話だ。

第13章 絡みあいループする進化

哺乳類は特別？

クリスティーナとわたしは、イザベラが生まれてから一年間のアルバムをつくった。これほど見て楽しい本はないだろう。生命力と成長と愛の証《あかし》の書物だ。だが、そのページのなかには、言外の意味が潜んでいる。ページをぱらぱらと繰った人は、はじめのほうに登場する、クリスティーナの母親の隣でイザベラを抱いて満面の笑みを浮かべる男性が、そのあとは二度と顔を出さないことに気づくかもしれない。そして、わたしの家族がはじめてニューヨークを訪れたときの写真に、なぜ母と弟しか出てこないのかと疑問に思うかもしれない。もしそうなら、あとのほうで意気揚々と孫娘を空高く抱き上げるわたしの父の姿に、いっそう大きな喜びを見出すかもしれない。

あの年、新生児集中治療室の暴力的な感情の振り子から解放されたあとでさえ、病気と健康の問題は、絶え間なくわたしたちにのしかかってきた。わたしの弟は人生ではじめておじになり、母は祖母になったが、父は化学療法から回復している最中だった。その年の夏、わたしたちがイギリスにいたとき、クリスティーナの養父は昏睡状態だった。一二月に彼のもとを訪れたのは、葬儀のためだった。その年のあいだ、わたしたちはみな問いつづけていた。あの新生児集中治療室をくぐり抜けるだけでは足りないのか、と。偶然と壊れやすさ、死すべき運命のおそろしさは、もう十分に学んだだろうと訴えたかった。だが、どうやら十分ではなかったようだ。

わたしの父はいま寛解状態にあり、孫たちと遊ぶのを何よりも楽しみにしている。イザベラとマリアナは、わたしの父とクリスティーナの母がそれぞれ病と別離から回復する大きな支えになっている。

方向を誤ったサッカーボールがわたしの哺乳類固有の形質に衝突しなければ、この本は存在していなかった。六六〇〇万年前に小惑星がメキシコ湾に衝突していなくても、やはりこの本は存在していなかっただろう。人生はありえない出来事に左右されるものだ。だが、この本のプロジェクトがはじめてかたちをとったのは、父親になったときだった。わたしは哺乳類である。その認識は、はじめのうちは、偶然に決まった生物学的アイデンティティのようなものだった——あるいは、母親の胸に抱かれた赤ん坊の図に、またひとりの男が心を奪われた結果にすぎなかったのかもしれない。当時のわたしは、親という存在がこの物語の重要な位置を占めることに、そして母親による子育てが哺乳類の暮らしの真髄であることに、まだ気づいていなかった。この側面に、わたしは夢中になりすぎていただろうか？多少はそんな気もする。別の誰かが哺乳類という存在を考察したら、その洗練された腎臓にもっと時間を割くかもしれない。哺乳類の歯列という驚異について、大著一冊ぶんのページを費やす人たちもいる……興味をそそられた方のために言っておくと、そうした書物は実際に存在する。

いま振り返ってみると、このプロジェクト全体に、誕生という概念がしみわたっていることに気づく。それぞれの章で探ってきたのは、新しい形質がどのように生まれたのか、それとともにどのような新たな可能性が拓かれたのかということだ。新しい知識とアイデアの誕生や、研究対象の理解を深めるために生物学がたどってきたさまざまな道にも惹きつけられた。そしてもちろん、興味の中心にあったのは、ひとつの動物グループ、ひとつの固有のタイプとしての哺乳類の誕生だ。

だが、進化をどう説明するにしても、死すべき運命はページのいたるところに潜んでいる。植物相と動物相は、生殖細胞系列の微分的変化により変わっていく。消滅しやすい身体はかならず捨て去られる。根本にあるのは、生殖と死の比率だ。盤竜類から獣弓類、キノドン類、哺乳形類へと至る流れは、創出と同時に絶滅の物語でもある。その一連の流れを追うたびに驚かされるのが、運命を分ける差のあまりの小ささだ。少しずつ変化していく肩関節や歯の形状、顎の骨の形態を丹念に調べると、そのすべてがどれほど大きな意味を持つか、そのごくごくわずかな違いに自然選択が――膨大な時間をかけて――どれほど敏感に反応するかがわかる。歯の形状が昆虫の内臓を抽出する速さによって決まるのだとしたら、母乳の原型のわずかな分泌量の増加が動物の一系統を前進させたのだとしたら、そしてほんの少しだけ小さい、あるいは高い音を聞きとる耳が大きな違いをもたらすのだとしたら、存続と絶滅のバランスは、どれほど微妙なものになるのだろうか。

このプロジェクトに乗り出したばかりのころは、ひとつの優れた動物タイプをひたすら称えることになりそうだとも感じていた。哺乳類を定義する形質をひもといていけば、何が哺乳類を優れた動物にしたかがわかるはずだと考えていた。恐竜後の時代が哺乳類の時代と呼ばれていることも、この考え方の正しさを裏づけているように思えた。

だが、創意工夫に富んだ哺乳類の生態に対する驚嘆が消えたわけではないものの――実際はまったく逆だ――その構成要素をよくよく調べてみると、かならずしも予想どおりの固有性や優位性が見つかるわけではなかった。胎生が哺乳類以外でも広く見られる事実は、そのわかりやすい一例だ。哺乳類と鳥類に見られる数々の形質の平行進化も、絶えず現れるテーマだった。三つの骨からなる哺乳類の中耳は美しく、そして他に類のないものだが、ほかの動物たちも優れた聴覚を個別に進化させてきた。哺乳は哺乳類を定義する形質だが、一部の鳥には素嚢乳があるし、皮膚から分泌する粘液を子に食べさせる魚もいる。そして、哺乳類というグループをこの世でもっとも賢い動物たちの集まりとする考え方は、それほど賢いものではなかった。

現代を哺乳類の時代と考えることさえ、進化をひたすら高邁な理想へ、そしてホモ・サピエンスの創造へと向かう前進ととらえていた古い時代に逆戻りする思考のような気がする。恐竜絶滅後、その空を飛ぶ子孫たちはおおいに繁栄している。親戚の爬虫類たちも生き残っていて、種の数は哺乳類の二倍にのぼる。海を見れば、二万六〇〇〇種もの条鰭《じょうき》綱の魚たちが泳いでいる。さらに、一〇〇万種の昆虫と、数十万種にのぼるそれ以外の無脊椎動物も存在する。世界は無数のニッチに分かれ、さまざまな微生物や植物や動物を、そしてその多種多様なライフスタイルを支えている。哺乳類の数々の形質は、どう生きるかという問いに対するひとつの答えでしかない。それが興味深いのは、ほかよりも優れているからではなく、われわれのものであるからなのだ。[1]

そうしたニッチの境界に無頓着なのは、ヒトだけだ。われわれの脳は、ヒトが地球上のあらゆる場所へ広がることを可能にした。われわれは農耕を営み、狩りをし、資源を消費し、いまやそのすべてを浪費的におこなっている。これを書いているほんの数週間前には、チーターの個体数が急減し、キリンはもはや絶滅危惧種と見なすべきであり、霊長類の六〇パーセントは絶滅の危機に瀕しているとする報告書が出されている。あまりにも多くの霊長類の危機を伝えるその陰鬱な報告書は、霊長類の新種発見をめぐる楽しいレポートには警戒すべきだとも指摘している――新種が発見されるのは往々にして、ヒトが活動域を広げ、その動物たちのすみかに侵入して破壊しているときだ。チーター、キリン、そしてわれわれにもっとも近い親戚たちを加えるまでもなく、瀬戸際まで追いつめられている種は、すでにただならぬ数にのぼっている。未来の哺乳類の研究者が手にしてテーブルに置く『世界の哺乳類：分類学的および地理学的目録』の、たとえば第一〇版は、薄っぺらな軽い本になっているかもしれない。そう思うと、胸が張り裂けそうだ。

『世界の哺乳類』の厚さが縮むことは、しばらくはないだろう。というのも、この本には、過去五〇〇年間に生息していた哺乳類が残らず記載されているからだ。そうしているのは、地質学的なスケールで見れば五〇〇年は一瞬にすぎないという理屈からだが、ひょっとしたら、本当にひょっとしたらだが、絶滅したとされる種が人知れず生きているかもしれないからでもある。一九六二年には、ロシアの捕鯨船の乗組員が、絶滅したとされるステラーカイギュウ数頭を目撃したとも言われている。ステラーカイギュウは一七六八年、最初に発見されてからわずか二七年後に、欧州人の乱獲により絶滅したとされている。ニュージーランドのある島で見つかったコウモリの一種については、絶滅したと断言することは誰にもできないだろうが、難破船のネズミが島に侵入した一九六〇年代以降は一度も目撃されていない。だが、二〇〇九年にマイクロフォンが鳴き声をとらえた可能性もある。とはいえ、そうした希望だけでは、われわれが——もっとも輝かしい、だがもっとも自分勝手でもある哺乳類が——この惑星におよぼしている深刻な影響を打ち消すことは、とうていできない。

マトリョーシカのような存在

すべての種は、太古の昔から脈々と続いてきたものだ。その古さゆえに、種の喪失は、それがどんな種であっても悲劇になる。一個の生物は、累積的な存在なのだ。

わたしは四足動物類です。
　わたしは有羊膜類です。
　　それから、わたしは盤竜類です。
　　　わたしは獣弓類です。
　　　　わたしはキノドン類です。
　　　　　わたしは哺乳類です、そしてようやく、わたしは有胎盤類です。

それが——このマトリョーシカ〔ロシアの人形で、大きな人形のなかに順々に小さな人形がいくつも入っている〕のような生物学的アイデンティティこそが、この本で語ってきたことだ。

哺乳類の系統を覆した分子遺伝学にしたがえば、軽率ではあるが賢いわれらがヒトにもう一歩近づくのなら、次に来るのはわたしは真主齧類ですということになる。第9章で話したのは、ここまでだった（この本のタイトルについては、数ある選択肢のなかでもいちばんキャッチーなものを選んだと確信している）。

次なる歴史の分かれめは、真主齧上目をウサギ目と齧歯目——まとめてグリレス大目と呼ばれる——の祖先と真主獣大目の祖先とに分ける分岐だ。真主獣大目は、霊長目——『世界の哺乳類』には、キツネザル、メガネザル、類人猿、それ以外のサル（モンキー）のあわせて三七六種が記載されている——と二種のヒヨケザル、二〇種ほどのツバイ目で構成されている。ツバイはキネズミ（ツリーシュルー）とも呼ばれるが、トガリネズミ（シュルー）の仲間ではなく、地面の上で暮らすものもいる。ヒヨケザルは空飛ぶキツネザルの異名をとるが、キツネザルではなく、空も飛べない。だが、たしかにキツネザルによく似ているし、前肢と後肢のあいだにある皮膚の膜を使って、木から木へとかなりの距離を滑空することができる。

木は真主獣大目をつなぐ接着剤だ。このグループの創始者は、木の上で暮らす小型の夜行性動物で、昆虫を餌にし、現生のツバイによく似ていた。この動物たちの子孫のうち、樹上生活をやめたものは数えるほどしかいない。

現在知られている最古の霊長類は、五五〇〇万年前の岩のなかから見つかったものだ。[2] この動物は、ふたつの重要な形質を進化させていた。頭部の正面についた眼と、ものをつかめる手足だ。両眼が前方を向いた結果、ふたつの視野の重なる部分が大きくなり、３Ｄの視覚を組み立てられるようになった。並行して送られてくる情報を脳が比較することで、より深みのある視覚が生まれるのだ。この形質は、獲物との距離感をはかる必要がある捕食動物によく見られるが、樹上を移動する暮らしでも役に立っただろう。木をすみかとする動物としては珍しく、霊長類は幹や低い場所の枝にとどまらず、樹冠に近い高いところでも暮らしている。そこには、果実、芽、昆虫などの豊富な食糧がある。視力のいい動物なら当然かもしれないが、霊長類はおもに昼間に活動するようになった。さらに言えば、サル（モンキー）と類人猿、そしてヒトは——ヨザルという想像力豊かな名のついたサルを除き——みな昼行性だ。[3]

ものをつかめる霊長類の手足は、それぞれの指の腹に特殊なパッドを備え、それが握力と触覚を向上させている。そして、かぎづめではなく爪がある。ただし、キツネザルとメガネザルの大半と一部のサル（モンキー）は、両の手にかぎづめのついた指を一本だけ残し、毛づくろいに役立てている。また、動きのおもな原動力になる後肢に重心が移動した結果、霊長類では独特の歩き方が発達した。

全体として見れば、霊長類の放散は、樹上運動と視覚の探求だった。そのライフスタイルは、神経系の大変革につながった。頭蓋の化石を見ると、ごく初期の霊長類でも、脳が身体のサイズのわりに大きかったことがわかる。その拡大をおもに導いたのは、視覚情報を処理する脳領域の拡大だ。だが、霊長類の脳の本質が理解されたのは、現生種の脳の細部が調べられたあとのことだ。現生種の脳では、いくつかの特殊な性質が明らかになっている。脳の大きい哺乳類では、ニューロンそのものも大きく、より広範囲に広がっているのが一般的だ。それに対して、霊長類の脳では、ニューロンの大きさは変わらず、同じ密度で詰め込まれている。つまり、霊長類では、脳が大きいほどニューロンの数が多くなるということだ。さらに、霊長類の視床——ほとんどの感覚情報が最初に通過する中継地点——には、視覚と体性感覚をそれぞれ扱う独自の処理中枢が存在する。

だが、もっとも興味深いのは、やはり大脳皮質だ。霊長類では、視覚野は大きいだけでなく、それぞれ特徴のあるサブ領域に細分化している。一部の領域は、鋭い視覚と精巧な筋肉制御を組みあわせ、視覚に導かれた動きを生み出している。手から送られてくる詳細な感覚情報を受け取る皮質領域や、動きの計画立案を担う領域——おそらく霊長類固有のものだ——も拡大している。さらに、広い前頭前野も備えている。脳の前部に位置するこの領域は、さまざまな情報の糸をつなぎあわせて解析する役割を担っている。精密な皮質地図はごく少数の哺乳類のものしかつくられていないが、それでも霊長類の脳では、ほかの哺乳類よりもはるかに機能の専門化が進んでいることがうかがえる。

賢い霊長類へ向かう直線的な階段という印象を与えるのは、わたしの望むところではない。知能の高い哺乳類は、哺乳類の系統樹のさまざまな枝に登場するし、霊長類が例外なく樹上のアインシュタインというわけでもない。だが、皮質に見られるこうした数々の変化が、われわれヒトにおなじみの、きわめて特殊なタイプの知性を生んだ重要な要素だったことは疑いようがない。

霊長類の生活全般に見られるもうひとつの特徴が、さまざまな出来事がスピードダウンしていることだ。霊長類は寿命が比較的長く、性的に成熟するのが遅く、一般的には一度に一匹の赤ん坊しか産まない。その赤ん坊の妊娠期間は長く、たいていはそれなりに発達した幼い哺乳類としてこの世に現れ、かなりゆっくりと成長を続ける。

最後の特徴は、きわめて高い社会性を持つものが多いことだ。ほとんどの霊長類は集団で生活し、複雑な交流が見られる。そうした諸々の特徴には、どこか聞きおぼえがあるのではないだろうか？

およそ三〇〇〇万年から二五〇〇万年前に、霊長類の一族から類人猿が登場した。そしてあるとき、だいたい六〇〇〇万年くらい前に、類人猿の一部が後肢だけを使って歩くようになった。その肢はやがて、あるひとつの系統を――そして彼らが樹上で習得したことのすべてを――サバンナへ連れ出すことになる。そしてそこで、全身を覆う毛皮のコートが不要になり、幼少期はいっそう長くなり、脳が前例のない大きさに発達し……いや、やめておこう。それは別の本の物語だ。だが、未来のヒトへと至るその特異な動物たちも、彼らを哺乳類たらしめている特徴をただのひとつも手放すことはなかった。それどころか、直立姿勢と大脳が支配するホモ・サピエンスの暮らしは、哺乳類を定義する形質があるからこそ成り立っているものだ。

相関的な前進

わたしはある時点まで、哺乳類をめぐる最大のポイントは、彼らを定義する形質の見事なまでの適応性にあるのではないかと考えていた。哺乳という形質は、もともと太っているズキンアザラシの赤ん坊をわずか四日で二倍に育てることができる。一度に一〇匹の子ブタを養うことも、オラウータンの母親とその唯一の子との八年にわたる絆の基礎を築くこともできる。内温性には、クマを北極圏に住まわせ、ラクダに広大な砂漠を渡らせる力がある。哺乳類の歯は、草や種《たね》や昆虫をすりつぶして滋養分を引き出すことも、ガゼルの肉を細かく引き裂くこともできる。哺乳類の脳は、ソナーで狩りをする空飛ぶ食虫動物を操縦し、ザトウクジラの一万六〇〇〇キロにおよぶ移動を導き、ハリネズミの比較的単純な生活を動かし、それから、そう、バッハの無伴奏チェロ組曲を生み出し、進化論を組み立てた。それはどれもそのとおりだ――そうした形質の順応性や、哺乳類の多様性と分布の広さは疑いようがない――が、それが哺乳類に固有のものだと言い切る自信はない。なにしろ、地球上には一〇〇万種を超える昆虫がいる。だったら、昆虫の構成要素は、目もくらむほどの適応性を備えているにちがいない。では何が重要なのかといえば、それは個々の形質の組みあわせなのだ。

この本を構成する各章で哺乳類の身体の要素をひとつひとつ扱うのは、とても自然なことだった。このリンネ的アプローチは、哺乳類という存在を考えたときに目にするもの——「体毛と乳腺のある温血性の脊椎動物」——に呼応しているだけでなく、大学を学部に分けたり、病院を身体の特定部位を治療する病棟に分けたりする慣習にも沿っている。生物学者は昔から、生物をそれぞれの構成要素に分解して研究してきた。

だが、この本にとりかかる前から、それぞれの章が単独では成り立たないだろうこともわかっていた。陰嚢の起源は、精子産生をめぐる独立した生態のなかにあるのではない。ほとんどの哺乳類のオスが胴体という聖域の外で配偶子を産生している理由を説明するためには、哺乳類が内温動物になった経緯や、新たな動きの様式から生まれた利点も考慮しなければならない。哺乳という形質もまた、刻々と変化していった哺乳類の祖先たちの生態と結びついている。たとえば、徐々に小型化し、高温化していった祖先の卵は、乾燥して干上がるか、さもなければ発散される熱エネルギーを燃料とする寄生微生物に侵略されるというリスクを冒していた。

哺乳類が温血性を増していったのはたしかだが、ここでふたつほど、内温性獲得の過程でぶつかった可能性のある障害の例を挙げてみよう。ある動物の系統が徐々に体温を高くしていくところを想像してみてほしい。その動物には、高体温の獲得に必要な生理機能がすべて備わっていたとしよう。強靭な心臓と肺と顎、繊細な四肢、精巧な歯——そうした高エネルギー型ライフスタイルに必要とされる一般的な要素を残らず持っていたとしても、どかん！　やはり壁にぶつかってしまう。なぜなら、卵にはそうした能力がないからだ。卵は干上がってしまうし、微生物が蔓延してしまうのだ。おそらく、それが内温性に関係する問題とは思えないだろう。やがて、自然選択のはたらきでこの問題が解決され、漠然とした乳的な分泌物が進化したとしよう。そして一億年後、体温がさらに高くなり、過去のどんな機敏な動物よりも活発に駆けまわるようになったところで、どかん！　また壁にぶつかる。今度の問題は、精子産生だ。それが障壁になるなんて、誰に予想できただろうか？　身体の各部位や生理プロセスのつながりは、かならずしも簡単に見越せるものではないのだ。

そんなわけで、この本にとりかかったばかりのころに、A３大の紙を用意し、そうしたつながりをおおまかな図にしてみたことがある。だが、話が先へ進めば進むほど、書き足さなければならない線は増えていった。中耳がかつては顎の骨だったのなら、食べることと聞くことを結ぶ線が必要だ。新たにできた耳は拡大した脳に情報を送り、その脳は膨大なエネルギーを消費している――ここにも線を追加。精巧にかたちづくられた歯も、それを適切に動かす顎と筋肉がなければ無用の長物だ――線が交差する小さな三角形のできあがり。どの形質をとってみても、隔離するのは不可能だった。どの章も――この本をつうじて明らかになったと信じているが――孤島にはなりえなかったのだ。

そうした図が人々の関心から逃れてきたと思っていたわけではないが、それでもトム・ケンプの描いた哺乳類の生態をめぐる概略図をはじめて目にしたときには、奇妙な既視感のような衝撃を受けた。ケンプの図では、三〇種類の結節点を複雑なクモの巣のような線がつないでいた。それに比べれば、わたしの図など子どものお絵描きだ。

ケンプに言わせれば、哺乳類──どんな生物でもそうだが──を構成要素に分けることに、そもそも大きな問題があるという。たしかに、個々の形質を定義してひとつひとつ研究する意味はあるが、そうしたアプローチに頼るあまり、すべての形質は大きな全体の一部にすぎないという事実が見えなくなってしまっては元も子もない。そして、そのすべてが一体となった生物──哺乳類でも魚類でも木でも細菌でも──こそが、生き延びて繁殖しなければならないものなのだ。

身体の各部位の機能の相互作用は、どんな生物でも、その進化を理解するための重要なポイントになる。相互作用は相互依存性を生む。したがって、ある生物グループを定義する、あるいは生み出しうる、ただひとつの特性──「鍵を握るイノベーション」──などありえないのだ。

それで思い出したのが、このプロジェクトがはじまったころに抱いていたもうひとつの予想だ。当初は、哺乳類の生を決定づけた要素として、ひとつの形質が立ち現れるだろうと思っていた。歴史的にその最有力候補とされてきたのが、内温性、知能、哺乳の三つだ。正直に白状すれば、わたしをもっとも魅了したのは、哺乳がもたらした変革だった。その三つが、新たな生活様式を切り拓いた急進的なイノベーションだったことに議論の余地はない。だが、ケンプの主張の要点は、哺乳にしてもほかのものにしても、隔離された状態で進化したわけではないというところにある。

セント・ジョージ・ジャクソン・マイヴァートは、乳腺のような複雑なものがいったいどうすれば進化するのかと訝っていた。その疑問に答えるためには、遺伝子と発生をこと細かに分析する必要があった。だが、汗腺を母乳ディスペンサーに変えるメカニズムだけでこと足りるわけではない。その再構築を体内でおこなうためには、大量の食糧をため込み、あとで乳製品に変換できるかたちで余分なエネルギーを保存する能力を備えていなければならなかった。そしてそもそも、卵の世話をする動物でなければならなかった。そうした同時進行の適応のどれが欠けても、哺乳は存在しえなかっただろう。

そして、そうした数々の要素に支えられて哺乳が誕生し、母親が子に母乳を与えるようになるや、この給餌様式はたちまちのうちに相互作用の新たな網に潜り込み、そのかたちをつくり変えた。そしてその相互作用は、しばしば互恵的なものになった。母乳産生のエネルギーは高くつくが、哺乳があったからこそ、上下が完全に噛みあう歯を成体の顎で進化させることが可能になり、より効率的にエネルギーを収集できるようになった。増えたエネルギーはより大きな脳を養い、それがより優れたハンターや、より機転の利く草食動物を生み出した。大きな脳は、耳から送られてくる情報をより高度に処理できるようになった。そもそもその耳が鋭敏になったのは、顎が拡大したおかげだ。そんなふうに、複雑な相互依存性のループは果てしなく続いていく。ひとつの形質を取り上げて、「ほら！　これが鍵だよ！」と言うことは、絶対にできないのだ。

鍵を握るイノベーションが決定的な飛躍を生んだとする考え方は、マリアナにキャンバスと絵の具と筆を与え、ゴッホの『ひまわり』を模写できるだろうと期待するようなものだ。そんなことは起こるはずがない。マリアナとそうした道具は不釣りあいだ。わたしたち親はその代わりに、いまの能力にふさわしい材料を娘に与える。だがその材料は、その時点の発達段階で可能なところまで、目いっぱいに能力を引き伸ばす。マリアナの芸術性は、知能と筋肉制御能力、そして与えられた材料が少しずつ前進していくのにあわせて、そのすべてと渾然一体となって発達していくだろう。

ケンプはこんなふうに語っている。「哺乳類の鍵を握る、ただひとつの適応やイノベーションを特定することはできない。なぜなら、ひとつひとつのプロセスと構造のすべてが、生物という組織に欠かせない構成要素になっているからだ」

では、複雑な生物の進化はどう説明すればいいのか？　ケンプは「相関的な前進」という概念を提示している。われわれはすでに、内温性の進化をめぐるケンプの見解でその核心に触れている。複雑な生物の形質は、どのようなものであれ、自由に変化できる幅はごくわずかで、ほかのどこかでさらなる変化が起きるまでは、それ以上の変化は起こりえない――それが相関的な前進の本質だ。

ケンプが好んで使う比喩は、手をつないで前進する人の列に生物をなぞらえたものだ。ひとりひとりの人は、個々の形質にあたる。列をきちんと保つためには――生物で言えば生存して機能を保つためには――つないだ手のペアは、どれであっても放すことはできない。ある時点で、歯列にあたる女性が一歩だけ前に出ることは可能だが、列全体を前進させるためには、顎にあたる男性が一歩前に出なければ、その歯列さんもそれ以上前に進むことはできない。

ケンプはもうひとつ、重要なポイントを指摘している。それは、機能の相互作用は固定されたものではないという点だ。先ほど例に挙げた、内温性の障害となる卵の健康と精子形成は、一過性の相互作用だった――いわば一時的な握手だ。ひとたび陰嚢ができあがったら、内温性という難問は精巣から遠ざかった。そして、ひとたび胎生が進化したら、卵生の哺乳類にとって問題だった内温性は、むしろ胚の発生に役立ちうる利点になった。

どんな生物でも、現在の性質こそがその生物の可能性を決め、どこがどう進化できるかを決めているのだ。

恒常性（ホメオスタシス）を維持する能力

現在のケンプは、公式には研究から身を退いているが、執筆活動は続けている。魅力的かつ博識な人で、オックスフォードのセント・ジョンズ・カレッジで彼に会ってすぐに、わたしは学名を覚えられないなどと打ち明けたことを後悔する。ケンプはランチをとりながら、「鍵を握るイノベーション」という発想を学部学生から追い払う方法を教えてくれる。彼が言うには、哺乳類のあらゆる生態が足の母指のために進化したとする説を論理的に立証してみせればてきめんだという。

昼食後、哺乳類の定義をひとつ提示してもらえるかとケンプに尋ねてみた。ケンプの頭に浮かんだのは、自身が最初に描いた網の目のような概略図だ。一九八二年に発表されたその図の中心に、ケンプは「恒常性（ホメオスタシス）」という語を置き、そのまわりに「体温調節」「空間的制御」「化学的調節」という三つの主要な結節点を配していた。

恒常性——一定の状態を維持すること——は、一九二六年にウォルター・キャノンが考案した用語だが、その概念自体は一八六五年にフランスの生物学者クロード・ベルナールが説明している。ベルナールは「内部環境の固定性は、自由な生物の条件である」と述べていた。それはあらゆる生命にあてはまる。どんな生物でも、無秩序な外界をよそに、内部では局所的な秩序が保たれている。だが、ケンプの見解によれば、恒常性を維持する能力は、二種類の動物で頂点に達したという——すなわち、鳥類と哺乳類だ。

故郷の海を離れた四足動物にとって、水を基盤とする生化学の上に構築された内部環境を維持することは、途方もなく大きな難問だった。身体の境界では、水で満たされた細胞が空気と接していた。浮力を内在する水という媒介物は、もはや存在しない。周囲の温度は日ごと、季節ごとに乱暴に変動する。無数の適応変化のすえ、最初の陸生動物は、一億年以上の時をかけて最初の哺乳類に姿を変えた。それは、数々の難問がひとつひとつ解決されていったことを意味している。哺乳類は一定に保たれた高体温で活動し、むらのある陸の地形を効率的に横断できる身体を持ち、それに応じた体内の化学的環境を維持している。哺乳類が発達させてきた恒常性戦略は、新生児の能力ではまだ十分にはたらかない。そのため、哺乳類は世代が変わるたびに、前の世代が次の世代のつきそい役を務めてきた。さらに言えば、子宮は母親の生理機能の恒常性を発生中の子に拡大する手段ともとれるし、脂肪の備蓄と母乳への変換・供給は、食糧供給の変動という潜在的な危険から幼い哺乳類を守っている。

クジラやマナティ、アザラシが水の暮らしに戻ったのは皮肉な話かもしれないが、それもまた、この核となる設計の適応性の高さと、それが多種多様な生息環境で生命を支えられることを証明している。この恒常性重視の方針とベルナールの自由をめぐる言葉で思い出すのが、動物学者J・Z・ヤングによる一九五〇年の名著『脊椎動物の生活（*The Life of Vertebrates*）』の一節だ。「砂漠を渡るラクダとその背に乗ったヒトには、四方の果てしない砂の荒地とその大気に存在するよりも多くの水が含まれているかもしれない」とヤングは書いている。「これは極端な一例にすぎないが、そこに示されている哺乳類の生の〝ありえなさ〟は、哺乳類の特性をきわめてよく表している」

対話のあいだずっと、ケンプは陽気だったが真剣そのものだった。屋外での会話が終わりに近づき、とうの昔に空《から》になっていたふたつのコーヒーカップのかたわらで、座っていたケンプが背をそらせたときにはじめて、わたしはその姿勢が完全に緩むのを目にする。ケンプはほほえみながら、こう言う。
「哺乳類ってやつは、すばらしいものだと思うよ」

ダーウィンの歩いた森で

わたしは「ダウン・ハウス」を訪ねる。チャールズ・ダーウィンが一八四二年から一八八九年に亡くなるまで暮らした、のどかなケント州の家だ。訪問の目的は、ひとりの科学者――ただひとりの構成員からなる科学機関を探訪することだ。ダーウィンはここで数々の本を執筆し、この家にある研究室で実験に勤しんでいた。その日は、清々しい秋晴れだった。

ダウン・ハウスの一階では、オリジナルの調度品と複製品を取り混ぜ、ダーウィンが暮らしていた当時の家が再現されている。上階の各部屋は――エマ・ダーウィンが一日の終わりに夫に小説を読み聞かせていたという夫婦の寝室を除き――ごく普通の博物館に近い。そして、上階から見てまわるのが推奨順路だ。最初の寝室では、短いビデオが繰り返し流れ、数人の語り手がチャールズは家庭的な人だったと話している。ある語り手は、子ども優先で研究は二の次だったとまで言っている。

ガラパゴス諸島を特集した部屋を経て、来訪者はまたイギリスに戻る。大量の科学的遺物のなかに、家族の言葉の引用がちりばめられている。ダーウィンの息子フランシスは、父の机には「簡素さと奇妙さ、そして当座しのぎのような雰囲気」が漂っていたと語っている。それこそがわたしの求めているものの――天才の奥底が垣間見える豆知識だ。そのすぐあとにあるのが、好奇心をそそられる「ダーウィン家の詩」だ。

手紙を書こう、手紙を書こう
善き助言は、われらを磨く
父さん、母さん、兄弟姉妹
みんなで助言を与えあおう

次の部屋では、子どもたちの写真に混ざって、窓の外にある桑の古木――いまもまだあるが、支柱でささえられている――の葉の影が白い床の上でくるくる踊っていたようすを回想する孫娘の言葉が掲示されている。エマとチャールズは一〇人の子をもうけ、うち七人が成人した。二人は赤ん坊のうちに、アニーは一〇歳のときに世を去った。廊下を曲がった先にある階段には、二世代の子どもたちを楽しませてきた木製の滑り台が立てかけられている。

主寝室に入ったわたしは、ダーウィンが見ていたであろうイングランドの田舎の朝の景色を眺める。地球を一周する旅であらゆるものを見てきた彼がいちばん多く目にしたのが、この穏やかな風景だった。そう考えると、なんとも奇妙な気分になる。わたしは階段を降りながら、まっすぐ書斎へ向かうべきか、それとも当時の姿をとどめた各部屋を先にまわり、書斎は最後までとっておくべきかを思案する。

わたしはまず客間へ行き、エマ・ダーウィンが家族のために毎晩ピアノを弾いていたと説明する音声ガイドに耳を傾ける。部屋は広いが、親密さがある。不ぞろいな家具がしっくりなじみ、ボードゲームが部屋中に散らばっている。ダーウィンはピアノの近くや上にミミズを入れた瓶を置き、その動物たちが音を聞いたり振動を感じたりするかどうかを観察していた。彼はヴィクトリア朝時代的なよそよそしい、あるいは厳格な父親ではなかった。それはよく言われていることだが、この家を訪れた人はそこではじめて、ダーウィンが日々送っていた家庭生活に少しずつ、そしてやさしく包み込まれていくのを実感する。この家の空気は、絶えず動きまわる子どもたちの、快活な七人か八人の子どもたちの大騒動の、そしてこの家族のあいだで行き交っていた愛情の名残をとどめているように感じられる。

ダーウィンの書斎――『種の起源』とそれに続く著書が書かれた場所――は、この家の中央の一画にある。ダーウィン愛用の顕微鏡を明るく照らす窓のそばに立ち、彼の本棚や机、山積みになった雑録を覗き込んでいると、心が浮き立ってくる。だが、いま再現されているのは、想像上の場面だ。ここには静寂はほとんどなかっただろう。ダーウィンの猛烈な思考は、子どもたちのちょっかいでたびたび中断されたはずだ。彼の仕事は、家族の奏でる単調な音を背景にして進んでいったのだろう。

昼食時に、わたしはカフェの片隅に腰をおろし、持ってきた本を取り出す。ダーウィンの書簡と研究論文、それにフランシス・ダーウィンの「回想録(*Reminiscences*)」を収めた一冊だ。わたしはたちまちのうちにフランシスの回想に引き込まれる。ダーウィンは休暇旅行のたびに興味深い植物を探し、その地域に咲く花々の受粉の仕方を調べていた。フランシスはまず、そうした休暇の記憶を思いつくままに綴り、こんなことを書いている。「父はそうした夏の休暇に、家族全員をとりこにする魅力を吹き込む力を持っていた」

だが、すぐに話は長びく父の体調不良へ移り、さらにアニーの死へと至る。一〇歳のアニーの死がダーウィンを打ちのめしたことはよく知られていて、それがキリスト教に対する信仰心を跡形もなく打ち砕いたとも言われている。しばしば話題にのぼるのは、その出来事がおよぼした影響だ。敬虔な人間だろうがおかまいなしに無慈悲な仕打ちを受けるこの世界に、神など存在しない。その悟りが、ついにダーウィンを解き放ち、長年のあいだ胸のうちにとどめてきた進化論の発表へと至らしめた――そう指摘されることも多い。

ダーウィンはアニーの死から数日後、記憶を薄れさせないためにと文章を綴った。フランシスはその一節を詳しく引用している。

表情全体から喜びと精気が放たれていた。動きのひとつひとつに、弾むような生命力と活力がみなぎっていた。見る者を明るく、楽しい気持ちにする子だった……わたしと一緒に「砂の小路」をめぐると、わたしのほうが歩くペースが速いのだが、よくあの子のほうが先を歩いたものだった。なんとも優雅につま先立ちでくるくるまわり、その愛らしい顔は、いつもこのうえなく甘い笑みで輝き……最期の短い病の床でも、ありのままの真実を体現するあの子のふるまいは、まるで天使のようだった……わたしが水を与えると、あの子は「ほんとにありがとう」と言った。おそらくそれが、あの愛しい唇がわたしに向けて発した、最後のかけがえのない言葉だった。わたしたちは一家の喜びを、老いの慰めを失った。わたしたちにどれほど愛されていたか、あの子は知っていたはずだ。ああ、あの喜びに満ちた愛らしい顔をわたしたちがいまもどれほど深く、どれほど慈しみを込めて愛しているかを、そして永遠に愛しつづけるであろうことを、いま、あの子に知ってもらえたら！

ある部分はマリアナを思い起こさせ、また別の部分にわたしはイザベラの姿を見る。そして最後に、アニーだけが残る。ニューヨークのアメリカ自然史博物館でダーウィンの記念碑的なノートを見ていたときのわたしは、アニーの死に心を揺さぶられはしたものの、それよりも大きな科学の物語に圧倒されていた。だがいまは、この場所に座り、一六〇年前の苦悩に身を沈めながら、こんなことを考えている――あなたが娘を失わずにすむほうがよかった、それでほかの何が先送りになったとしても、いくらだって待てたのに、と。[4]

アニーがつま先立ちでくるくるまわってみせた「砂の小路」は、ダーウィンの「思索の小路」でもあった。ダウン・ハウスの庭の裏手にあるこぢんまりとした森をめぐる、砂利と砂が敷かれた道だ。ダーウィンはその生涯の大半をつうじて、この小路を日に三回歩いていた。一回につき五周で、一マイルの散歩になる。ダーウィンは何周したかを数えるために、「砂の小路」の最初の曲がり角にフリント（火打石）の小石を並べておき、一周するごとにひとつを蹴りとばしていた。わたしがここへ来るときはいつも、この小路を歩くことが最優先事項になっている。

ダーウィンが無数の植物を研究した温室と、さまざまな野菜を比較した家庭菜園を通りすぎ、小路へ向かって歩いていくと、音声ガイドが「砂の小路」もまた孤独な黙想の場ではなかったことを教えてくれる。ダーウィンが散策するあいだ、円を描く小路の真ん中では、子どもたちが遊んでいた。ときには、蹴りとばされた小石をもとに戻し、父親に一周余分に歩かせることもあった。

わたしはいま、ひとりきりでその森のなかにいる。地面は落ち葉で覆われ、小路を歩くと散らばったブナの実がぱりぱりと音をたてる。朽ちていく森が、生を背にして横たわっている。周囲の秋色を背景にして輝いているのは、セイヨウヒイラギの鋼鉄を思わせる硬い緑の葉だ。高木、低木、シダ、下草がたがいを押しのけあっている。どの植物も、明らかに優位に立とうとしている。生き延びることを、次の世代を生み出すことをめざしている。ダーウィンもこの落ちた種《たね》――新たな子孫の創出をめざす木々による、成功率数千分の一の試み――の上を歩き、若い木が古い天蓋を破ることがどれほどまれかを実感したにちがいない。彼が説明しようとしていることのすべてが、ここにあったのだ。

二匹のリスがわたしに加わる。もちろん、灰色のほうだ。ダーウィンもここでリスを見たことがあったのか、あとでたしかめてみようと思う。ハイイロリスがイギリスに入ってきたのは、一八七〇年代になってからだ。だが、赤毛のキタリスはダウン・ハウスにいたのだろうか？　のちにわたしは、またフランシスの回想録に戻り、彼の父がこの小路で「鳥たちや獣たち」の姿を求めて、始終しのび足で歩いたり、ぴくりともせずに立っていたりした事実を知ることになる。あるときには、「何匹かの子リスが彼の脚と背を駆けのぼり、その母親が木のなかから苦悶の声で我が子を叱っていた」こともあったという。

わたしは足を止め、灰色のふたり組を眺める。彼らはわたしの存在をほとんど気に留めない。だが、一匹が立ち去ると、もう一匹が動きを止め、つかのまわたしに注意を向ける。その尾はまるでクエスチョンマークのようだ。

わたしとそのリスは、乾ききった砂漠のただなかにいるラクダと、その背に乗ったヒトではない。それでも、わたしたちはありえないふたり組のように思える。周囲の環境から切り離され、絶え間ない代謝の火を燃やすふたつの炉。はかりしれないほど長い歴史から無作為に生まれた、ふたつの最終到達点。そして、わたしは考える。わたしたちがこの森を構成する生命の、ほんの一部にすぎないことを。そこには哺乳類よりもはるかに多くの植物がいることを。わたしたちふたりがどれほど贅沢な存在なのかということを。

リスとわたしが立っているこの場所で、自然のつくり上げたひときわ輝かしい、ひときわ果てしない好奇心に満ちた知能が、自然そのものに関心を向け、万物がなぜかくあるのか、その理由をめぐる理論を生み出したのだ。リスがぴょんと跳ねる。その尾は、弧を描くような身体の動きに呼応している。mの字を描く羽根のように軽い跳躍で、リスは木に向かって走っていく。そして、立ち止まるそぶりも思案するようすも見せずに、平らな地面から切り立った幹へと移行する。

リスは木を駆けのぼり、姿を消す。わたしは突然、感謝のあまり頬が紅潮するのを感じる——ここにいられるのは、なんて大きな幸運なのだろう。そして、もう一周しようと心に決める。

肉目
奇蹄目
コウモリ（翼手目）
センザンコウ（有鱗目）
偶蹄目とクジラ
（鯨偶蹄目）
ガリネズミ、ハリネズミ、
モグラ（真無盲腸目）
アリクイとナマケモノ
（有毛目）

ツパイ（登木目）
霊長目
ウサギ目
齧歯目
ヒヨケザル（皮翼目）
ツチブタ（管歯目）
ハネジネズミ目
ハイラックス
（イワダヌキ目）
マナティとジュゴン
（海牛目）
キンモグラとテンレック
（アフリカトガリネズミ目）
アルマジロ
（被甲目）
ゾウ（長鼻目）
有袋類
単孔類

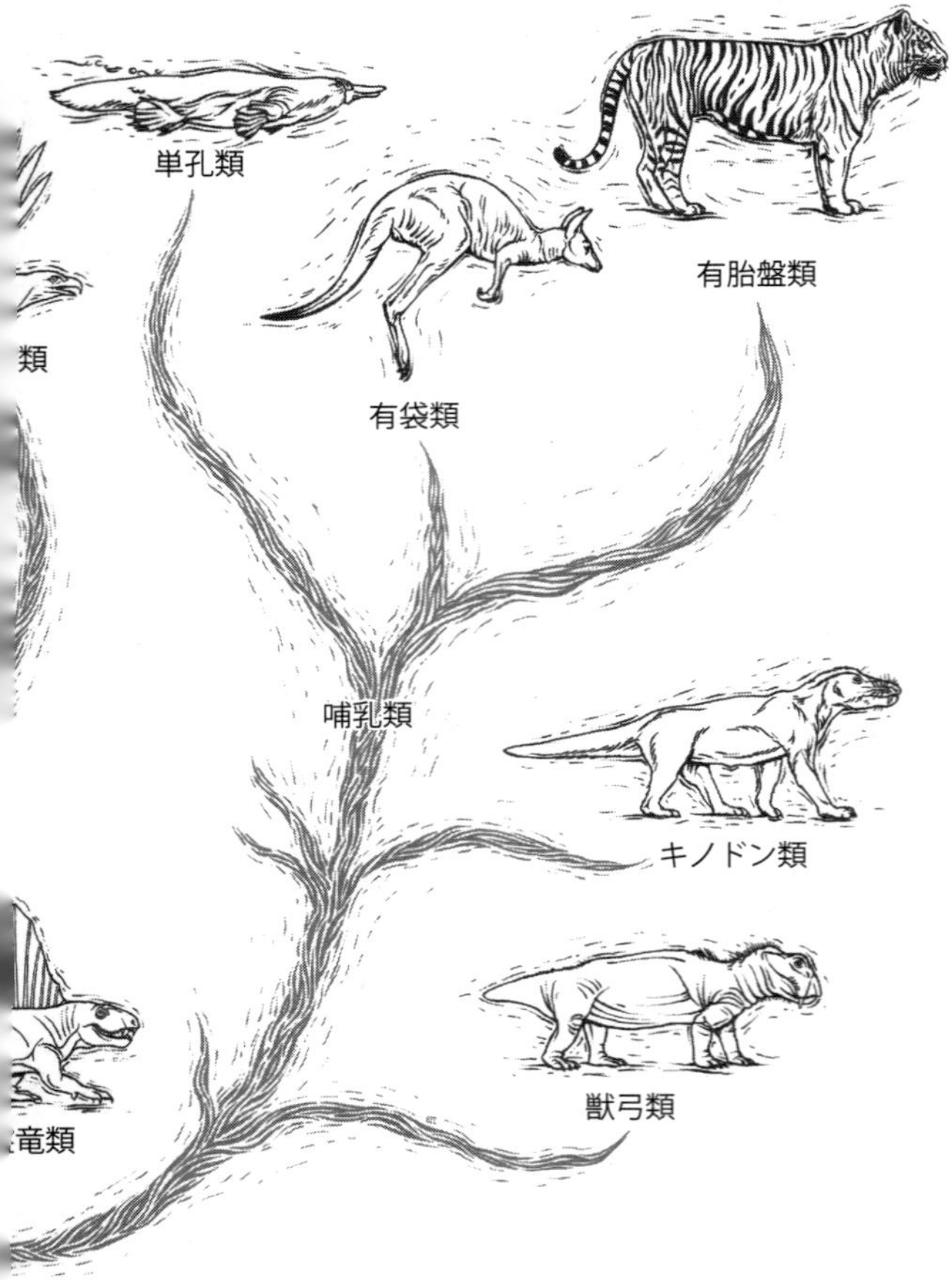
単孔類
有胎盤類
有袋類
類
哺乳類
キノドン類
獣弓類
竜類

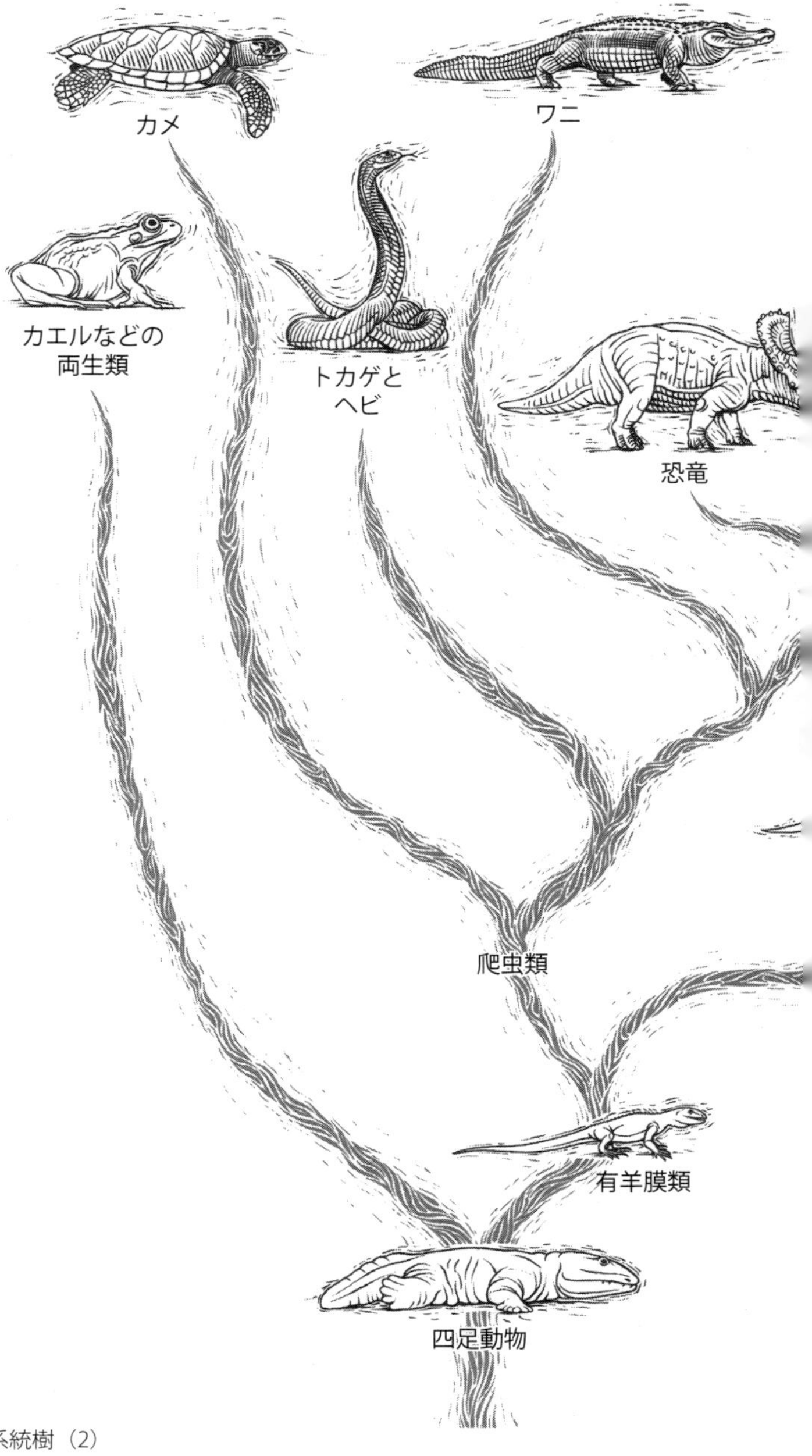
カメ
ワニ
カエルなどの
両生類
トカゲと
ヘビ
恐竜
爬虫類
有羊膜類
四足動物

謝辞

二〇一一年の試合でわたしをすり抜けて得点しそこなった、誰だかわからないサッカー選手に感謝する。あのあと、三〇分くらいはあなたを憎らしく思っていたが、いまはこの本が存在していることを喜んでいる。体外化した精巣の自然史をめぐるわたしの記事を掲載してくれた『スレート』（当時）のローラ・ヘルムースにも感謝する。そして、その記事を読み、この本を書くきっかけをつくり、わたしなら書けると信じてくれたジュリー・ベイリーに大きな感謝を。ブルームズベリーのアナ・マクダイアミッドは愉快な仕事相手だった。この本を現実のものにしてくれた彼女の数々の努力に感謝する。ブルームズベリー・シグマの執筆陣からなるジム・マーティンのコミュニティに参加したのは、すばらしい体験だった。編集担当のキャサリン・ベストと、改めてジュリーに感謝する。彼女たちのおかげで、この本はわたしが提出した原稿以上のものになった。

　このプロジェクトを提案したときのわたしは、とりかかることになる仕事の大きさをおそろしく過小評価していた。だが、ありがたいことに、多くの人の支えに恵まれた。はじめのころ、「咀嚼できないほど頬ばったりするんじゃなかったよ」と友人にこぼしたことがある。返ってきた答えは、わたしを疑問の渦に突き落とすものだった――「咀嚼するのは、哺乳類だけだっけ?」。当時のわたしは、ほとんど何も知らなかった。

ニューヨークのアメリカ自然史博物館、ロンドン自然史博物館、オックスフォード大学自然史博物館、大英博物館、ダウン・ハウスのキュレーターと管理者の方々に、あれほどインスピレーションに満ちた場所をつくってくれたことを感謝する。

トム・ケンプ、ジェニファー・グレイヴス、ロジャー・クロース、トム・サンガー、パトリック・チョップ、アナ・カラブレーゼ、ジョン・カース、キャロライン・ポンド、ハーヴィー・カーテンにも感謝する。彼らはおのおのの研究についてわたしと議論し、場合によっては原稿を読んで意見を言ってくれた。本書で扱っているテーマに関しては、膨大な数の科学者たちが注目すべき研究成果を残している（わたしはその表面をさらったにすぎない）。そのひとりひとりに、心からの敬意と感謝を捧げる。本書に誤りが残っているとしたら、その責任はすべてわたしにある。

ヘレン・スケールズには特大の感謝を。その穏やかな声は、いつもわたしを導いてくれた。そして、いちばん厳しい時期を乗り越えるのを助けてくれたデレクに――これがわたしの奏でた音楽だ。

多くの人が本書の各章を読み、コメントを寄せてくれた。ヘレン、ボニー・ウォーカー、エマ・ブライス、デブラ・オサリヴァン、ケイティ・グリーンウッド＝スキナー、エレノア・グールド、エマ・スティーヴン、カーティス・アサンテ、ジェイミー・マカッチャン、デーミアン・パティンソン、そのほかの「NeuWrite ロンドン」のメンバーたちに感謝する。

これがアカデミー賞受賞スピーチでないことは承知しているが、両親にも感謝させてほしい。この物語が、子孫を育てるという行為にこれほど深くかかわることになるとは思っていなかった。だがそれも、あなたがたへの感謝を深めただけだ。もちろん、弟にも感謝している。義理の母スーザン・カスティロ・ストリートにも心から感謝する。たゆまぬ熱意でこのプロジェクトを応援し、誰よりも熱心な読者になってくれた。彼女がいなければ本書は完成しなかった。彼女の元教え子たちがあれほど揺るぎない感謝を捧げている理由が、いまならよくわかる。

クリフ・ホプキンソンには、ものを書くという試みの意味するところを教えてもらった。師匠という言葉は、昨今ではあまりにも気軽に使われるようになっているが、わたしはこの言葉を、親切心と叡知、そして多大な献身により未熟な者を導いてくれる人——深い影響を与えてくれる人だけのために、大切にとってある。あまり真面目になりすぎるべきではないだろう。わたしたちはずっと、酒を飲んでは大笑いしながら進んできたのだから。でも、クリフ、あなたはまさに師匠だ。ありがとう。

イザベラとマリアナへ。きみたちはわたしをましな人間にしてくれる。日々、わたしを幸せにしてくれる。きみたちの成長ぶりを眺め、わたしにできる手助けをしていると、謙虚な気持ちになる。きみたちふたりが天高く飛翔することを祈っている。そして、クリスティーナ。まず、この本に関して、わたしの混乱と混沌を大目に見てくれたことに感謝する。それから、もっと大きな感謝を——きみがきみでいてくれることに、わたしたちが一緒にいることに、そしてわたしを愛してくれることに。ありがとう。きみたち三人がわたしにとってどんな意味を持つのか、それがここまでの文章に表れていることを願っている。これから先は、もう少し普通のやり方で愛情を表現していくつもりだ。

注

◉はじめに　哺乳類らしさってなに？

1. アードウルフはハイエナの仲間、ディクディクは小型のレイヨウ。イッカクはユニコーンの角（つの）を持つクジラの仲間。クオッカはネコほどの大きさの有袋類で、カンガルーとネズミ、ウサギを足して割ったような外見をしている。ウガンダコーブもレイヨウの仲間で、オスは笛のような音でテリトリーを主張する。
2. まったくの新種もいれば、それまでは亜種とされていたものの、ふたつの種と呼ぶにふさわしい違いがあると判定されたケースもある。
3. プライベートでは、リンネはさらにあけすけに人間を動物と見なしていて、1747 年には同僚にこんな手紙を書いている。「あなたと全世界に問いたいのは、人間とサルとのあいだに、自然史の原理に即した属としての本質的差異があるのかということです。わたしはひとつとして知らないと断言します」。ただし、リンネはのちに、人間をサルと呼ぶと「神学者がひとり残らず殺到する」と愚痴をこぼしてもいる。
4. この 184 種のほとんどは、欧州に生息する動物だ。おもしろいことに、リンネはほぼすべての種を記載したと信じており、次の世代がこの任務を完了してくれるだろうと考えていた。
5. この哺乳類の概念はリンネの定義後におおむね定着したが、新しい名前のほうは普及までに数十年を要し、19 世紀はじめまでは依然として四足獣類と呼ばれることが多かった。また、リンネのグループ名が首尾一貫していないことを問題視し、哺乳類の改名を試みる動きもあった。1816 年には、フランスの著名な自然学者で、両生類と爬虫類の確立に貢献したアンリ・ブランヴィルが、哺乳類をピリフェラ（体毛を持つ者）、鳥類と爬虫類をそれぞれペニフェラ（羽毛を持つ者）とスクァミフェラ（うろこを持つ者）と呼ぶことを提案した。第 6 章に登場するジョン・ハンターは、「四室の心臓」を意味するテトラコイリアという名を気に入っていたが、この特徴は哺乳類だけでなく鳥類にも見られる。
6. この祖先を持つことから、鳥類は爬虫類の系統と見なされる。羽毛を獲得し、飛ぶことを覚えた鳥類は、それでも完全に爬虫類の系統樹のなかに根づいている。だが、鳥類はほかの爬虫類とは異なるきわめて多くの特徴を進化させた。そのためこの本では、一般的な慣習にのっとり、爬虫類と鳥類を区別することにする。
7. 有袋類と有胎盤類が分岐した推定年代についても、やはり大きなばらつきがある（およそ 1 億 4300 万年前から 1 億 7800 万年前まで）。というのも、ほぼすべての主要な出来事が、生物学の歴史の奥深くに埋もれているからだ。本書では全体をつうじて、もっとも一般的な推定年代を採用し、別の可能性として考えられる範囲については特に言及していない。

◉第 1 章　なぜ精巣は体外に出たのか

1. 体重比で世界最大の精巣を持つのがキリギリスの一種（プラティクレイ

ス・アフィニス）で、その精巣はオスの体重の14％を占める。ヒトの精巣は0.06％だ。
2. おかしなことに、アナウサギとノウサギの陰嚢は、有袋類のものと同じように、陰茎の前にある。この興味深い解剖学的特徴は、この動物たちが有袋類と近縁関係にあるとする説の根拠とされてきた（実際はそうではない）。ちなみに、アフリカイエローハウスコウモリの陰嚢は、肛門の後ろにあることが報告されている。
3. シロナガスクジラ――セミクジラの2倍から3倍もの大きさになる――はだいたいなんでも最大だが、精巣の重さはセミクジラの10分の1ほどだ。セミクジラの精巣が不条理なほど大きいのは、おそらく非常に乱れたライフスタイルと関係しているのだろう。

◉第2章 カモノハシに学ぶ
1. 当時は、依然として「四足獣類」が哺乳類を指す用語として広く使われていた。
2. ダーウィンの旅行記をまとめた『ビーグル号航海記』（平凡社など）の初版には、この疑問を示す一節が入っているが、ダーウィンは第2版でそれを削除した。
3. 化石記録でも、まとまりのない細い枝がつねに存在していたことが裏づけられている。カモノハシとハリモグラは、かつての大部族の最後の生き残りではなく、むしろ進化上の分派と言える。
4. この盤竜類 - 獣弓類 - キノドン類 - 哺乳類の1-2-3-4的な図式は、単純化したものだ。こうした大きな放散のなかには、それよりも小さい、重なりあうほかの放散が存在していた。それは現在も同じだ。もっともわかりやすい例で言えば、有袋類と有胎盤類は、同時発生したふたつの放散にあたる。

◉第3章 性を決める新たな発明
1. 血友病などの一部の疾患は、X染色体の変異により生じる。X染色体を1本しか持たない男性が、疾患を引き起こす遺伝子を持つX染色体を受け継ぐと、かならず発症する。それに対して、女性の場合は、2本目のX染色体上の遺伝子が通常のものであれば発症しない。
2. XとYについてはペインターは正しかったが、彼が後世に残したそのほかの遺産としては、ヒトの染色体を48本とするかつての説を強固なものにしたことも挙げられる。この数字は教科書にも採用され、科学者という科学者が、当時のぼんやりとしたヒト染色体の画像のなかに余分な1対の染色体を思い描くはめになったと伝えられている。
3. ヨストはウサギで実験したが、こうしたホルモンによるオスの性的特徴の誘導は、哺乳類固有のメカニズムではない。さまざまな種類の脊椎動物で見られる。
4. 1956年、ヒトの細胞の染色体数がついに46本に訂正された。これにより、ペインターがテキサスの囚人の試料で数えた48本という数字が明確に否定され、そこに至ってはじめて、じつは以前から46本だと思っていたが、気まずくて言い出せなかったと告白する研究者が続出した。

5. このふたりの患者の疾患は、それぞれターナー症候群とクラインフェルター症候群だ。これらの疾患は幅広い健康上の問題を伴い、重症度もさまざまに異なる。一般的には、どちらの疾患も不妊や生殖器の解剖学的構造の問題につながるが、どちらの場合も個人の性別ははっきりしている。
6. ハリモグラは５本のＸ染色体を持つが、Ｙは４本だけで、Y_5は別のＹ染色体と融合している。
7. 鳥類はまったく異なる遺伝子を使って性別を決定している。ショウジョウバエのケースと同じように、この遺伝子が２倍の量になると、その個体はオスになる。
8. ３つの連続するＤＮＡの塩基配列により、20 種類あるアミノ酸のどれがタンパク質内の次の場所に配置されるかが指定されている。
9. 平和と核軍縮の実現に向けた活動にも精力的にとりくんでいた。
10. ズッカーカンドルとポーリングは、次のようなことも書き残している。「われわれがこうした検証をした最たる理由は、それにより、なぜそれがまちがっているかを指摘する機会が得られることにある」。たしかに、分子時計は実際にはもっと複雑で、アミノ酸ひとつの差が系統発生学上の隔たりのＸ万年ぶんに相当すると単純には言えないことも明らかになっている。現在でも、ＤＮＡ配列の変化の速度を、ひいては系統の分岐時期を計算する最善の方法については、しばしば過熱する議論が延々と交わされている。
11. そして言うまでもなく、こうした重複や再配置の痕跡もまた、生物史を解明するための手がかりになる。

◉第４章　風変わりな生殖器
1. 先に述べた２、３の体位が何かは想像におまかせする。
2. 一般的に言えば、精子をオスからメスに移動させる必要があるときに、オスのなんらかの伸張部が進化する。運動性を持つ小さな精子よりも卵子のほうがずっと大きく、多くの資源が投じられていることは前章で説明したが、それゆえに体内受精は、ほぼ例外なくメスの体内で起きる。もっとも注目すべき例外はタツノオトシゴで、メスはオスの育児嚢に卵を産む。
3. 少数の両生類も陰茎を持っている。次の４も参照。
4. サンガーに聞いた話によれば、この筋書きには、ひとつのただし書きがつく可能性があるという。アシナシイモリと呼ばれるヘビに似た奇妙な両生類のグループは、陰茎を持っている。したがって、脊椎動物の陰茎の起源はさらに古く、有羊膜類と両生類の共通祖先が発明した「可能性」もある。その場合、アシナシイモリ以外の両生類では、ムカシトカゲやほとんどの鳥類と同様、陰茎が消失したことになる。現時点では、両生類の生殖器については十分な知見がなく、たしかなことはわかっていない。
5. 発汗は水漏れではなく、身体の必要に応じて能動的かつ厳密に制御されたかたちで水分を放出するための手段だ。この仕組みのおかげで、水分蒸発がわざわいから恵みに変わった。
6. トカゲの肢と発生期の陰茎で発現する遺伝子を比較したところ、驚くほど重なりあっていることがわかった。さらに、ヘビの陰茎は、遺伝的にはトカゲの肢に似ていた。ヘビは肢を捨てたが、胚発生期の肢の組織は維持しており、生殖器はそこからつくられる。

7. もっとも有名な例を挙げると、ブチハイエナのメスは18センチの陰核を持っている。これは擬陰茎と呼ばれる。一般には、この肥大した器官が生まれる原因は、この攻撃的な動物の血液中をきわめて高濃度のテストステロンが循環していることにあるとされている。注目すべきは、ブチハイエナの膣がこの構造のなかを通っていることだ。つまり、交尾の際には、オスが通常の陰茎をメスの擬陰茎に挿入することになる。さらにドラマチックなのは、メスがこの擬陰茎をつうじて出産することだ。これは生まれてくる子、とりわけ最初に出てくる子にとっては危険が大きい。
8. クジラとゾウも陰茎骨を持たない。したがって、最大の陰茎骨はセイウチのものということになる。不思議なことに、陰茎骨は哺乳類の歴史のなかで複数回にわたって進化しては消失している。陰茎骨の果たしている役割については、現在に至るまで延々と論争が続いている。
9. 哺乳類の生殖器に関する研究は27件だけだったが、オスへの偏りはさらに大きかった。哺乳類の興味深い膣のリストは、わたしの手元にはない。研究されていないからだ。
10. 哺乳類の陰茎の出自が肢の組織から尾の組織に変わったのは、総排出腔の位置の変化によるものと見られている。
11. ヒトのメスのなかには、こうした「双角」子宮を持つ人もいる。

◉第5章　受胎と発生──細胞進化のイノベーション

1. 現実には、さらに多くの分裂が起きている。というのも、発生プロセスでは、必要以上の数の細胞がつくられ、しかるべきときにしかるべき場所にない細胞が廃棄されているからだ。
2. 顕微鏡を発明した人が精子を発見したという事実を、わたしはとても気に入っている。「よし、これを調べてやろう」とレーウェンフックが考えるまでに、どれくらい時間がかかったのだろうか？　いや、低俗なことを言うべきではないだろう。当時はまだ精液の性質は深い謎に包まれていて、実際のところ、その研究をさせるためには、世間にどう見られるかを心配していたレーウェンフックを丸め込まなければならなかった。ちなみに、レーウェンフックの主張によれば、この研究のために神の戒律をおかしたことはけっしてなく、つねに夫婦の交流から自然に生じる副産物を使用していたという。
3. 現実には、ある形質がまったくの新しいものなのか、それとも既存の形質を極端に適応させたものなのかを厳密に定義しようとすると、重箱の隅をつつくような話になることがある。
4. 現在では、配偶子のDNAが変化し、それにより未来の子孫がそのDNAをどう使うかが変わる可能性──エピジェネティクスと呼ばれるプロセス──にふたたび関心が寄せられているが、遺伝子改変が進化的変化の必須要素だという基本的な考え方は変わっていない。
5. さらに言えば、有袋類という名のもとになった構造を、ほぼ50パーセントのメスは持っていない。ただし、そうしたメスの子も、袋があるかのように母親の腹にしがみついている。
6. 13個の乳首を持つオポッサムは、奇数の乳頭を持つ唯一の哺乳類だ。環状に並ぶ12個の中央に、さらにひとつの乳首がある。

7. 有袋類のレパートリーには、いくつかの注目すべき欠落がある。なかでも目を引くのが、コウモリに相当する種と水生の形態が存在しないという点だ。有袋類には、空や水に本格的に進出した種はいない。もっとも説得力のありそうな説明は、有袋類の生殖様式が枷（かせ）となり、進化可能な形態が限定されたというものだ。第一に、母親の腹にいつもしがみついて乳を飲んでいなければいけない動物が水中で繁栄する可能性は低い。第二に、胎児さながらの新生児が総排出腔から乳首へよじ登るためには、翼やひれに発達する余地のない前肢のデザインが必要なのかもしれない。

◉第６章　胎内で対立する父母の遺伝子

1. 第２章のカモノハシが卵生か否かをめぐる探究は、滑稽なほど時代遅れに見えるかもしれない。だが、自然学者たちは現在でも、ある種の野生のトカゲが卵を産むのか子を産むのかをみずからの眼で確認しようと必死になっている。
2. ただし、このふたつの系統の起点近くで、早い段階にそれぞれ別々に進化したとされている。
3. たとえば、アルフレッド・ヨストにインスピレーションを与え、性決定のホルモン基盤の研究につながったフリーマーチンの両性具有的な生殖器の構造は、ジョン・ハンターが最初に記述したものだ。
4. この物語には、ふたつの皮肉な脚注がつく。第一に、ハンター兄弟は知らなかったが、ヴィルヘルム・ノールトウェイクという名のオランダ人が、ハンターとマッケンジーより 10 年早く、胎児と母体の血流が分かれていることを提示していたのだ。とはいえ、おそらくハンターの得た証拠のほうが強固だろう。そして第二に、弟の成果を自分の手柄にしたウィリアムのやり方はたしかにひどいかもしれないが、ジョンの輝かしい才能は、彼の死後､別の親族によりさらに忌まわしいかたちで剽窃された。その盗用者は、この本でもおなじみの人物だ。1771 年、ジョンは詩人のアン・ホームと結婚した。アンにはエヴァラードという名の弟がいた。はじめて欧州に来たカモノハシ､ハリモグラ､カンガルーを調べるのに活かされたエヴァラード･ホームの解剖の技は、ジョン・ハンターが教えたものだったのだ。ホームの才能は疑うべくもないが、そのきわめて有益かつ幅広い知見は、どうやら彼ひとりのものではなかったようだ。ジョン・ハンターの死後、ホームは義理の兄の未公開の手稿を盗み、その内容を自身のものとして発表した。しかも、盗用の疑いが強まると、オリジナルの手稿を焼き捨て、みずからの罪を隠そうとした。
5. ダーウィンの説を踏襲し、系統的関係をもとに生物を分類しようとする初期の試みから生まれたグループ分けと、進化にもとづかないアプローチで分類されたそれ以前のグループ分けには、それほど大きな違いがなかったことが 1930 年代に指摘されているが、この一連のエピソードは、その指摘の正しさをかなりよく裏づけている。オーウェンとハクスリーのケースのように、分類法は異なるかもしれないが、どちらにしても基礎となるのはリンネ式分類法と同様の形質の類似性だった。
6. わたしが登場させる放卵型の魚がやや戯画的になりがちなのは承知している。一部の魚は、ある程度の子育てをする。たとえば、孵った子を警護す

るものもいるし、子に餌を与えるものも少数ながら存在する。また、すでに述べたように、体内受精と原始的な胎盤形成を進化させた魚もいる。

7. 月経——子宮壁の一部が未受精卵とともに排出される現象——は比較的珍しいもので、ヒト、そのほかの霊長類、コウモリ、ハネジネズミで見られる。この珍しさは、着床の準備ができていた子宮内膜の処分に関して、これらの種が特殊な方法を採っていることを反映している。ほかの哺乳類は内膜を再吸収している。
8. 地球上に存在するニワトリがおよそ200億羽にのぼり、ほかのどの有羊膜類よりもはるかに多い理由の半分は、この戦略の成功にある。
9. この論文はもともと、「母と子の対立」と題される予定だった。おもに哺乳類の母親に焦点をあてているためだが、トリヴァースは最終的に、この論文で述べている原則はより広い範囲にあてはまるものだと判断した。
10. とはいえ、これと同じ理屈は、たとえばウサギや齧歯類が一度に多くの子を産み、オラウータンやゾウが1頭しか子を産まないことを説明するものとして、哺乳類のあいだにも適用される。
11. これが起きるのは、メスが短期間のうちに複数のオスと交尾する場合だ。また、連続する複数回の繁殖で3匹の子が次々に生まれた場合にもあてはまる。
12. 胎盤は哺乳類独自の存在物であるという認識をまだ捨て切れていない人のために、ヘイグに大きなインスピレーションを与えたのが、植物の胎盤的構造の研究だったことを伝えておこう。
13. ほとんどの鳥類と爬虫類が3つの卵黄形成遺伝子を持っているのに対し、受精前に卵に供給するエネルギーが少ないカモノハシでは、その手の遺伝子はひとつしか残っていない。また、カモノハシでは、父系遺伝子が母親による栄養供給に影響を与えている可能性は低く、遺伝的刷り込みの例はこれまでのところ見つかっていない。

◉第7章　ミルキーウェイ

1. ただし、これと同じことは、種よりも大きなグループであるクレードに固有の特殊な形質にもあてはまる。そもそも哺乳自体が、言うまでもなく、哺乳類にしか見られないものだ。
2. そうしたシグナル物質の少なくともひとつ、と言うべきかもしれない。齧歯類の研究では、シグナル物質がほかにも存在する可能性が示唆されている。
3. マイヴァートとダーウィンは、はじめのうちは相手をおおいに尊重し、進化についても意見が一致していた。だが1873年、マイヴァートがダーウィンの息子ジョージの書いた記事を攻撃したことをきっかけに、激しく対立するようになった。さらなる波乱は、マイヴァートがカトリック教会をめぐる一連の記事で論争を巻き起こし、最終的に破門されたことだ。マイヴァートの著書は禁書目録に載り、1900年には教会の墓地への埋葬を拒否された。だが彼の死後、友人たちがその決定を覆すために奮闘し、死因となった糖尿病により長年にわたって精神が蝕まれていたとの訴えが実って埋葬が認められた。
4. 乳腺をめぐる疑念に続く一文だけの短い段落で、マイヴァートは体外化

したオスの生殖腺の有用性も問うている。残念ながら、ダーウィンがその挑戦に応じることはなかった。

5. ダーウィンの著書『蔓脚類（*Cirripedia*）』は、8年にわたる過酷な解剖学の実地研究の成果だ。ダーウィンは第3版の出版に先立つ手紙のなかで、「わたしほど蔓脚類を嫌っている人間は、どこにもいないでしょう」と書いている。現代の観点からすると奇妙なテーマの選択に思えるかもしれないが、ヴィクトリア朝時代の英国では海生動物に対する関心が大きかったようで、4巻におよぶこの徹底的な研究は、自然学者としてのダーウィンの名声を確固たるものにした。さらに、執筆者をうんざりさせはしたものの、変異のなんたるかを実地で教えてくれたその研究は、彼の偉大なる説の基盤にもなった。別の書簡で、ダーウィンはこんなことも書いている。「わたしが驚いたのは（中略）あらゆる種のあらゆる部位のどこかしらに、わずかな変化があることです。ひとつの器官を多くの個体で徹底的に比較すると、かならずどこかにわずかな変化が見つかるのです」

6. 重要な例外が、母乳の起源は子を母親に結びつけるために分泌されていたフェロモンにあるとする説だ。哺乳類の多くは、空気中を伝わる化学伝達物質を分泌する腺を持っているが、少量で効き目が出るため、食生活の基礎になるとはあまり思えない。

7. まれに3つ以上の乳頭を持つヒトが存在するが、その場合も、追加の乳頭はかならず乳腺堤上のどこかにある。わたしが遭遇したこのルールにあてはまらない唯一の例外は、13個の乳頭を持つオポッサムだ。オポッサムの乳頭は、12個が環状に並び、ひとつがその中央に配されている。

8. ほとんどの哺乳類では優勢なのはアポクリン腺で、有蹄類のなかにはエクリン腺をまったく持たない種もいる。ヒトの場合、腋の下のほか、肛門、生殖器、まぶた、鼻孔、外耳道、そして乳頭周辺といった特定の部位にもアポクリン腺が存在する。体臭の発生源は、腋の下のアポクリン腺から分泌されるタンパク質を消化する細菌だ。

9. ワニの親は自分の巣を守る――この点ではナイルワニは力を発揮できるにちがいない――が、子に餌を与えることはない。親による食糧提供は、爬虫類ではごくごくまれにしか見られない。

10. 鳥類も特殊な餌に専門化する傾向があるが、一部の種では成体が種子を食べ、子には昆虫を与えている。これは、鳥類の多くが繁殖期に昆虫の豊富な地域に移動する一因と考えられる。

11. 1990年のフルーツコウモリの事例報告がデイリーの論文発表後だったことはたしかだが、デイリーは奇妙なことに、オスによる乳汁分泌を報告した信頼に足る事例は存在しないとの主張を断固として崩さなかった。だが、第二次大戦時には、リハビリ中の捕虜数人で、自然発生的に乳汁を分泌した事例が確認されている。これは、ホルモンの産生や分解を担う複数の構造が異なるペースで回復し、ホルモンのバランスが乱れたことが原因だ。また、一部の向精神薬や脳腫瘍も乳汁分泌を誘発することがある。そうした報告は、そのほかの不確実な事例とあわせて、オスによる乳汁分泌がそれほど難しいものではないとするデイリーの主張を裏づけている。

12. この生活戦略は、より多くの子をつくる――哺乳類の場合は1回の出産で10匹から20匹――ことを基本とする生殖戦略とは対照的だ。多くの子

をつくる場合、子の監督と保護を母親だけが担い、オスは受け入れ可能なメスからメスへと飛びまわる。皮肉なことに、そうした種では母乳産生にきわめて大量のカロリーを必要とするが、父親の姿はどこにもない。

13. ドイツ語では、「哺乳類」はさらに実用本位な「ザウゲティア（Säugetiere）」という語に翻訳されている。これは乳を吸う動物という意味で、あらゆる哺乳類が一生の一時期にしていることだ。

◉第８章　夫婦が先か、子育てが先か

1. この考え方は、卵黄への資源の割りあてから巣づくり、卵の世話、子宮での胚の維持、哺乳、自分で餌をとれるようになった子の世話に至るまで、あらゆる段階における親の投資にあてはまる。だがここでは、少数の子に親が多くを投資する哺乳類の生殖戦略が自然選択によりすでにできあがっていることを前提として、産後（または孵化後）の世話に的を絞ることにする。
2. ディクディクという名前はその鳴き声に由来するもので、明らかな育児放棄に対するコメントというわけではない〔ディク（dik）には、ばか、まぬけという意味がある〕。

◉第９章　歯と骨と恐竜

1. このいわゆる「わたしはこう考える……」スケッチはダーウィンの描いた最初の系統樹ではないが、それ以前のものはこれほど詳細ではなく、注釈もあまりなかった。これほど詩的でチャーミングで謙虚な序文もついていなかった。
2. ダーウィンの別のノートを見ると、基底部の枝が死んでいくサンゴのほうが比喩としてふさわしいかもしれないと考えていたことがうかがえる。
3. ときどき、推測しすぎなのではないかと思うこともある。たとえば、1億5000万年前に生息していた哺乳類のかなり詳しい描写に出くわしたが、よくよく読んでみると、じつはそれが１本の臼歯の断片だけから導き出されたものだったとわかることもある。そうした推論は、古生物学ではよくあることのようだ。その起源はどうやらジョルジュ・キュヴィエにありそうだ。キュヴィエは1798年、歯の構造は動物のあらゆる器官系と相関しており、１本の歯から動物全体を再構築できると主張した。
4. 哺乳類以外の歯を完全に無視するべきではないだろう。現存するトカゲを含む一部の爬虫類の系統は、３億年あまりの時をかけ、複数の種類の歯の生えた口を「実際に」進化させてきた。だが、鳥類では歯は完全に姿を消した。その代わりに進化したのが、砂嚢だ。砂嚢は胃の一部にあたる筋肉質の器官で、なかにある砂礫を使って、きわめて効率的に食べものをすり砕くことができる。歯は消化をスピードアップさせるひとつの手段にすぎないということだ。
5. それで気づいたのだが、多目的スペースのコンパートメント化は、身体の上のほうでも下のほうでも、哺乳類進化の特色のひとつになっているような気がする。
6. 言うまでもなく、鳥類として生き延びた者たちは例外だ。
7. 本書の端緒に話を戻すと、有胎盤類で精巣が体外化したのは、このグ

ループ③と④の枝が、陰嚢を持たないアフリカ獣上目と異節上目から分かれた時期と見られる。

8. コウモリの歴史は昔から厄介な問題だった。遺伝的特性が複雑なうえ、化石として記録されているのはほとんど完成された形態で、そこに至るまでの中間的な形態は見つかっていない。

9. それに劣らず激しい論争になっているのが、有袋類の正確な系統樹、とりわけオーストラレーシアに生息するグループとアメリカ大陸に暮らすグループとの関係だ。

10. 系統の歴史の推測には昔から確率論的なところがあったが、昨今では気の遠くなりそうな数学が絡んでくる。現在の分子系統学は、高度な数学モデリングと複雑な統計に支配された分野で、使用するモデルの前提が結果に大きく影響する。以前、有胎盤類の誕生時期をめぐる講演を後ろのほうで立ち見したことがあるが、それぞれ異なる手法を採用した一連のスライドの上で、系統樹がアコーディオンのように伸縮していた。

◉第 10 章　高速で燃える生命

1. それ以外にも、自分で熱を生み出して身体を温める生物は無数にいる。だが、通常は一過性または局所的な現象だ。サメ、マグロ、メカジキはいずれも体内で熱を生み出す。たいていは、脳や眼、筋肉などの特定の器官を温めるためだ。一部の昆虫やいくつかの植物も、体内で熱を生み出している。

2. ただし、ある程度までだ。ほとんどのタンパク質は、45℃前後で変質しはじめる。

3. カワウソやビーバーなどの半水中生活を送っている哺乳類は、身体の周囲にとどめる空気の層に水を入れない脂性の毛皮を持っている。それに対して、クジラやアザラシは皮脂層を断熱に使う様式を収斂的に進化させた。これは熱のバリアとしては優れているが、脂肪は逆立てることができない。その代わりに熱損失対策として重要になるのが、血流の方向転換だ。彼らは温かい血液を体表面に近い血管や脂肪のないひれに流し、熱損失を調節している。

4. 大型恐竜は慣性恒温動物だった可能性があるが、その体温調節をめぐる生理学はパンドラの箱なので、ここではしっかり閉じておくことにする。

5. とはいえ、優れた有酸素運動能力や食糧調達能力を受け継いだ息子は、そうした形質を活かして交尾の機会を増やしていただろう。そして、そうしたオスの生殖上の成功率が高くなるなら、その娘たちが子育てに有利な遺伝子を受け継ぐ可能性も高くなる……。

◉第 11 章　夜につちかわれた感覚

1. 鳥類とヘビもこの第 3 の眼を手放している。

2. さらに言えば、化石の眼の形状を調べた 2014 年の研究では、恐竜が登場するはるか以前から、一部の盤竜類と獣弓類は夜行性だった可能性が示唆されている。

3. とはいえ、緑色の哺乳類が存在しないのはやはり不可解だ。ナマケモノのなかには葉のような色に見えるものもいるが、その緑色は体毛に生え

る藻類によるものと判明している。
4. この事情がベルベットモンキーのあざやかな青い陰嚢に直接寄与しているか否かは議論の余地があるが、マンドリルの赤白青の顔が、色を感知する動物だけに高く評価されるものに見えることはまちがいない。
5. ちなみに、わたしの経験から言えば、耳をぴくりと動かせるだけの機能性を保っている少数のヒトは、その能力を披露したがる傾向がある。
6. ゾウも巨大な耳を持っているが、本文で挙げた動物たちが実際に優れた聴覚を持っているのに対し、ゾウのぱたぱたと動く耳は、おもに大きな身体の冷却を助けるために拡大したものだ。
7. 魚類も身体に沿って並ぶ有毛細胞を持っている。これは外部の水流を感知するためのものだ。
8. 科学の点から言えば、顕微鏡と望遠鏡の重要性にはきわめて興味深いものがある。ごく小さなものとごく大きなものを見ることが、世界の理解を深めるうえで中心的な役割を担っているのだ。それについてよくよく考えてみるのも、おもしろいだろう。

◉第 12 章　悩ましきは多層の脳
1. ただし、この「原（archi）」と「旧（paleo）」は誤用だ。本当なら、「原(archi)」がもっとも古い、「旧（paleo)」が古いを意味するはずだ。
2. ここではモルガヌコドンとハドロコディウムを哺乳類としている。どちらも哺乳類を定義する顎関節を持っていたからだ。だが、現存する哺乳類の最後の共通祖先から生まれた動物を哺乳類とする定義を採用しているロウは、彼らを哺乳形類と呼んでいる。
3. なぜ痛みを「感じる」のかはわからない。わたしは「意識」に言及するのを意図的に避けた。神経生物学的に見ても進化学的に見ても、意識が興味をそそるものであり、解明すべきものであることは否定しようがない。意識という現象は、神経科学の全域にまたがっている。だが、われわれに諸々の出来事を「経験」させる、神経系の生み出す謎めいた精神現象を論じなくても、ここで話すすべての事象――ニューロン、活動電位、シナプス、情報コーディング――を、生物学という点で問題なく意味の通る実体的な用語で理解し、論じることは可能だ。そんなわけで、やけどをしたときには、痛みを「感じる」と言っておく。とはいえ、神経科学の物理的分析と実体のない意識とは、完全に両立しうるものだ。現役の神経科学者たちは、この問題にどう対処しているのだろうか？　彼らはだいたいにおいて――少なくとも職業上は――意識を無視している。残念だが、わたしも本書では同じ対応をとるつもりだ。
4. 博物館に展示された、開いたノートの前で衝撃を受けるという事例のうち、圧倒的「2 位」に輝く私のお気に入り体験は、カハルお手製の見事なニューロン図が描かれたページに遭遇したときのものだ。
5. ここまで話題にしてきたニューロンは、すべて興奮性ニューロンだ。興奮性ニューロンのスパイクと神経伝達物質は、隣のニューロンの発火を促す。だが、興奮性ニューロンのあいだには、さまざまな抑制性ニューロンが散らばっている。抑制性ニューロンの伝達物質には、隣のニューロンの活性を抑えるはたらきがある。抑制性ニューロンは、情報のフィルタリング、

てんかんで見られるような過剰な活性の抑制、活性のタイミングの制御に関して重要な役割を担っている。

◉第 13 章　絡みあいループする進化

1. 獣弓類が盤竜類に取って代わり、キノドン類に取って代わられ、そのキノドン類が哺乳類の成功の犠牲になったという経緯は、彼らが同じ生態学的ニッチをめぐって競争していた一方で、ほかの脊椎動物とは棲みわけていたことを物語っている。
2. 当然のことながら、分子的な年代測定では、霊長類の起源はそれよりも大幅に古いと推定されている……。
3. 夜行性の哺乳類のほとんどは眼が小さく、ほかの感覚に大きく頼っていることがうかがえるが、ヨザルと夜行性のキツネザルは大きな眼を進化させた。
4. これはこの一節に対するわたしの個人的な感想だ。ただし最近では、科学史を研究するジョン・ヴァン・ワイとマーク・パレンにより、アニーの死がダーウィンの信仰心にとどめを刺したとする通説に大きな疑問が投げかけられている。彼らに確認できた限りでは、この通説はダーウィンの死から 1 世紀後につくりだされたもので、その根拠は憶測ときわめて間接的な証言だったという。この説はどういうわけか世間の心をとらえているが、ワイとパレンが提示した有力な証拠では、ダーウィンがそれよりも早く、おそらくはアニーが「生まれる」前に、論理的思考のすえにキリスト教の信仰を捨てたことが示唆されている。とはいえ、アニーの死がダーウィンに苦悶をもたらしたことについては、彼らも疑問を抱いていない。

参考文献

●はじめに　哺乳類らしさってなに？

Wilson, D. E., Reeder, D. M. (eds) (2005). *Mammal Species of the World: A Taxonomic and Geographic Reference* (3rd edition). Johns Hopkins University Press.

●第１章　なぜ精巣は体外に出たのか

Chance, M. R. A. (1996). Reason for externalization of the testis of mammals. *Journal of Zoology,* 239: 691–695.

Kleisner, J., Ivell, R., Flegr, J. (2010). The evolutionary history of testicular externalization and the origin of the scrotum. *Journal of Biosciences,* 35: 27–37.

Lovegrove, B. G. (2014). Cool sperm: why some placental mammals have a scrotum. *Journal of Evolutionary Biology,* 27: 801–814.

Moore, C. R. (1926). The biology of the mammalian testis and scrotum. *Quarterly Review of Biology*, 1: 4–50.

●第２章　カモノハシに学ぶ

Burrell, H. (1927). *The Platypus: Its Discovery, Zoological Position, Form and Characteristics, Habits, Life History etc.* Angus & Robertson (Sydney).

Darwin, C. R. (1845). *Journal of Researches into the Natural History and Geology of the Countries Visited During the Voyage of HMS 'Beagle' Round the World.* John Murray. チャールズ・ダーウィン『ビーグル号航海記』(荒俣宏訳、平凡社ほか)

Griffiths, M. (1978). *The Biology of the Monotremes.* Academic Press.

Hall, B. K. (1999). The paradoxical platypus. *Bioscience,* 49: 211–218.

Scheich, H., et al. (1986). Electroreception and electrolocation in platypus. *Nature,* 319: 401–402.

●第３章　性を決める新たな発明

Harper, P. S. (2008). *A Short History of Medical Genetics*. Oxford University Press.

Josso, N. (2008). Professor Alfred Jost: the builder of modern sex differentiation. *Sexual Development,* 2: 55–63.

Morgan, G. J. (1998). Emile Zuckerkandl, Linus Pauling, and the molecular evolutionary clock, 1959–1965. *Journal of the History of Biology,* 31: 155–178.

Rens, W., et al. (2004). Resolution and evolution of the duck-billed platypus karyotype with an X1Y1X2Y2X3Y3X4Y4X5Y5 male sex chromosome constitution. *Proceedings of the National Academy of*

Sciences of the USA, 101: 16257–16261.
Sinclair, A. H., et al. (1990). A gene from the human sex-determining region encodes a protein with homology to a conserved DNA-binding motif. *Nature*, 346: 240–244.
Sutton, E., et al. (2010). Identification of SOX3 as an XX male sex reversal gene in mice and humans. *Journal of Clinical Investigation*, 121: 328–341.
Wallis, M. C., Waters, P. D., Graves, J. A. (2008). Sex determination in mammals–before and after the evolution of SRY. *Cellular and Molecular Life Sciences,* 65: 3182–3195.

◉第４章　風変わりな生殖器

Ah-King, M., Barron, A. B., Herberstein, M. E. (2014). Genital evolution: why are females still understudied? *PLoS Biology*, 12: e1001851.
Laurin, M. (2010). *How Vertebrates Left the Water*. University of California Press.
Pough, F. H., Janis, C. M., Heiser, J. B. (2013). *Vertebrate Life* (9th edition). Pearson.
Sanger, T. L., Gredler, M. L., Cohn, M. J. (2015). Resurrecting embryos of the tuatara, *Sphenodon punctatus*, to resolve vertebrate phallus evolution. *Biology Letters*, 11: 20150694.
Shubin, N. H., Daeschler, E. B., Jenkins, F. A. Jr. (2006). The pectoral fin of *Tiktaalik roseae* and the origin of the tetrapod limb. *Nature*, 440: 764–771.
Tschopp, P., et al. (2014). A relative shift in cloacal location repositions external genitalia in amniote evolution. *Nature*, 516: 391–394.
Wagner, G. P., Lynch, V. J. (2005). Molecular evolution of evolutionary novelties: the vagina and uterus of therian mammals. *Journal of Experimental Zoology. Part B, Molecular and Developmental Evolution*, 304: 580–592.

◉第５章　受胎と発生―細胞進化のイノベーション

Carroll, S. B. (2005). *Endless Forms Most Beautiful: The New Science of Evo Devo and the Making of the Animal Kingdom.* Weidenfeld. ショーン・B・キャロル『シマウマの縞 蝶の模様：エボデボ革命が解き明かす生物デザインの起源』（渡辺政隆・経塚淳子訳、光文社）
Hartman, C. G. (1920). Studies in the development of the opossum *Didelphys virginiana* L. V. The phenomena of parturition. *Anatomical Record*, 19: 251–261.
Nowak, R. M. (2005). *Walker's Marsupials of the World*. Johns Hopkins University Press.
Tyndale-Biscoe, H., Renfree, M. (1987). *Reproductive Physiology of Marsupials.* Cambridge University Press.
Wagner, G. P. (2014). *Homology, Genes, and Evolutionary Innovation.*

Princeton University Press.
Weismann, A. (1881). *The Duration of Life*.

●第６章　胎内で対立する父母の遺伝子

Burton, G. J., Fowden, A. L. (2015). The placenta: a multifaceted, transient organ. *Philosophical Transactions of the Royal Society B, Biological Sciences,* 370: 20140066.
Furness, A. I., et al. (2015). Reproductive mode and the shifting arenas of evolutionary conflict. *Annals of the New York Academy of Sciences*, 1360: 75–100.
Haig, D. (1993). Genetic conflicts in human pregnancy. *Quarterly Review of Biology*, 68: 495–532.
Haig, D. (2015). Q & A. *Current Biology*, 25: R700–702.
Janzen, F. J., Warner, D. A. (2009). Parent–offspring conflict and selection on egg size in turtles. *Journal of Evolutionary Biology,* 22: 2222–2230.
Moore, W. (2005). *The Knife Man: Blood, Body-snatching and the Birth of Modern Surgery*. Bantam. ウェンディ・ムーア『解剖医ジョン・ハンターの数奇な生涯』（矢野真千子訳、河出書房新社）
Pijnenborg, R., Vercruysse, L. (2004). Thomas Huxley and the rat placenta in the early debates on evolution. *Placenta,* 25: 233–237.
Pijnenborg, R., Vercruysse, L. (2013). A. A. W. Hubrecht and the naming of the trophoblast. *Placenta*, 34: 314–319.
Trivers, R. (1974). Parent–offspring conflict. *American Zoologist*, 14: 249–264.

●第７章　ミルキーウェイ

Blackburn, D. G., Hayssen, V., Murphy, C. J. (1989). The origins of lactation and the evolution of milk: a review with new hypotheses. *Mammal Review*, 19: 1–26.
Daly, M. (1979). Why don't male mammals lactate? *Journal of Theoretical Biology*, 78: 325–345.
Francis, C. M., et al. (1994). Lactation in male fruit bats. *Nature*, 367 691–692.
Lefèvre, C. M., Sharp, J. A., Nicholas, K. R. (2010). Evolution of lactation: ancient origin and extreme adaptations of the lactation system. *Annual Review of Genomics and Human Genetics*, 11: 219–238.
Oftedal, O. T. (2012). The evolution of milk secretion and its ancient origins. *Animal*, 6: 355–368.
Pond, C. M. (1977). The significance of lactation in the evolution of mammals. *Evolution*, 31: 177–199.
Schiebinger, L. (1993). Why mammals are called mammals: gender politics in eighteenth-century natural history. *American Historical*

Review, 98: 382–411.
Vorbach, C., Capecchi, M. R., Penninger, J. M. (2006). Evolution of the mammary gland from the innate immune system? *Bioessays*, 28: 606–616.

◉第８章　夫婦が先か、子育てが先か

Broad, K. D., Curley, J. P., Keverne, E. B. (2006). Mother–infant bonding and the evolution of mammalian social relationships. *Philosophical Transactions of the Royal Society B, Biological Sciences*, 361: 2199–2214.
Clutton-Brock, T. H. (1991). *The Evolution of Parental Care*. Princeton University Press.
Graham, K. L., Burghardt, G. M. (2010). Current perspectives on the biological study of play: signs of progress. *Quarterly Review of Biology*, 85: 393–418.
Lukas, D., Clutton-Brock, T. H. (2013). The evolution of social monogamy in mammals. *Science*, 341: 526–530.
Numan, M. (2007). Motivational systems and the neural circuitry of maternal behavior in the rat. *Developmental Psychobiology*, 49: 12–21.
Pedersen, C. A., Prange, A. J. Jr. (1979). Induction of maternal behavior in virgin rats after intracerebroventricular administration of oxytocin. *Proceedings of the National Academy of Sciences of the USA*, 76: 6661–6665.
Rilling, J. K., Young, L. J. (2014). The biology of mammalian parenting and its effect on offspring social development. *Science*, 345: 771–776.
Spinka, M., Newberry, R. C., Bekoff, M. (2001). Mammalian play: training for the unexpected. *Quarterly Review of Biology*, 76: 141–168.
Zohar, O., Terkel, J. (1991). Acquistion of pine cone stripping behavior in black rats (Rattus rattus). *International Journal of Comparative Psychology*, 5(1): 1–6.

◉第９章　歯と骨と恐竜

Archibald, J. D. (2012). Darwin's two competing phylogenetic trees: marsupials as ancestors or sister taxa? *Archives of Natural History*, 39: 217–233.
Close, R. A., et al. (2015). Evidence for a mid-Jurassic adaptive radiation in mammals. *Current Biology*, 25: 2137–2142.
Foley, N. M., Springer, M. S., Teeling, E. C. (2016). Mammal madness: is the mammal tree of life not yet resolved? *Philosophical Transactions of the Royal Society B, Biological Sciences*, 371: 20150140.
Goswami, A. (2012). A dating success story: genomes and fossils converge on placental mammal origins. EvoDevo, 3: 18.
Hillenius, W. J. (1992). The evolution of nasal turbinates and mammalian endothermy. *Paleobiology*, 18: 17–29.

Kemp, T. S. (2005). *The Origin and Evolution of Mammals*. Oxford University Press.
Luo, Z-X. (2007). Transformation and diversification in early mammal evolution. *Nature*, 450: 1011–1019.
Madsen, O., et al. (2001). Parallel adaptive radiations in two major clades of placental mammals. *Nature*, 409: 610–614.
Murphy, W. J., et al. (2001). Molecular phylogenetics and the origins of placental mammals. *Nature*, 409: 614–618.
Novacek, M. J. (1992). Mammalian phylogeny: shaking the tree. *Nature*, 356: 121–125.
Simpson, G. G. (1945). The principles of classification and a classification of mammals. *Bulletin of the American Museum of Natural History*, 85: 1–350.
Springer, M. S., et al. (1997). Endemic African mammals shake the phylogenetic tree. *Nature*, 388: 61–64.
Ungar, P. S. (2014). *Teeth: A Very Short Introduction*. Oxford University Press.

●第 10 章　高速で燃える生命

Bennett, A. F. (1991). The evolution of activity capacity. *Journal of Experimental Biology*, 160: 1–23.
Bennett, A. F, Ruben, J. A. (1979). Endothermy and activity in vertebrates. *Science*, 206: 649–654.
Dhouailly, D. (2009). A new scenario for the evolutionary origin of hair, feather, and avian scales. *Journal of Anatomy*, 214: 587–606.
Farmer, C. G. (2000). Parental care: the key to understanding endothermy and other convergent features in birds and mammals. *American Naturalist*, 155: 326–334.
Hayes, J. P., Garland, T. Jr. (1995). The evolution of endothermy: testing the aerobic capacity model. *Evolution*, 49: 836–847.
Huttenlocker, A., Farmer C. G. (2017). Bone microvasculature tracks red blood cell size diminution in Triassic mammal and dinosaur forerunners. *Current Biology*, 27: 48–54.
Kemp, T. S. (2006). The origin of mammalian endothermy: a paradigm for the evolution of complex biological structure. *Zoological Journal of the Linnean Society*, 147: 473–488.
Koteja, P. (2000). Energy assimilation, parental care and the evolution of endothermy. *Proceedings of the Royal Society B, Biological Sciences*, 267: 479–484.
Koteja, P. (2004). The evolution of concepts on the evolution of endothermy in birds and mammals. *Physiological and Biochemical Zoology*, 77: 1043–1050.
Lovegrove, B. G. (2016). A phenology of the evolution of endothermy in birds and mammals. *Biological Reviews*, 92: 1213–1240.

Maderson, P. F. A. (1972). When? Why? And how? Some speculations on the evolution of the vertebrate integument. *American Zoologist*, 12: 159–171.

McNab, B. K. (1978). The evolution of homeothermy in the phylogeny of mammals. *American Naturalist*, 112: 1–21.

Stenn, K. S., Zheng, Y., Parimoo, S. (2008). Phylogeny of the hair follicle: the sebogenic hypothesis. *Journal of Investigative Dermatology*, 128: 1576–1578.

◉第 11 章　夜につちかわれた感覚

Allin, E. F. (1975). Evolution of the mammalian middle ear. *Journal of Morphology*, 147: 403–437.

Benni, J. J., et al. (2014). Biogeography of time partitioning in mammals. *Proceedings of the National Academy of Sciences of the USA*, 111: 13727–13732.

Buck, L., Axel, R. (1991). A novel multigene family may encode odorant receptors: a molecular basis for odor recognition. *Cell*, 65: 175–187.

Gerkema, M. P., et al. (2013). The nocturnal bottleneck and the evolution of activity patterns in mammals. *Proceedings of the Royal Society B, Biological Sciences*, 280: 20130508.

Heesy, C. P., Hall, M. I. (2010). The nocturnal bottleneck and the evolution of mammalian vision. *Brain, Behavior and Evolution*, 75: 195–203.

Niimura, Y., Nei, M. (2007). Extensive gains and losses of olfactory receptor genes in mammalian evolution. *PLoS ONE*, 2: e708.

Niimura, Y., Matsui, A., Touhara, K. (2014). Extreme expansion of the olfactory receptor gene repertoire in African elephants and evolutionary dynamics of orthologous gene groups in 13 placental mammals. *Genome Research*, 24: 1485–1496.

Svoboda, K., Sofroniew, N. J. (2015). Whisking. *Current Biology*, 25: R137–140.

Takechi, M., Kuratani, S. (2010). History of studies on mammalian middle ear evolution: a comparative morphological and developmental biology perspective. *Journal of Experimental Zoology. Part B, Molecular and Developmental Evolution*, 314: 417–433.

◉第 12 章　悩ましきは多層の脳

Calabrese, A., Woolley, S. M. (2015). Coding principles of the canonical cortical microcircuit in the avian brain. *Proceedings of the National Academy of Sciences of the USA*, 112: 3517–3522.

Dugas-Ford, J., Rowell, J. J., Ragsdale, C. W. (2012). Cell-type homologies and the origins of the neocortex. *Proceedings of the National Academy of Sciences of the USA*, 109: 16974–16979.

Harris, K. D. (2015). Cortical computation in mammals and birds.

Proceedings of the National Academy of Sciences of the USA, 112: 3184–3185.
Harris, K. D., Shepherd, G. M. (2015). The neocortical circuit: themes and variations. *Nature Neuroscience*, 18: 170–181.
Kaas, J. H. (2011). Neocortex in early mammals and its subsequent variations. *Annals of the New York Academy of Sciences*, 1225: 28–36.
Karten, H. J. (1969). The organization of the avian telencephalon and some speculations on the phylogeny of the amniote telencephalon. *Annals of the New York Academy of Science*, 167: 164–179.
Karten, H. J. (2015). Vertebrate brains and evolutionary connectomics: on the origins of the mammalian 'neocortex'. *Philosophical Transactions of the Royal Society B, Biological Sciences*, 370: 20150060.
Northcutt, R. G. (2002). Understanding vertebrate brain evolution. *Integrative and Comparative Biology*, 42: 743–756.
Romer, A. S. (1933). *Man and the Vertebrates*. University of Chicago Press.
Rowe, T. B., Macrini, T. E., Luo, Z. X. (2011). Fossil evidence on origin of the mammalian brain. *Science*, 332: 955–957.
Striedter, G. F. (2004). *Brain Evolution*. Sinauer.

◉第 13 章　絡みあいループする進化

Darwin, C., ed. Darwin, F. (1958). *Selected Letters on Evolution and Origin of Species (With an Autobiographical Chapter)*. Dover Publications.
Estrada, A., et al. (2017). Impending extinction crisis of the world's primates: why primates matter. *Science Advances*, 3: e1600946.
Kaas, J. H. (2013). The evolution of brains from early mammals to humans. *Wiley Interdisciplinary Reviews: Cognitive Sciences*, 4: 33–45.
Kemp, T. S. (2016). *The Origin of Higher Taxa: Palaeobiological, Developmental and Ecological Perspectives*. Oxford University Press and University of Chicago Press.
Martin, R. D. (2012). Primates. *Current Biology*, 22: R785–790.
Young, J. Z. (1950). *The Life of Vertebrates*. Oxford University Press.
Van Wyhe, J., Pallen, M. J. (2012) The 'Annie hypothesis': did the death of his daughter cause Darwin to 'give up Christianity'? *Centaurus* 54; 105-123.

「オギャー」と産声をあげて母乳を求めたことなどとんと思い出せないように、わたしたちは自分が哺乳類であることも日頃すっかり忘れている。でも、紛れもなく哺乳類の一員で、だからこそ人生は〝哺乳類生〟でもあるのだ。わたしたちの生命の大きなサイクルは、そのまま哺乳類のスタイルに深く根ざしている。

それなのに、わたしたちは哺乳類が「どこから来て、どのように今の姿になったのか」、その「進化の鍵」をまだ解き明かしてはいない。本書は最新の知見を盛り込みながら、こうした謎に挑んでいく。著者はサイエンスライターにして、神経生物学の博士号を持ち、ロンドン大学ユニバーシティ・カレッジとコロンビア大学で一二年間も哺乳類の脳などの研究に携わってきた。うってつけの名ガイドだが、私的な体験（子どもの誕生、サッカーのゴールキーパー、森の思い出など）もまじえることで、親しみやすく楽しい読み物に仕上がっている。

さて、本書のテーマは、母乳、セックス（生殖）、受胎・子育て、性の決定、体毛と内温性、歯と骨、感覚、知能などに及ぶ。とくに興味深いのが、従来の通説を引っくり返すような新たな知見が次々と紹介されていることだ。たとえば、男《オス》の精巣はなぜ体外に出たのか？　陰嚢《いんのう》というぶらぶらと揺れるケースは、大切な精巣を守るには余りにも脆弱だ。著者自身、ゴールキーパーとしてそのリスク（と痛み）を何度も体験してきた。通説では、「精子は熱に弱いので、体温の高い体内では機能が低下してまうから」（冷却仮説）とされていた。ところが、この説にはさまざまな問題がある。

まず、精巣が体温の高い体内にある哺乳類は少なくない（ゾウやサイなどもそうだ）。つまり、精巣が低めの温度でよく機能するというのは、体外脱出のあとにそう進化したのかも知れないのだ。精巣ではたらくタンパク質の遺伝子を調べた研究では、ふたつのタイプが発見された。ひとつは体のなかの高い温度で最適にはたらき、もうひとつは低い温度に特化してはたらくように修正が施されていた。このことは精巣が元来、高い温度で機能していたのに、より低い温度（体外）に適応するように余儀なくされたことを示している。となると、なぜ、わざわざリスクの多い体外へと精巣は飛び出したのか？　本書は、「トレーニング仮説」「ギャロッピング（全力疾走）仮説」など、興味深い説を紹介していく。読者が男性なら、これらの仮説を知って、なんとも切ない気分にさせられるにちがいない。

苦難を越えた精子がめでたく卵子と出会い、胎児を宿す。子どもは愛の結晶などと言われるが、ここでも驚きの新説が飛び出す。胎内では父と母の遺伝子が対立し、軍拡競争のようにせめぎ合っているというのだ。その競争は、母親の子宮壁に胎児となる胚が埋め込まれた瞬間から、すでにはじまっている。父系遺伝子は胚を動かし、母親の利益よりも胚の利益を優先させるように仕向ける。また胎盤がつくられると母体血中にホルモンを分泌し、母体の生理機能まで操作している。一方、母親の側は、このホルモンによる乗っとり行為に対抗すべく、胎盤の影響を弱める策を進化させた。

遺伝子のなかには母親由来か父親由来かによって、子どもで発現したりしなかったりする特定の遺伝子がある。「遺伝的刷り込み《ゲノム・インプリンティング》」と呼ばれ、ヒトの刷り込み遺伝子は二〇〇を超える。胎内ではじまる父系・母系の遺伝子の駆け引きが、こうした片親の記憶を持ち続ける遺伝子の背景にあるのかも知れない（なお、遺伝的刷り込みの存在理由ついてはさまざまな仮説がある）。

ほかにも、母乳が汗から進化したわけ、哺乳類をオスたらしめている遺伝子「ＳＲＹ」とは？、体毛の起源は体を温めるためではなく皮脂腺にある、なぜオスは哺乳の進化を止めたのか、夫婦が先か子育てが先か、妊娠に欠かせない「脱落膜化間質細胞（ＤＳＣ）」、なにが陰茎の急速な進化・多様化をもたらしたのか、高い知能への進化はコストと利益の問題……などなど、刺激的な知見が満載だ。

本書は、哺乳類の進化をテーマごとに探るだけではなく、たがいのつながりも重視している。「絡みあいループする進化」「相関的な前進」といったキーワードに見られるように、わたしたちの体の部位やはたらきは、相互に関連しながら進化してきたのだ。たとえば、「食べること」と「聞くこと」も密接に結びついている。哺乳類は強力な顎《あご》をもち、高度な咀嚼《そしゃく》能力（噛む力）を手に入れた。歯骨が頭骨に直接つながり、哺乳類ならではの顎関節がつくられたのだ。すると、もともと歯骨の後ろにあった小さな顎骨たちが解放され、中耳の一部として独自に進化を遂げる。精緻な工芸品のように音の振動を増幅する耳小骨である。こうした聴覚の進化は、夜行性の多い哺乳類に大いに役立った。

それだけではない。増強した噛む力によって、食べものから効率よくカロリーを摂り、エネルギーをすばやく解放できるようになる。また、咀嚼するあいだに息を止める必要がなくなり、走りながら呼吸することもできる。こうして、より優れた有酸素運動能力、内温性、高い基礎代謝率（BMR）などが進化しつつ、カロリーを多く消費する大きな脳を持つ「高速で燃える生命」がかたちづくられていく。

さまざまな進化は、哺乳類に大きな自由度をもたらした。その典型が「恒常性（ホメオスタシス）」だ。哺乳類は周囲の気温が変化しても、一定の高体温を保つことができ、広範な環境で生息できる。また子宮は母親の生理機能の恒常性を、発生中の子に拡大する手段とも言える。

もっとも、わたしたちが誇るべき恒常性を維持する能力は、じつは哺乳類だけの特色ではない。鳥類もまた進化させてきたのだ。ここに本書がもうひとつ強調する視点がある。哺乳類はたしかに優れた数々の特質を進化させたが、胎生が哺乳類だけに見られるものではないように、あまり独自性にとらわれてはいけないということだ。たとえば、霊長類・ヒトへと至る、哺乳類の大きな脳。そんな栄誉ある脳が、鳥の脳と似ていることもわかってきた。外見はまったく異なっているのに、脳の回路の機能が驚くほど似通っているのだ。そのため、哺乳類と鳥類は、遙かな共通祖先が備えていたコア回路をしっかり保持しているとも考えられる。

その意味で、愛すべきカモノハシ（単孔類）が、本書の随所にお目見えするのは象徴的だろう。哺乳類でありながら卵を産むという進化の境界線上にある生きもの。哺乳類の本流からはずれた彼らの生態や遺伝子には、わたしたちの進化の謎を解く鍵がたくさん詰まっている。まだまだカモノハシに学ぶことは多いのだ。

本書出版プロデューサー　真柴隆弘

著者
リアム・ドリュー　Liam Drew
サイエンスライター。神経生物学博士。ロンドン大学ユニバーシティ・カレッジとコロンビア大学で、12 年間、哺乳類の脳の研究などに従事。『ネイチャー』『ニュー・サイエンティスト』『スレート』『ガーディアン』などに寄稿。科学者やライターなどの国際ネットワーク「NeuWrite」ロンドン支部の部長も務める。

訳者
梅田 智世（うめだ ちせい）
翻訳家。訳書は、リチャード・メイビー『イースト・アングリアへ：わたしは自然に救われた』、ダレン・ナッシュ博士『恐竜：驚きの世界』、ジョナサン・グランシー『世界建築大全：より深く楽しむために』、チャド・ロバートソン『タルティーン・ブレッド』など。

わたしは哺乳類です

母乳から知能まで、進化の鍵はなにか

2019年6月15日　第1刷発行

著　者　リアム・ドリュー
訳　者　梅田 智世
発行者　宮野尾 充晴
発　行　株式会社 インターシフト
〒156-0042　東京都世田谷区羽根木 1-19-6
電話 03-3325-8637　FAX 03-3325-8307
www.intershift.jp/
発　売　合同出版 株式会社
〒101-0051　東京都千代田区神田神保町 1-44-2
電話 03-3294-3506　FAX 03-3294-3509
www.godo-shuppan.co.jp/
印刷・製本　シナノ印刷
装丁　織沢 綾

カバーイラスト：白根ゆたんぽ

Printed in Japan
ISBN 978-4-7726-9564-0　C0045　NDC460　188x130